Springer-Lehrbuch

Springer-Verlag Berlin Heidelberg GmbH

Gerhart Drews · Günter Adam · Cornelia Heinze

Molekulare Pflanzenvirologie

Mit 53 Abbildungen und 9 Tabellen

Springer

Professor Dr. GERHART DREWS
Universität Freiburg
Institut Biologie 2, Mikrobiologie
Schänzlestraße 1
79104 Freiburg
gerhart.drews@biologie.uni-freiburg.de

Professor Dr. GÜNTER ADAM
Dr. CORNELIA HEINZE
Universität Hamburg
Institut für Angewandte Botanik
Ohnhorststraße 18
22609 Hamburg
gadam@iangbot.uni-hamburg.de
cheinze@langbot.uni-hamburg.de

ISBN 978-3-540-00661-9   ISBN 978-3-642-18740-7 (eBook)
DOI 10.1007/978-3-642-18740-7

Bibliografische Information Der Deutschen Bibliothek
Die Deutsche Bibliothek verzeichnet diese Publikation in der Deutschen Nationalbibliografie; detaillierte bibliografische Daten sind im Internet über <http://dnb.de> abrufbar.

http:/www.springer.de

© Springer-Verlag Berlin Heidelberg 2004
Ursprünglich erschienen bei Springer-Verlag Berlin Heidelberg New York 2004

Satz: Hilger Verlags Service, Heidelberg
Einbandgestaltung: deblik, Berlin
Umschlagabbildungen: *links*: Trimere Untereinheiten der Proteinhülle des *rice dwarf* Phytoreovirus.
rechts: Petunie, infiziert mit dem Tabakmosaikvirus
29/3150WI - 5 4 3 2 1 0 - Gedruckt auf säurefreiem Papier

Vorwort

Viruserkrankungen von Mensch und Tier, wie etwa Influenza, Masern, Aids oder Maul- und Klauenseuche, sind in der Öffentlichkeit bekannt und neue Forschungsergebnisse und Therapievorschläge zu diesen Krankheiten werden durch die Medien verbreitet und diskutiert. Die molekularen Mechanismen der Virus – Wirtsinteraktion werden intensiv untersucht. Viel weniger ist über Viruserkrankungen der Pflanzen bekannt, die aber gleichwohl von großer Bedeutung sind, weil sie jährlich weltweit beträchtliche wirtschaftliche Schäden an Kulturpflanzen hervorrufen. Das erste Virus, das als filtrierbares, infektiöses Agens entdeckt wurde, war das Tabak Mosaik Virus. Wir wissen heute, dass alle höheren Pflanzen von Viren befallen werden können. Die Symptome und die Schwere der Erkrankung sind recht unterschiedlich. Sie reichen von harmlosen oder erwünschten Verfärbungen der Blätter und Blüten bis zu einem fast vollständigen Absterben der Pflanzen und damit dem Verlust der Ernte.

Nach Einführung biochemischer, vor allem aber molekulargenetischer Methoden in die Pflanzenvirologie hat sich diese von einer beschreibenden zu einer kausal forschenden Wissenschaft entwickelt. Heute bestimmen drei Schwerpunkte die Arbeit der Pflanzenvirologen: 1. Analyse der Struktur des Virions und seines Genoms und damit verbunden die Verfeinerung der Diagnose und der Taxonomie, 2. Untersuchung von Replikation und Morphogenese der Viren und ihrer Ausbreitung im Wirt sowie der Wechselwirkungen zwischen Wirt und Virus und 3. Bekämpfung von Viruskrankheiten durch epidemiologische Maßnahmen, Resistenzzüchtung und Entwicklung resistenter, transgener Pflanzen.

Tierische und pflanzliche Viren ähneln sich in wesentlichen Eigenschaften. So gehören das Rabies Virus, das bei Menschen die Tollwut hervorruft, und das durch Insekten auf Pflanzen übertragbare Nekrotische Vergilbungsvirus des Salats (*lettuce necrotic yellows virus*) zur Familie der Rhabdoviridae. Beide Viren haben sicherlich den gleichen Ursprung und haben sich im Laufe der Evolution an die speziellen Bedingungen ihrer Wirte angepasst. Pflanzenviren unterscheiden sich aber auch von tierischen Viren, vor allem in den Prozessen der Infektion, der Ausbreitung im Wirt und der Überwindung der Virusabwehr.

Das vorliegende Buch hat sich zur Aufgabe gemacht, die Vielzahl der spezifischen molekularen Mechanismen der Virusvermehrung und Interaktion mit den Pflanzen aufzuzeigen und einen Überblick der Taxonomie und der Vielfalt der Krankheitsbilder sowie der ökologischen Bedingungen, die im Laufe der Evolution zu den heute bekannten Pflanzenkrankheiten geführt haben, zu vermitteln. Das Buch wendet sich an Studenten und Wissenschaftler der Biologie, Biochemie und Landwirtschaft, aber auch an Behörden und Industrielabore, die mit Pflanzenkrankheiten und Umweltproblemen befasst sind, und an interessierte Laien.

Die Autoren haben sich zusammengefunden, um die umfangreiche englischsprachige Literatur auf dem Gebiet der Pflanzenvirologie in einem einführenden, deutschsprachigen Lehrbuch zusammenzufassen.
Die Autoren danken dem Springer Verlag für die Bereitschaft zur Veröffentlichung und der Unterstützung bei der Herstellung der Manuskripte. G.D. dankt Johannes Gescher für die tatkräftige Mitarbeit bei der Text- und Bildgestaltung.

Gerhart Drews, Günter Adam, Cornelia Heinze

Inhalt

Allgemeiner Teil

Molekularbiologie einzelner Virusgruppen

Anhang

Abkürzungen

A	Adenin, Adenosin
A	*absorbance*, optische Dichte, dimensionslos
Ac	Acetyl
ADP	A-5'-diphosphat
Ala, A	Alanin
AMP	Adenosin 5'-Monophosphat
Arg, R	Arginin
Asn, N	Asparagin
Asp, D	Asparaginsäure
Asx, B	Asparaginsäure oder Asparagin
ATP	A-5'-triphosphat
bp	Basenpaar
°C	Temperaturgrade in Celsius
C	Cytosin, Cytidin
C, Cys	Cystein
cAMP	zyklisches 3',5'-AMP
cc	*closed circular,* kovalent, ringförmig geschlossene Nuklein-säure
cDNA	komplementäre DNA, copy-DNA
CMP	Cytidin 5'-Monophosphat
CoA	Coenzym A
CP	Capsid Protein, Hüllprotein
Da	Dalton, atomare Masseneinheit
DdDp	DNA-abhängige DNA-Polymerase

DNA	Desoxyribonucleinsäure
DNase	Desoxyribonuclease
ds	doppelsträngige Nukleinsäure
$\Delta G^{\circ\prime}$	freie Energieänderung (pH 7, 1 M Konz., 25°C)
ELISA	Enzym-gebundener Immuno-Absorptionstest (*enzyme-linked immunosorbent assay*)
EDTA	Äthylendiamintetraacetat
*E*o	Oxidation-Reduktion Potential
Fab	Antigen-bindendes Fragment eines Immunoglobulins
FMet	N-Formylmethionin
G	Guanin, Guanosin
GFP	*green fluorescent protein*, Markerprotein
Gln, Q	Glutamin
Glu, E	Glutaminsäure
Gly, G	Glycin
His, H	Histidin
HR	hypersensitive Reaktion
IEF	isoelektrische Fokussierung
IgG	Immunglobulin G
IgM	Immunglobulin M
ISEM	Immunosorbent-Eletronenmikroskopie (*immunosorbent electron microscopy*)
IgA	Immunoglobulin A
Ile, I	Isoleucin
k	Kilo
K	Kelvin, absolute Temperatur
kb	10^3 Basen (Kilobasen)
Leu, L	Leucin
Lys, K	Lysin

Mab	monoklonaler Antikörper
Met, M	Methionin
MP	Transportprotein, *movement protein*
mRNA	Messenger(Boten)-RNA
NADP	Nicotinamid-Adenin Dinucleotid
nt	Nukleotid, Nukleotide
PAGE	Polyacrylamid Gel Elektrophorese
RdRp	RNA-abhängige RNA Polymerase
RF	replikative Form
RI	*replicative intermediate*
RNA	Ribonukleinsäure
RNP	Ribonukleoprotein
rRNA	ribosomale RNA
RT	reverse Transkriptase
ss	*single stranded*, Einzelstrang-Nukleinsäure
sgRNA	subgenomische RNA
S	Svedberg, Sedimentationskonstante
Ser, S	Serin
SDS	Natrium Dodecylsulfat
T	Triangulationszahl
T	Thymin, Thymidin
TEM	Transmissions-Elektronenmikroskop
Thr, T	Threonin
tRNA	Transfer-RNA
Trp, W	Tryptophan
Tyr, Y	Tyrosin
U	Uridin, Uracil
Val, V	Valin
VPg 5'	an RNA kovalent gebundenes virales Protein

SI-Präfix

Submultible	Präfix	Symbol	Multible	Präfix	Symbol
10^{-1}	deci	d	10	deca	da
10^{-2}	centi	c	10^{2}	hecto	h
10^{-3}	milli	m	10^{3}	kilo	k
10^{-6}	micro	μ	10^{6}	mega	M
10^{-9}	nano	n	10^{9}	giga	G
10^{-12}	pico	p	10^{12}	tera	T
10^{-15}	femto	f	10^{15}	peta	P
10^{-18}	atto	a	10^{18}	Exa	E

Allgemeiner Teil

1 Historisches

1.1 Entdeckung der Infektionskrankheiten

Infektionskrankheiten, also parasitischer Befall von Organismen durch andere Organismen, haben sich wahrscheinlich sehr früh in der Evolution der Lebewesen entwickelt. Darauf weisen die überlieferten Zeitdokumente, Funde aus früheren erdgeschichtlichen Perioden und moderne, vergleichende molekulargenetische Untersuchungen hin. Über die Entstehung von Viren können wir nur spekulieren. Wahrscheinlich sind sie früh in der Evolution durch Verselbständigung von genetischem Material entstanden, was man aus ihrer Verbreitung und vergleichenden Sequenzanalysen schließen kann. Daraus ergibt sich auch, dass Viren keine monophyletische Gruppe sind, sondern mehrere Wurzeln haben müssen.

Symptome von Krankheiten, z. B. der Tollwut, wurden schon in den ältesten Berichten des Menschen erwähnt. Völkerwanderungen, Kriegszüge, das Entstehen größerer Siedlungen und später die Ausweitung des Verkehrs auf andere Kontinente beeinflussten das Auftreten und den Grad der Erkrankung und ihre seuchenartige Ausbreitung, wie am Beispiel der Pocken geschichtlich nachvollzogen werden kann. Die **Beschreibung der Krankheitsbilder**, Berichte über das Auftreten und die Auswirkungen von Seuchen, aber auch schon erste Beobachtungen über mögliche Übertragungsmechanismen und Hinweise zur Vermeidung und Bekämpfung von Infektionskrankheiten finden sich lange vor der kausalen Analyse der Erreger und der Krankheitsursachen in der zweiten Hälfte des 19. Jahrhunderts.

Im Jahr 752 unserer Zeitrechnung wurde die gelbliche Verfärbung von *Eupatorium lindley* beobachtet und auf vielen Bildern des 17. Jahrhunderts ist die streifige Verfärbung von Tulpenblüten dargestellt; Beide Symptome sind auf Virusinfektionen zurückzuführen. 1714 wurde beim Nachweis des Saftflusses in der Pflanze die **Übertragung** von virusbedingten Symptomen durch Pfropfung beobachtet. Marcus T. Varro beschrieb 36 v. Chr. das Vorkommen kleiner Tiere (*animalia quaedam minuta*), die durch die Luft übertragen werden und Krankheiten hervorrufen (Malaria). 1546 beschrieb G. Fracastoro die Übertragung der „französischen Krankheit"(Syphilis) und nannte folgende drei Arten der Übertragung: den direkten Kontakt, die indirekte Übertragung und die Ausbreitung über größere Entfernungen. Das Virus (damals eine von mehreren Bezeichnungen für infektiöse Agenzien) könne seine Infektiosität über Jahre beibehalten. Schon im 17. Jahrhundert wurden Erreger von infektiösen Krankheiten mikroskopisch durch A. Kircher beschrieben.

Die Erforschung der **Ursachen von Infektionskrankheiten** begann im 17. Jahrhundert mit der Entwicklung naturwissenschaftlichen Denkens und der Ausarbeitung von experimentellen Methoden zur Überprüfung von Theorien. Eine große Zahl von Bakterien, Pilzen, Protozoen und mikroskopischen Algen wurden in ihrer Morphologie beschrieben und systematisch eingeordnet. Methoden der Krankheitsbekämpfung entwickelten sich aus Beobachtungen und Erfahrungen. So verimpfte E. Jenner 1796 einen Pockenstamm mit abgeschwächter Virulenz (Vaccinia, „Kuhpocken") als Schutz gegen die hoch pathogenen Pocken (Variola). Der mikroskopische **Nachweis von Parasiten** in ihren Wirten gelang im 19. Jh. vor allem durch die Einführung geeigneter Färbemethoden und Herstellung von Gewebeschnitten. Nach Ausarbeitung der **Reinkulturtechnik** durch Robert Koch und Zeitgenossen bei Bakterien sowie durch Anton de Bary und Mitarbeiter bei den Pilzen in der zweiten Hälfte des 19. Jahrhunderts, war die Zeit reif, die Vorstellungen von Henle über das Entstehen von Infektionskrankheiten zu überprüfen. Der erste klare Beweis einer bakteriellen Infektionskrankheit gelang Robert Koch 1877 mit dem Nachweis des Milzbranderregers *Bacillus anthracis*. De Bary hatte schon in den Jahren 1863 bis 1865 bewiesen, dass bestimmte Pflanzenkrankheiten durch die Infektion von Pflanzen mit parasitischen Pilzen (*Peronospora*, *Puccinia*) hervorgerufen werden. Er hatte auch deren Entwicklungszyklen in der Pflanze detailliert beschrieben. Damit war der Weg geöffnet, Infektionskrankheiten nach den Kriterien der **Koch-Henle-Postulate** zu analysieren. Die Befolgung dieser Kriterien (1. Vorkommen des Krankheitserregers im erkrankten, nicht aber im gesunden Organismus; 2. Reinkultur des isolierten Erregers; 3. Auslösung der gleichen Krankheitssymptome nach Übertragung des Erregers aus der Kultur auf den Wirt; 4. Reisolierung des Parasiten aus dem Wirt) führte in den neunziger Jahren des 19. Jahrhunderts zur Entdeckung zahlreicher Krankheitserreger (Lechevalier u. Solotorovsky 1965; Schlegel 1999).

1.2 Das filtrierbare, infektiöse Agens

Charles Chamberland hatte 1884 im Labor von L. Pasteur eine wichtige Methode entwickelt, um Wasser keimfrei zu machen, d. h. Bakterien und andere Mikroorganismen vom Wasser abzutrennen. Er benutzte dafür **Filterkerzen** aus unglasiertem Porzellan. Wasser, das mit Überdruck durch die Poren der Filterkerzen gepresst wurde, war frei von Mikroorganismen, was er in zahlreichen Kontrollversuchen nachweisen konnte. Später wurden auch Filter aus Kieselgur, gesintertem Glas oder Cellulose mit definierten Porengrößen angewandt.

Mayer (1886) beobachtete in Wageningen nach Überimpfung von Presssaft aus erkrankten auf gesunde Tabakpflanzen das Auftreten von hellgrünen Blattflecken (**Tabakmosaikkrankheit**) und vermutete ein Bakterium als Erreger. Das gleiche Phänomen beschrieb D. Ivanowski (1899) in St. Petersburg. Er sah ein sehr kleines Bakterium als infektiöses Agens an, das die Poren der Filter passieren konnte, oder ein Toxin des Erregers. Martinus W. Beijerinck lernte bei Mayer die Tabakmosaikkrankheit und die Infektiosität des Presssaftes kennen und untersuchte das filtrierbare Agens systematisch. Er postulierte 1900, dass das *Contagium vivum fluidum*, wie er es nannte, kein Mikroorganismus sei, weil es nicht auf Nährböden, sondern nur in wachsenden Geweben des Wirtes vermehrt werden konnte und kleiner sei als alle Organismen. Die Teilchennatur des Agens wurde durch Diffusionsversuche in Agar nachgewiesen. Die **Infektiosität** des Presssaftes blieb für Monate – auch nach Trocknung – erhalten, wurde aber durch längeres Erhitzen auf 100 °C zerstört. Wie vor ihm Löffler und Frosch, die 1898 das infektiöse, filtrierbare Agens der Maul- und Klauenseuche im Filtrat aus den Bläschen erkrankter Rinder nachgewiesen hatten, schloss Beijerinck aus, dass das Agens ein **Toxin** sei, weil ein Toxin nicht vermehrt, aber seine Wirkung durch Verdünnen vermindert werden kann (Beijerinck 1898; Fraenkel-Conrat 1986).

1.3 Viren als Krankheitserreger

Zahlreiche andere **Viren** wurden als **filtrierbare, infektiöse Agenzien** entdeckt, so 1900 von W. Reed das Gelbfiebervirus und seine Übertragung durch Stechmücken. 1971 wurden von Diener die **Viroide**, nackte, 250 bis 500 Basen lange, zirkuläre Einstrang-RNA, als Erreger der Kartoffelspindelknollenkrankheit nachgewiesen. Viroide können bei verschiedenen Kulturpflanzen Krankheiten auslösen. 1982 entdeckte Prusiner die **Prionen**. Dabei handelt es sich um infektiöse Proteinpartikel, die nach sehr langen Inkubationszeiten degenerative Erkrankungen des Nervensystems bei Tieren und Mensch hervorrufen. **Virusoide** oder Satellitenviren wurden als unvollständige Viruspartikel erkannt, die zu ihrer Vermehrung Helferviren benötigen, so z. B. der Satellit des Gerstengelbverzwergungsvirus. Smith

(1931) hat durch Einführung verschiedener biologischer Methoden die Bedeutung von **Indikatorwirten** erkannt und auch grundlegende Versuche zur Übertragung von Viren durchgeführt, so dass durch ihn neue Wege der Diagnose von Viren und der Untersuchung ihrer Natur eröffnet wurden.

1.4 Bakteriophagen

Ein **lytisches Prinzip bei Bakterien** wurde 1915 von F.W. Twort beschrieben und 1917 von F. d'Herelle wiederentdeckt. D'Herelle hat die Lyse der Shigellen und Salmonellen und die in dem Filtrat enthaltenen infektiösen Einheiten quantifiziert (10^9/ml) und eine hohe Wirtsspezifität beobachtet. Ähnlich wie schon Beijerinck beim Tabakmosaikvirus erkannte d'Herelle, dass eine Vermehrung des lytischen Prinzips nur in lebenden und wachsenden Zellen stattfindet und dass das Lysat für Versuchstiere nicht pathogen ist. Er nannte die bakterienlysierenden Partikel **Bakteriophagen**. Da Bakteriophagen auch aus dem Stuhl von Genesenden nach einer Typhuserkrankung isoliert werden konnten, hoffte d'Herelle auf eine therapeutische Anwendung der Bakteriophagen, was aber seinerzeit nicht zum Erfolg führte.

1.5 Nachweis von Protein und Nukleinsäure

1935 gelang es W.M. Stanley, das **Tabakmosaikvirus (TMV)** aus dem Presssaft erkrankter Tabakpflanzen durch fraktionierte Fällungen zu isolieren und in den daraus gewonnenen Kristallen **Protein** nachzuweisen. Dieses Protein wurde durch Erhitzen auf 94 °C und pH-Werte über 11,8 denaturiert und durch Pepsin abgebaut. Schon Anfang der dreißiger Jahre wurden Viren als **Antigene** zur Herstellung von Antikörpern verwendet. Bawden et al. (1936) isolierten und analysierten verschiedene TMV-Stämme und wiesen in dem gereinigten Material Phosphor und eine Ribose als Bestandteile von **Ribonukleinsäure** nach. Sie fragten, ob das isolierte Material dem filtrierbaren Virus entsprach und vermuteten 1937, dass die Viren in der Pflanze als Komplexe vorliegen. Nach der Auffassung von Stanley u. a. Zeitgenossen war die Vermehrung der Viren eine Art **autokatalytischer Prozess** in der Folge einer Stoffwechselermüdung der infizierten Zelle. Bawden kritisierte 1939 diese These mit dem Hinweis, dass das Ausmaß der Vermehrung der Viren in keinem Verhältnis zur Schwere der Erkrankung stehe und vermutete, in Anlehnung an die Arbeiten von J. Bordet über die Phagenvermehrung, dass der **Zellstoff-**

wechsel nach der Infektion von einem normalen Stoffwechsel auf Virus-produktion **umgesteuert** wird. T. Svedberg beobachtete 1936 das **Sedimentationsverhalten** von TMV in der Ultrazentrifuge und die Wanderung in der **Elektrophorese** und schloss aus der Homogenität der Präparate, dass Viren nicht einer heterogenen Population wachsender Bakterien entsprechen. Stanley charakterisierte 1938 TMV als ein Molekül von definierter Größe und Form. Pirie forderte 1946, dass ein Virus nicht nur nach seinen physikochemischen, sondern vor allem nach seinen physiologischen Eigenschaften und seiner Wechselbeziehung zur pflanzlichen Zelle zu definieren und zu untersuchen sei. Bawden wies 1959 auf die Bedeutung der **genetischen Konstitution** der Pflanzenzelle und des Virus für den Verlauf der Infektion hin. Das Fehlen einer klaren Vorstellung über die Natur des Virus – Proteinmoleküle mit autokatalytischen Eigenschaften oder Organismen – war auch in der tierischen Virologie verbreitet. Bawden und Pirie präzisierten ihren Standpunkt 1953, indem sie die Infektion einer tierischen, pflanzlichen oder bakteriellen Zelle durch ein Virus als eine Störung des Stoffwechsels der Zelle betrachteten. Die Vermehrung der Viren sei weder ein autokatalytischer Prozess noch mit dem Wachstum eines zellulären Organismus vergleichbar (van Helvoort 1996). Baur (1904) lieferte durch seine Beobachtung, dass die Buntscheckigkeit von Abutilon durch Pfropfung, aber nicht mechanisch übertragen werden kann, einen Beitrag zur Methodik in der Virologie. Kunkel (1922) hat als erster die **Insektenübertragbarkeit** von Viren nachgewiesen. Smith (1931) führte **Indikatorpflanzen** zum Nachweis von Viren ein und beobachtete Unterschiede in der Stärke und Ausprägung der Symptome. Er konnte nachweisen, dass eine Viruserkrankung der Kartoffel durch eine Mischinfektion verursacht wird, die er X und Y nannte (*Potato virus X*, PVX; *Potato virus Y*, PVY). PVY, aber nicht PVX, wurde durch die Blattlaus *Myzus persicae* übertragen. Chester (1935, 1936) führte den serologischen Nachweis von Viren ein.

1.6 Infektiöse RNA, Proteinsequenzen

Erst 1956/57 konnte nachgewiesen werden, dass die nackte intakte TMV-RNA (Ribonukleinsäure) infektiös ist, d. h. nach Aufnahme durch die Wirtszelle die Bildung eines vollständigen TMV-Partikels und Krankheitssymptome auslösen kann, dass also die **Information** für die Vermehrung und Morphogenese der Viren an die **Nukleinsäure gebunden** ist (Gierer u. Schramm 1956; Fraenkel-Conrat 1956). Die Zusammensetzung der Proteinhülle des TMV aus identischen Untereinheiten wurde durch Bestimmung der **Aminosäuresequenz** des Hüllproteins durch Tsugita et al. (1960) in Berkeley und Anderer et al. (1960) in Tübingen nachgewiesen (s. auch Shaw 1999).

1.7 Biochemische und molekulargenetische Analytik

Nachdem es gelungen war, Viren in Wirtspflanzen, Indikatorwirten und später in Protoplasten und Zellkulturen in ausreichenden Mengen für biochemische und genetische Untersuchungen zu vermehren und zu reinigen und molekular-genetische Methoden zur **Analyse der Virusnukleinsäure** zur Verfügung standen, konnte mit der strukturellen, chemischen und genetischen Analyse begonnen werden, die schließlich zur Aufklärung der Virusnatur führte. Crick u. Watson (1956) postulierten, dass die Virusproteinhülle aus zahlreichen identischen Untereinheiten aufgebaut ist, die regelmäßig nach **Prinzipien der helikalen oder kubischen Symmetrie** angeordnet sind. Die Primärstruktur der RNA wurde seit den 1960er Jahren analysiert und die *cap*-Struktur sowie die Gene für die RNA-abhängige RNA-Polymerase wurden 1979 entdeckt. Das Prozessieren von mRNA und Protein, die Acetylierung des N-Terminus des Hüllproteins sowie das Durchlesen der genetischen Information (*Read through*) wurden zuerst am TMV entdeckt. Mutationen der Virus-RNA halfen, den Zusammenhang zwischen den Basensequenzen der RNA und den Aminosäuresequenzen der Hüllproteine zu erkennen. Wittmann u. Wittmann-Liebold (1966) analysierten die Primärstruktur zahlreicher Mutanten des TMV und lieferten damit einen Beitrag zur Aufklärung des genetischen Codes.

Lwoff definierte 1957 ein **Virus** als **ein infektiöses, potentiell pathogenes Nukleoprotein**, das **nur einen Typ von Nukleinsäure** (DNA oder RNA) enthält, und nach seinem eigenen genetischen Bauplan reproduziert wird. Viren seien unfähig zu wachsen und sich durch Zweiteilung zu vermehren. Ihnen fehle ein energieerzeugendes System. Trotz dieser vereinheitlichenden These blieben die kontroversen Standpunkte der Bawden- und Stanley-Schulen für viele Jahre präsent. Bawden (1964) hielt die These, dass Viren durch eine Replikation der infizierenden Partikel vermehrt werden, für unhaltbar. 1970 wurde die Heterogenität von Viruspräparationen von A. Huang und D. Baltimore auf das Vorkommen der sog. defekten interferierenden (DI) Partikel neben den Viren mit vollständigem Genom zurückgeführt und die Rolle von DI-Partikeln bei selbstbegrenzenden oder persistenten Infektionen hervorgehoben.

1.8 Die Aufklärung der Virusstruktur

Das **Molekulargewicht** (40×10^6 Da) und die **Stäbchenform** der TMV-Partikel wurden 1938 durch die Bestimmung des Sedimentationskoeffizienten und des Sedimentationsgleichgewichts durch analytische Ultrazentrifugation von M.A. Lauffer bestimmt. Nach der Entwicklung des **Elektronenmikroskops** wurde die Struktur des TMV durch Kausche et al. (1939) sichtbar gemacht. Die **helikale Anordnung der Proteinuntereinheiten** und die Struktur der Scheibe, einem 20S-Untereinheiten-Aggregat, sowie die Lokalisation der RNA im TMV wurden durch Röntgenstrukturanalysen zuerst von Bernal u. Fankuchen (1937) und später durch verschiedene Arbeitsgruppen aufgeklärt. Die *In-vitro*-Rekonstitution infektiöser TMV-Partikel aus den Bausteinen wurde in den Jahren 1956/57 in Berkeley und Tübingen erreicht.

Die biochemischen und genetischen Untersuchungen am TMV führten zu wichtigen Grundkenntnissen in der Frühzeit der Molekularbiologie und waren die Grundlage für weitere Untersuchungen zur Struktur und den Mechanismen der Vermehrung und Pathogenese anderer Viren.

In neuester Zeit wurden dreidimensionale Modelle von Viren entwickelt, die auf der **Theorie der Quasi-Äquivalenz** von Caspar und Klug (1962) beruhten. Die kryoelektronenmikroskopischen Aufnahmen ganzer Viren und Röntgenstrukturdiagramme von Untereinheiten der Virionen wurden mit Hilfe von Algorithmen verarbeitet und führten zu den Grundstrukturen der Viren, dem **Ikosaeder** und der **Helix.**

1.9 Der molekulargenetische Ansatz

Die molekular-genetischen Techniken, die in den sechziger Jahren des 20. Jahrhunderts entwickelt wurden, erlaubten die Aufklärung der genetischen Struktur der Viren und der Mechanismen der **Replikation** des Virusgenoms. **Transkription, Translation und Assemblierung**, d. h. die Bildung des vollständigen Virions aus den Proteinuntereinheiten und der Nukleinsäure, aber auch grundlegende Erkenntnisse der Infektion, der Ausbreitung der Viren im Wirt und die Auseinandersetzung zwischen Virus und Wirt konnten in jüngster Zeit erarbeitet werden. In neuester Zeit konnte durch die Sequenzierung einzelner Gene und ganzer Genome von Pflanzen, wie z. B. *Arabidopsis thaliana*, sowie deren Expression begonnen werden, die Interaktion zwischen Virus und Wirt auf molekularer Ebene zu untersuchen. Diese Arbeiten stehen erst am Beginn der wohl interessantesten Periode der Virologie, die uns neue Erkenntnisse über die komplexen

Wechselwirkungen zwischen Virus und Wirt und deren Evolution bringen wird. Verschiedene Pflanzenviren, wie z. B. die Caulimoviren, sind Werkzeuge moderner Gentechnologie geworden. Die Aufklärung der Genomstruktur zahlreicher Viren bildete die Grundlage für eine phylogenetische Taxonomie der Viren.

1.10 Virusbedingte Pflanzenkrankheiten und ihre Bekämpfung

In neuerer Zeit konnte eine große Zahl von Pflanzenkrankheiten auf eine Infektion durch Viren zurückgeführt werden. In den vergangenen zwei Jahrzehnten wurden viele Erkenntnisse über den Übertragungsmechanismus von Pflanzenviren, den Prozess der Infektion und Ausbreitung der Viren in der Pflanze, die zytopathologischen Veränderungen und den wirtschaftlichen Schaden durch pflanzenpathogene Viren zusammengetragen. Da Viren nicht durch Antibiotika oder andere Pflanzenschutzmittel bekämpft werden können, versucht man in neuester Zeit, neben den klassischen Hygienemaßnahmen, durch Mutation und Genmanipulation virusresistente Pflanzen herzustellen. Über Methoden und Erfolge auf diesem Gebiet des Pflanzenschutzes wird im Kap. 17 berichtet.

Darstellungen zur Geschichte der Mikrobiologie und Virologie finden sich in Lechevalier u. Solotorovski (1965), Fraenkel-Conrat (1986), van Helvoort (1996), Schlegel (1999) und Hull (2002).

Literatur

Anderer FA, Uhlig H, Weber E, Schramm G (1960) Primary structure of the protein of tobacco mosaic virus. Nature 186: 922–925

Baur E (1904) Zur Ätiologie der infectiösen Panachierung. Ber Dtsch Bot Ges 22: 453–460

Bawden FC (1964) Plant viruses and virus diseases, 4. ed. Ronald, New York

Bawden FC, Pirie NW, Bernal JD, Fankuchen I (1936) Liquid crystalline substances from virus-infected plants. Nature 138: 1051–1052

Beijerinck MW (1898) Über ein contagium vivum fluidum als Ursache der Fleckenkrankheit der Tabakblätter. Verh K Akad Wet Amsterdam 65: 3–21 (engl. Transl. durch Johnson in Phytopathol Classics No. 7, 1942)

Bernal JD, Fankuchen I (1937) Structure types of protein crystals from virus infected plants. Nature 139: 923–924

Caspar DLD, Klug A (1962) Physical principles in the construction of regular viruses. Cold Spring Harbor Symp Quant Biol 27: 1–24

Chester KS (1935) A serological estimate of the absolute concentration of tobacco mosaic virus. Science 82: 17

Chester KS (1936) Separation and analysis of virus strains by means of precipitin tests. Phytopathology 26: 778–785

Crick FHC, Watson JD (1956) Structure of small viruses. Nature 177: 473–475

Fraenkel-Conrat H (1956) The role of nucleic acid in the reconstitution of active tobacco mosaic virus. J Am Chem Soc 78: 882–883

Fraenkel-Conrat H (1986) Tobacco mosaic virus: The history of tobacco mosaic virus and the evolution of molecular biology. In: Van Regenmortel MHV, Fraenkel-Conrat H (eds) The Plant Viruses, vol 2. The rod shaped plant viruses. Plenum Press, New York, pp 5–17

Gierer A, Schramm G (1956) Infectivity of ribonucleic acid from tobacco mosaic virus. Nature 177: 702–703

Hull R (2002) Matthews' Plant Virology, 4. ed. Academic Press, San Diego, pp 1–8

Ivanovski D (1899) Über die Mosaikkrankheit der Tabakpflanze. Zbl Bakt II 5: 250–254

Kausche GA, Pfankuch E, Ruska A (1939) Die Sichtbarmachung von pflanzlichem Virus im Übermikroskop. Naturwissenschaften 27: 292–299

Kunkel LO (1922) Insect transmission of yellow stripe disease. Hawaii Plant Rec 26: 58–64

Lechevalier HA, Solotorovsky M (1965) The centuries of microbiology. McGraw-Hill, New York

Mayer A (1886) Über die Mosaikkrankheit des Tabak. Landwirt. Versuchsstation 32: 451–467

Schlegel HG (1999) Geschichte der Mikrobiologie. Acta Historica Leopoldina 28, Halle a.d.S.

Smith KM (1931) On the composite nature of certain potato virus diseases of the mosaic group as revealed by the use of plant indicators and selective methods of transmission. Proc Royal Soc London B 109: 251–266

Shaw JG (1999) Tobacco mosaic virus and the study of early events in virus infection. Phil Trans R Soc Lond B 354: 603–611

Stanley WM (1935) Isolation of a crystalline protein possessing the properties of tobacco mosaic virus. Science 81: 644–645

Tsugita A, Gish DT, Yooung J, Fraenkel-Conrat H, Knight CA, Stanley WM (1960) The complete amino acid sequence of the protein of the of tobacco mosaic virus. Proc Natl Acad Sci USA 46: 1463–1469

Van Helvoort T (1996) The early study of tobacco mosaic virus. In: Koprowski H, Oldstone MBA (eds) Microbe Hunters – then and now. Medi-Ed Press, Bloomington, IL, pp 287–293

Wittmann HG, Wittmann-Liebold B (1966) Protein chemical studies of two RNA viruses and their mutants. Cold Spring Harbor Symp Quant Biol 31: 163–172

2 Virus, Viroide, Virusoide, Prionen –Definition

In der Entdeckungsphase wurden Viren als ‚infektiöse, filtrierbare Agenzien" beschrieben. Wie der kurze, geschichtliche Rückblick zeigt, konnte die Natur der Viren in dieser Zeit nicht aufgeklärt werden. Der Begriff Virus, wie wir ihn heute verstehen, entwickelte sich aus dem zunehmenden Wissen über Struktur, Organisation und Vermehrung der Viren. Die geordnete Struktur der Viren und ihre Zusammensetzung aus Protein(en) und einer Nukleinsäure wurde nachgewiesen und man erkannte, dass eine zelluläre Organisation fehlt. Die Viren verfügen über keinen eigenen Energie- und Baustoffwechsel und die Vermehrung ist von einer intakten und funktionsfähigen Wirtszelle abhängig. Viren sind also keine Organismen, besitzen aber eine genetische Information für ihre identische Vermehrung.

Viren sind infektiöse Partikel (Virionen), die aus einem Typ von Nukleinsäure (Einzel- oder Doppelstrang, RNA oder DNA) mit einer Genomgröße von etwa 2 bis 200 kb bestehen. Die Nukleinsäure wird durch die sie umgebende Proteinhülle, das **Capsid,** geschützt. Dieses ist aus regelmäßig angeordneten Proteinuntereinheiten aufgebaut, die wiederum oligomere Strukturen, die **Capsomere,** bilden können. Die Proteinhülle steht in der Regel in enger Wechselwirkung mit der Nukleinsäure. Das **Nukleocapsid** verschiedener Viren ist von einer Lipiddoppelschicht (*envelope*) umgeben, in die glykoproteinhaltige Fortsätze (*spikes*) eingelagert sein können. Viruskodierte, Nichtstrukturproteine, wie **Enzyme** (z. B. eine RNA-abhängige RNA-Polymerase, RdRp) oder nukleinsäurebindende Proteine können im Capsid enthalten sein. Die **Vermehrung** der Viren geschieht mit Hilfe des Energie– und Baustoffwechsels der Wirtszelle unter Beteiligung von wirt- und viruskodierten Enzymen nach dem im Virusgenom festgelegten Bauplan. Die **Morphogenese** (oder Morphopoesis nach Kellenberger) ist ein mehr oder weniger komplexer Prozess, bei dem die in der Wirtszelle gebildeten Bausteine, oft unter der Beteiligung von Hilfsproteinen, zu den fertigen Viren schrittweise assemblieren. Es gibt also keine Vermehrung durch Zellteilung. **Zelluläre Organismen und Viren unterscheiden sich grundsätzlich in Struktur und Vermehrung.**

Virusoide oder **Satellitenviren** bestehen aus kleinen RNA- oder DNA-Molekülen, die ihr Hüllprotein kodieren, aber nicht selbständig repliziert werden können. Dagegen werden **Satelliten-RNAs oder -DNAs** in Proteinhüllen verpackt, die von Helferviren kodiert werden. Sehr kleine Satellitennukleinsäuren haben keine Messenger-Funktion. Zu beider Vermehrung ist die Anwesenheit eines Helfervirus erforderlich. **Viroide** bestehen aus nackter, ringförmig geschlossener, infektiöser RNA von 250–400 Nukleotiden. Die RNA kodiert nicht für Proteine, sondern interferiert mit dem Nukleinsäurestoffwechsel des Wirtes und dient der Selbstreplikation. Sie verursachen ausschließlich Pflanzenkrankheiten.

Prionen (*proteinaceous infectious particles*) sind infektiöse, missgefaltete Formen eines zellulären Proteins, die bei Mensch und Tier Enzephalopathien hervorrufen und übertragbar sind.

3 Methoden in der Pflanzenvirologie

Für die Identifizierung von Viren in Feldproben sowie zur molekularen, strukturellen und biologischen Charakterisierung werden in der Pflanzenvirologie verschiedene Methoden eingesetzt. Dafür wurden einige gängige Methoden der Biochemie, Physiologie und Molekularbiologie modifiziert. Viele davon werden in den einschlägigen Lehrbüchern und Fachbüchern beschrieben. Andere Methoden, wie eine Infektion von Pflanzenmaterial oder die Reindarstellung von Viruspartikeln, sind dagegen nur in der Pflanzenvirologie zu finden. Grundsätzlich gibt es zum Nachweis von Viren verschiedene Ansätze. So kann in einem Biotest die Infektiosität eines Virus gezeigt werden, das Elektronenmikroskop gibt die Form des Partikels wieder, die ein wesentliches Merkmal für die taxonomische Zuordnung darstellt. Andere Methoden beruhen auf dem Nachweis von viralen Proteinen oder Nukleinsäuren. Um ein Virus eindeutig zu charakterisieren, sollten verschiedene Eigenschaften untersucht werden. Die eindeutige Zuordnung einer Krankheit zu einem Erreger ist nur nach Erfüllen der **Koch-Postulate** möglich (s. Kap. 1.1).

Für die Charakterisierung einer bisher nicht beschriebenen Spezies werden mit Sicherheit andere und aufwendigere Methoden zum Einsatz kommen als bei einer Testung von **Feldproben**. Hier ist es oftmals nicht notwendig, die Spezies zu bestimmen, der Nachweis einer Virose an sich oder die Zugehörigkeit zu einem Genus kann schon ausreichend sein. So sind die starren Stäbchen innerhalb des Genus *Tobamovirus* einfach im Elektronenmikroskop nachzuweisen. Wird jedoch die Bestimmung der Spezies notwendig, sind die Methoden dafür aufwendiger. Dies kann dann der Fall sein, wenn Spezies durch unterschiedliche Vektoren übertragen werden und eine differenzierte Bekämpfungsstrategie notwendig machen. Die Testung von Feldproben müssen so ausführbar sein, dass sie zuverlässige und reproduzierbare Ergebnisse mit einer ausreichenden Sensitivität liefern. Die Kosten müssen für die jeweilige Fragestellung im vertretbaren Rahmen gehalten werden und es müssen unter Umständen viele Proben in einem überschaubaren Zeitraum bearbeitet werden können. Hier unterscheiden sich die Anforderungen von medizinischen Virologen und Pflanzenvirologen beträchtlich. Bei Letzteren ist nicht das Individuum, sondern die gesamte Kultur zu betrachten und in Stichproben zu untersuchen, während in der Medizin das Individuum Priorität hat.

Viren werden in der Grundlagenforschung auch benutzt, um generelle Vorgänge in der Zelle sowie Funktionen genetischer Information zu erforschen. Ihr Genom ist klein, oftmals vollständig charakterisiert und relativ einfach zu manipulieren, was vielfältige Möglichkeiten eröffnet (s. Kap. 3.6.3).

Viele Methoden kommen sowohl in der Diagnostik als auch in der Grundlagenforschung zur Anwendung.

3.1 Biotest

Eine empfindliche Nachweismethode von vielen Viren ist der Biotest, bei dem Viren, zumeist mechanisch, auf Wirte übertragen werden.

Für die **mechanische Übertragung** werden virusverdächtige Blätter in Puffer zerrieben und die Blätter der Versuchspflanzen werden mit dieser Suspension abgerieben. Um die mechanischen Barrieren der Pflanze (Kutikula, Zellwand) zu überwinden, muss die Blattoberseite durch ein Schleifmittel verletzt werden. Hierfür wird üblicherweise Karborundum oder Diatomeenerde eingesetzt. Für die Abreibung wählt man möglichst junge und Symptome zeigende Blätter aus, da hier die Viruskonzentration am höchsten und der Gehalt an Hemmstoffen am niedrigsten ist. Je nach Virus-Wirt-Kombination erscheinen auf den Pflanzen bei positivem Befund nach zwei bis vierzehn Tagen Symptome.

Als **Testpflanzen** werden leicht kultivierbare Spezies verschiedener Familien ausgewählt. Für den Test sollte jeweils mindestens eine Spezies eingeschlossen sein, die der virusverdächtigen Pflanzenprobe verwandt ist. Soll eine Kartoffelpflanze untersucht werden, so bieten sich hier als Testpflanzen verschiedene Tabaksorten oder auch Petunien an, die wie die Kartoffel der Familie der Nachtschattengewächse angehören. Die Arten *Chenopodium quinoa* und *Nicotiana benthamiana* können von besonders vielen unterschiedlichen Viren infiziert werden, zeigen also ein breites Wirtspektrum. Bei *Chenopodium quinoa* bleibt die Infektion meist auf den Eintrittsort beschränkt (**Lokalläsionswirt**), während bei *Nicotiana benthamiana* sich die Infektion oft über die ganze Pflanze ausbreitet (**systemischer Wirt**).

Mit Hilfe eines Biotests kann ein Hinweis auf eine Virose bestätigt werden. Ein genauer Nachweis einer bestimmten Spezies ist aber meistens so nicht möglich. Denn nur selten verursachen Viren auf ihren Wirten so charakteristische Symptome, dass eine Bestimmung allein durch das Ergebnis eines Biotests möglich ist.

3.1.1 Symptomatologie

Symptome sind die äußerlich sichtbaren Anzeichen, die unter Einwirkung eines Krankheitserregers in ihren Wirten auftreten, und entstehen als Folge von physiologischen und zellbiologischen Veränderungen. Symptome führten ursprünglich dazu, dass nach deren Ursachen, nämlich den Viren, geforscht wurde, und sind meistens der erste Hinweis auf einen Befall.

Oftmals leiten sich in der Pflanzenvirologie die Namen der Viren von den zuerst beschriebenen Wirten und Symptomen ab, obgleich auch symptomlose Viruserkrankungen vorkommen. So spricht man beispielsweise vom Tabakmosaikvirus (*Tobacco mosaic virus*, TMV) oder dem Tomatenbronzefleckenvirus (*Tomato spotted wilt virus*, TSWV). TMV verursacht auf vielen Tabaksorten eine mosaikartige Verfärbung, TSWV induziert bräunliche Flecken auf Tomatenblättern.

Die charakteristische Ausprägung von Symptomen auf Testpflanzen kann einen Hinweis auf die Art des Virus geben. Jedoch ist für diese Interpretation große Erfahrung notwendig. Äußere Parameter wie Temperatur, Licht oder Ernährungszustand der Pflanze, das verwendete Kultivar und der Virusstamm können die Symptomausprägung beeinflussen.

Stämme des *Cucumber mosaic virus* (CMV) sind variabel und rufen unterschiedliche Symptome hervor (Francki u. Hatta 1980). Viren anderer Genera oder Familien induzieren ebenfalls CMV-ähnliche Schadbilder. TMV verursacht auf *Nicotiana glutinosa* bei Temperaturen um 20 °C nekrotische Läsionen und bleibt auf die Infektionsstellen beschränkt, während sich die Viren bei Inkubation bei 30 °C in der gesamten Pflanze ausbreiten und mosaikartige Symptome hervorrufen. Wenn Mischinfektionen mit zwei Viren in einer Pflanze auftreten, können die Symptome verstärkt werden. So verursacht eine Mischung von *Potato virus X* (PVX) und *Potato virus Y* (PVY) viel stärkere Symptome als die Infektion mit jeweils einem Virus alleine. Bei dieser Doppelinfektion wird der Titer an PVX dramatisch erhöht, während die Konzentration von PVY konstant bleibt (Vance 1991).

Zudem sollte bedacht werden, dass Schadbilder auch durch andere Erreger oder abiotische Umwelteinflüsse hervorgerufen werden können. So ruft ein Befall mit Phytoplasmen und Bakterien, aber auch Ernährungsstörungen und Herbizide manchmal virusähnliche Symptome hervor. Eine **Panaschüre,** also genetisch bedingte Chloroplastendefekte in einzelnen Blattbezirken, ähnelt dem durch verschiedene Viren hervorgerufenen Mosaik. Eine Rotfärbung von Kirschblättern kann auf Stress, aber auch auf eine Infektion mit dem *Little cherry virus* (LCV) deuten.

Allgemeine Schadbilder sind Wuchshemmungen, die in extremer Ausprägung auch zu Zwergwuchs oder zur Stauchung führen können. Beim Zwergwuchs sind alle Organe einer Pflanze verkleinert, während bei der Stauchung nur die Internodien verkürzt sind. Die Rosettenbildung stellt eine extreme Stauchung dar. Solche Symptome findet man in Virusnamen wie *Prune dwarf virus* (PDV), *Tomato bushy stunt virus* (TBSV) oder *Groundnut rosette virus* (GRV) wieder.

Symptome können an allen Pflanzenorganen vorkommen. Am auffallendsten sind jedoch meist die Veränderungen an den Blättern. Man unterscheidet hier lokale und systemische Symptome. Die lokalen Symptome sind auf den Ort der primären Infektion beschränkt und entstehen nur wenige Stunden oder Tage nach der Infektion. Im Gegensatz zum Biotest spielen lokale Symptome in natürlich infizierten Pflanzen eine nur untergeordnete Rolle, da sie aufgrund der wenigen Infektionsstellen oft unauffällig sind. **Lokale Symptome** sind Flecken, Ringe oder auch konzentrische Ringe und Linien, die oft zunächst chlorotisch und später nekrotisch werden. Die Größe ist von deren Anzahl abhängig. Je mehr auf einem Blatt vorhanden sind, desto kleiner ist die einzelne Läsion, sie können bei großer Anzahl sogar ineinander fließen. Viren, die solche Symptome hervorrufen können, werden beispielsweise *als Prunus necrotic ringspot virus* (PNRSV), *Iris yellow spot virus* (IYSV) oder als *Carnation necrotic fleck virus* (CNFV) bezeichnet.

Systemische Symptome entstehen nach Ausbreitung des Virus in der Pflanze. Sie erscheinen später als lokale Symptome und sind oft nur in den jungen nachwachsenden Blättern zu erkennen. Bei krautigen Pflanzen treten Symptome meistens eher auf als bei holzigen Pflanzen, bei denen die Entwicklung sogar Jahre dauern kann. Die wichtigsten Symptome in den jeweiligen Organen sind in Tabelle 3.1 aufgelistet.

Infektionen, bei denen trotz einer Vermehrung der Viren keine Symptome hervorgerufen werden, bezeichnet man als **latent**, die Pflanze selber als **tolerant**. Toleranz findet man besonders häufig bei Wildpflanzen. Kann sich ein Virus in keiner Zelle vermehren, so wird die Pflanze als **immun** bezeichnet, findet dagegen keine Ausbreitung von der ersten Zelle in die Nachbarzellen statt, so ist der Wirt gegenüber dem Virus **resistent**.

Tabelle 3.1 Verschiedene Symptome auf Pflanzenorganen

Organ	Symptom	Beschreibung
Blatt	Chlorose	Einheitliche Vergilbung
	Adernaufhellung	Blattadern vereinzelt vergilbt
	Gelbnetz	Blattadern einheitlich vergilbt
	Mosaik	Scharf abgegrenzte Bereiche von weißen, gelben und/oder grünen Bereichen. Meist in dikotylen Pflanzen
	Strichelung	Streifen von unterschiedlicher Färbung, ähnlich wie beim Mosaik. Meist in monokotylen Pflanzen
	Scheckung	Wie Mosaik, jedoch ohne scharfe Abgrenzung
	Raublättrigkeit	Aufwölbungen auf dem Blatt
	Fadenblättrigkeit	Blattspreite extrem reduziert
	Enation	Auswüchse durch erhöhte Zellteilung
	Epinastie	Blätter hängen durch erhöhte Zellteilung auf der Blattoberfläche
	Welke	Turgorverlust durch Schädigung der Leitbahnen
	Gallen	Schwellungen, meist auf der Blattunterseite
Stängel/ Stamm	Buschigkeit	Vermehrte Seitentriebbildung durch Absterben der Triebspitzen
	Rindenkrebs	Zellwucherungen des Phloems
	Rindenrissigkeit	Risse in der Rinde durch Korkbildung
	Schwellung	Aufblähung des Stammes durch Gewebewucherungen

Fortsetzung Tabelle 3.1

Organ	Symptom	Beschreibung
Blüte	Blüten-scheckung	Diffuse Verfärbung, vergleichbar mit der Scheckung auf Blättern
	Blüten-verformung	Blütenblätter sind reduziert und/oder deformiert
	Buntstreifigkeit	Farbveränderungen
Frucht	Kleinfrüchtig-keit	Verkleinerung der Früchte

3.2 Virusisolierungen und Charakterisierung des Genoms

Die Reindarstellung von Pflanzenviren kann notwendig werden, wenn ein Virus charakterisiert oder Antiseren für die Diagnostik hergestellt werden sollen. Präparationen zur Herstellung von Antiseren, also zur Immunisierung von Versuchstieren, sollten so wenig Reste pflanzlicher Proteine wie möglich enthalten. Je reiner das Präparat ist, desto spezifischer reagiert das resultierende Serum (s. Kap. 3.3). Die isolierten Viren weisen aufgrund ihrer hohen Mutationsraten bei der Replikation kein einheitliches Genom auf, sondern stellen eine Mischung von verschiedenen Viren mit leicht veränderten Sequenzen dar (s. Kap. 5). In Abhängigkeit vom Isolierungspuffer können Viren während der Isolierung modifiziert werden.

Für die Isolierung von Viren aus ihren pflanzlichen Wirten gibt es keine einheitlichen Vorschriften. Es gibt nicht einmal universelle Regeln für morphologisch ähnliche Spezies. Teilweise müssen sogar Isolate, die einer einzigen Spezies zugeordnet werden, über unterschiedliche Protokolle isoliert werden. Die verschiedenen Vorschriften werden durch Versuche etabliert und können Monographien wie den *CMI/AAB Descriptions of Plant Viruses* oder aus Fachzeitschriften entnommen werden.

Eine wichtige Rolle bei der Virusisolierung spielt die Wahl der Wirtspflanze, in der das Virus für die Isolierung vermehrt werden soll. Der Wirt soll möglichst wenig Komponenten wie Schleimstoffe, Tannine und phenolische Substanzen enthalten, die die Isolierung erschweren. Außerdem soll das Virus in möglichst hohen Konzentrationen vorliegen. Deswegen werden in der Regel schnellwüchsige krautige Wirte bevorzugt, in denen sich das Virus in der gesamten Pflanze ausbreitet und nicht auf einzelne Gewebe beschränkt ist. Darüber hinaus muss auch beachtet werden, dass der Virusgehalt im Wirt während der Infektion zunächst zunimmt, jedoch mit der Zeit auch wieder abnehmen kann. Der Zeitpunkt der Ernte ist also ebenfalls wichtig. Die Ausbeute je Gramm eingesetzten Ausgangsmaterials kann in Abhängigkeit vom Wirt, dem Virus und dem Protokoll mehrere Milligramm bis wenige Mikrogramm betragen.

3.2.1 Ablauf der Virusisolierung

Das Protokoll einer Reinigung des *Tobacco mosaic virus* (TMV) ist im nachfolgendem Schema gezeigt. Der erste Schritt aller Virusisolierungen ist das Aufbrechen der Gewebe. Dies kann für kleinere Mengen in einem Mörser erfolgen, für größere Mengen bieten sich Haushaltsmixer an.

Da nach Aufbrechen der Gewebe und der Zellkompartimente das umgebende Medium für die Viren unnatürliche pH-Werte und Ionenkonzentrationen aufweist, die zur Destabilisierung der Partikel führen können, müssen Puffersubstanzen wie z. B. Phosphat-, Citrat- oder Trispuffer zugesetzt werden. Viele Viren sind bei einem pH-Wert von 7 bis 8 stabil, wogegen niedrigere pH-Werte zur Präzipitation von Partikeln führen können. Einige Viren benötigen zusätzlich zweiwertige Ionen wie Ca^{2+} oder Mg^{2+}. Andere

Blattmaterial mit 4 Volumen Extraktionspuffer (100 mM Natriumphosphat, pH 7)
homogenisieren und durch 3 Lagen Mull filtrieren
15 min bei 5000 xg zentrifugieren
Überstand abnehmen, Sediment verwerfen
↓
9 ml Butanol je 100 ml Überstand tröpfchenweise zugeben
45 min bei Raumtemperatur rühren
↓
15 min bei 4300 xg zentrifugieren
Überstand abnehmen, Sediment verwerfen
↓
Überstand 1 h mit 4% (w/v) Polyethylenglykol (PEG) auf Eis rühren
↓
15 min bei 4300 xg zentrifugieren
Überstand verwerfen
↓
Sediment in etwa 1 Volumen Viruspuffer (20 mM Natriumphosphat, pH 7) aufnehmen
und die Partikel erneut sedimentieren (Ultrazentrifuge, 100.000 xg, 2 h)
Überstand verwerfen
↓
Sediment in 1–2 ml Viruspuffer aufnehmen

Viren sind wiederum bei Anwesenheit solcher Ionen instabil, so dass der Zusatz von EDTA, das zweiwertige Ionen bindet, sinnvoll sein kann. Zusätze von Natriumsulfit, Cystein oder Ascorbinsäure verhindern Oxidationen und tragen damit auch zur Stabilisierung bei, Polyvinylpyrrolidon wird häufig zum Abfangen von Gerbstoffen eingesetzt.

Nach dem Aufbrechen des Gewebes sind immer noch viele grobe Bestandteile vorhanden. Diese können über Filtration durch Mull oder andere Stoffgewebe und/oder niedertourige Zentrifugation (bis 10.000 xg) weitgehend entfernt werden. Das Homogenat enthält neben den Viren Wirtskomponenten wie Ribosomen, Polysomen, Membranreste oder Chloroplastenbruchstücke, die ähnliche Eigenschaften wie die zu isolierenden Viren haben können. Solche Pflanzenbestandteile kann man durch kurzzeitiges Absenken des pH-Wertes, durch Erhitzen, mehrmaliges Einfrieren oder durch Einsatz von organischen Lösungsmitteln wie Chloroform oder Butanol aggregieren lassen und danach durch niedertourige Zentrifugation von den Viren abtrennen. Die im Überstand verbliebenen Viren werden dann mit Polyethylenglykol (PEG) oder anderen Polymeren ausgefällt oder durch eine hochtourige Zentrifugation (z. B. 100.000 xg) konzentriert. Durch diese Konzentrierung werden zusätzlich niedermolekulare Verunreinigungen abgetrennt.

An die oben beschriebenen Reinigungsschritte schließt sich oftmals eine **Gleichgewichts-Dichtegradienten-Zentrifugation** (Auftrennung nach Dichte) oder eine **Zonen-Dichtegradienten-Zentrifugation** (Auftrennung nach Masse) an. Bei entsprechend hohen Konzentrationen sind danach die Viren aufgrund von Lichtbrechung als scharfe opaleszente Bande zu erkennen, die über eine Kanüle abgezogen werden kann.

3.2.2 Isolierung von Nukleinsäuren

Es gibt in der Pflanzenvirologie verschiedene Gründe, warum man von isolierten Viren oder aus Pflanzenmaterial die viralen Nukleinsäuren isolieren möchte. So ist die Isolierung von Gesamtnukleinsäuren aus infizierten Pflanzen oft eine Voraussetzung, das Virus mittels Hybridisierung oder der Polymerasekettenreaktion (PCR) nachweisen zu können (s. Kap. 3.5). Von isolierten viralen Nukleinsäuren kann mit elektrophoretischen Methoden die Größe abgeschätzt und die Anzahl der Segmente bestimmt werden.

Für alle Fragestellungen ist es wünschenswert, dass die Nukleinsäuren möglichst wenige Degradationen aufweisen. Deswegen ist es wichtig, dass während der Aufarbeitung keine extremen Schwankungen im pH-Wert auftreten. Die pH-Wert-Absenkung durch pflanzliche Säuren wird durch

den Einsatz von Pufferlösungen aufgefangen. Für den Schutz vor Nuklease-
angriff können dem Puffer verschiedene Chemikalien wie EDTA, das das
für die Desoxyribonukleasen wichtige Mg^{2+} bindet, oder β-Mercaptoetha-
nol, das die S-S-Bindungen in Proteinen zerstört, zugesetzt werden. Durch
diese Zusätze werden die Nukleasen inaktiviert. Nukleinsäuren werden
ausgefällt oder mit elektrophoretischen Methoden isoliert. Auch über eine
vorübergehende Bindung an SiO_2-Partikel (Silica) können Nukleinsäuren
isoliert und konzentriert werden.

3.2.3 Charakterisierung von Nukleinsäuren

Die Größe eines viralen Genoms und die Anzahl der Genomsegmente ist
eine wichtige Eigenschaft bei der Charakterisierung und taxonomischen
Eingruppierung von Viren. Die einzige genaue Methode zur Größenbestimmung eines viralen Genoms ist die Sequenzierung. Die Größe wird in
Basen (b), Kilobasen (kb) oder Kilobasenpaaren (kbp) angegeben. Früher
wurde die Größe eines viralen Genoms über den Sedimentationskoeffizienten bestimmt, der sich proportional zur molekularen Masse verhält. Es
ist auch eine ungefähre Größenbestimmung über elektronenmikroskopische Untersuchungen möglich. Heutzutage wird die Größe über elektro-
phoretische Methoden abgeschätzt. Dazu wird die isolierte Nukleinsäure
auf einem Polyacrylamid- oder Agarosegel aufgetrennt. Nach Anfärbung
in dem Gel werden Nukleinsäuren als Banden sichtbar. Die Laufstrecke
verhält sich umgekehrt proportional zum dekadischen Logarithmus der
Größe.

Das Genom von Pflanzenviren besteht aus RNA oder DNA, das jeweils
entweder einzelsträngig oder doppelsträngig vorliegt. Die Art der Nukleinsäure kann durch verschiedene Experimente ermittelt werden. Eine ele-
gante Möglichkeit ist der Einsatz von Gleichgewichtszentrifugationen. Im
Cäsium-Dichtegradienten (vgl. 3.2.1) sammelt sich die Nukleinsäure als
Bande bei charakteristischen Dichten. So bildet sich eine Bande bei 1,7 g/ml
bei DNA, während RNA auf den Boden sedimentiert. Einzel- oder Doppelstränge können mit spezifischen Nukleasen voneinander unterschieden
oder durch ein Schmelzdiagramm bestimmt werden.

3.3 Serologische Verfahren

Tierische Organismen mit einem Immunsystem wehren sich gegen Pathogene und andere Fremdstoffe durch eine Immunantwort, wobei zwischen

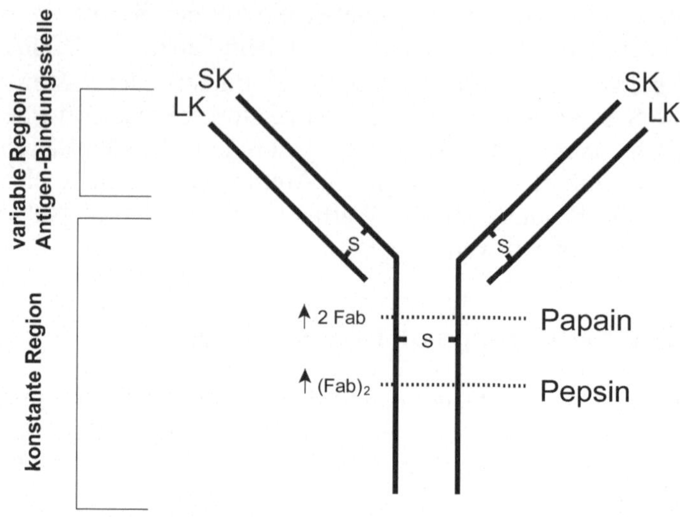

Abb. 3.1. Schema des Immunglobulin G. *LK*= leichte Kette, *SK* = schwere Kette. Beim Verdau mit der Protease Pepsin resultiert ein (Fab)$_2$ -Fragment, ein Verdau mit der Protease Papain resultiert in 2 Fab-Fragmenten und einem Fc-Fragment

der zellulären und der humoralen Antwort unterschieden wird. Bei der humoralen Immunantwort werden Immunglobuline (Antikörper) gebildet, die man sich für die serologische Diagnostik zunutze macht.

Werden **Antigene** (Stoffe, die eine Antikörperbildung auslösen) in die Blutbahn eines Tieres injiziert, reifen Plasmazellen, die **Immunglobuline** (Ig) sezernieren. Diese Ig binden spezifisch an die Antigene. Alle Immunglobuline setzen sich aus je zwei schweren (50 kDa) und zwei leichten (25 kDa) Polypeptidketten zusammen, die über Disulfidbrücken kovalent miteinander verbunden sind. Die Grundstruktur eines Immunglobulins ist in Abb. 3.1 dargestellt. Durch Verdau mit der Protease Papain erhält man ein **Fc-Fragment** (*crystallizable fragment*) sowie zwei **Fab-Fragmente** (*antigen binding fragment*), durch Verdau mit der Protease Pepsin bleiben die beiden Fab-Fragmente zusammen und werden dann als **(Fab)$_2$-Fragmente** bezeichnet. Nach Art der schweren Ketten (α, δ, ε, γ, μ) werden Immunglobuline den Klassen A, D, E, G oder M zugeordnet. Immunglobuline der Klasse M (IgM) sind bei der frühen Immunantwort beteiligt, während die für die serologische Diagnostik wichtigen Immunglobuline G

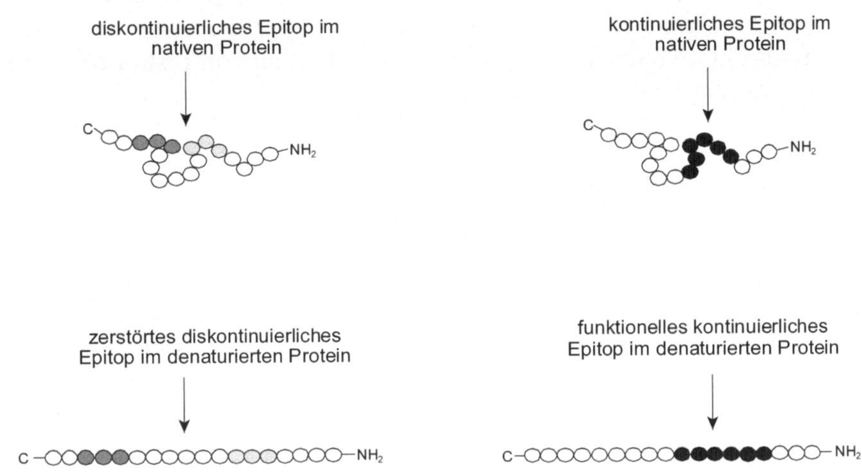

Abb. 3.2. Kontinuierliche und diskontinuierliche Epitope. Das diskontinuierliche Epitop (dargestellt als *hellgraue* und *dunkelgraue Kugeln*) setzt sich aus verschiedenen Bereichen der Aminosäurekette zusammen und entsteht durch dreidimensionale Faltung. Durch Zerstören der dreidimensionalen Struktur wird das diskontinuierliche Epitop zerstört. Das kontinuierliche Epitop besteht aus linear angeordneten Aminosäuren (dargestellt als *schwarze Kugeln*). Durch Zerstören der dreidimensionalen Struktur wird die Bindungsfähigkeit von Antikörpern nicht beeinflusst

(IgG) erst später auftreten. IgG treten in hoher Konzentration im Serum auf und können über verschiedene Methoden wie Fällung mit Ammoniumsulfat oder Bindung an Protein A isoliert werden.

Am N-Terminus der Fab-Fragmente befindet sich eine variable Region, die bei beiden Fab-Fragmenten eines Immunglobulins identisch sind. An diese Region, in der Serologie auch **Paratop** genannt, binden die Antigene. Da die beiden variablen Regionen identisch sind, bedeutet dies, dass an jedes Immunglobulin zweimal die gleichen Antigene binden können.

In der Regel werden in der Pflanzenvirologie isolierte Viruspartikel für die Immunisierung verwendet. Die tierische Immunantwort produziert dann Antikörper gegen die viralen Hüllproteine. Jeder Antikörper bindet an eine bestimmte Stelle auf dem Protein. Diese Bindungsstelle wird als **Epitop** bezeichnet. Epitope umfassen Bereiche von etwa 8 bis 20 Aminosäuren. Liegen diese Aminosäuren auf einem zusammenhängenden Bereich der Polypeptidkette, spricht man von **kontinuierlichen Epitopen**.

Kommen diese Bindungsstellen durch Faltung der Polypeptidkette zustande, liegen die Aminosäuren also auf zwei oder mehr nicht zusammenhängenden Abschnitten der Polypeptidkette, spricht man von **diskontinuierlichen Epitopen** (Abb. 3.2).

3.3.1 Polyklonale Antiseren

Um Antiseren für die virologische Diagnostik herzustellen, muss ein Antigen in ausreichender Menge zur Verfügung stehen. In der Regel werden dafür die Viren, gegen die das Antiserum hergestellt werden soll, aus Pflanzen isoliert (s. 3.2) und in Versuchstiere, zumeist Kaninchen oder Mäuse, injiziert. Nach etwa 10 Tagen sind virusspezifische IgM nachweisbar (primäre humorale Immunantwort). Sie erreichen nach 20 Tagen ein Maximum, bevor die Konzentration dann über mehrere Wochen wieder abnimmt. Wird ein weiteres Mal das gleiche Antigen injiziert, so wird wiederum IgM gebildet. Zusätzlich werden aber große Mengen an IgG synthetisiert (sekundäre humorale Immunantwort). Oft wird das Antigen mit Stoffen vermischt, die die Immunantwort verstärken. So ein Hilfsstoff ist zum Beispiel das **Freund-Adjuvans**.

Im Versuchstier sezernieren mehrere Plasmazelllinien Antikörper mit unterschiedlichen Bindungseigenschaften gegen verschiedene Epitope des Antigens, das resultierende Serum ist **polyklonal**. Auch wenn das gleiche Antigen für die Immunisierung verwendet wird, reagiert jedes Tier individuell, so dass polyklonale Seren von verschiedenen Tieren unterschiedliche Bindungseigenschaften an die Antigene aufweisen können. Es sind sogar Unterschiede bei jeder Blutabnahme möglich. Das bedeutet für die Diagnostik, dass das Serum jedes Tieres und jeder Blutabnahme neu auf seine Eigenschaften untersucht werden muss.

3.3.2 Monoklonale Antiseren

Für die Herstellung von **monoklonalen Antikörpern** (Mab) werden antikörperproduzierende Plasmazellen aus der Milz nach der Immunisierung eines Tieres (meist Maus) isoliert und mit Myelomzellen fusioniert. Myelomzellen können sich im Unterschied zu den Plasmazellen fortwährend teilen. Die Fusionszellen, die nun ebenfalls potentiell unsterblich sind, werden vereinzelt, so dass die aus dieser Zelle entstehenden Nachkommen genetisch identisch sind. Dies bedeutet, dass jede Zelllinie nur eine einzige Art von Antikörper sezerniert, die demzufolge auch nur an einem Epitop des Antigens binden kann.

Da die Zelllinie potentiell unsterblich ist, ist eine Produktion von Antikörpern mit identischen Eigenschaften über einen langen Zeitraum möglich. Ein weiterer Vorteil ist, dass für die Immunisierung keine hochreinen Antigene notwendig sind. Zelllinien, die gegen pflanzliche Proteine gerichtete Antikörper oder Antikörper mit schlechten Bindungseigenschaften produzieren, können verworfen werden. Die Herstellung von monoklonalen Antikörpern ist aufwendig und teuer. Einzelheiten über monoklonale Antikörper können z. B. aus Harlow u. Lane (1988) entnommen werden.

3.3.3 Einsatz von polyklonalen und monoklonalen Antiseren

Die Entscheidung über den Einsatz von monoklonalen oder polyklonalen Antiseren hängt von der Verfügbarkeit und von der Fragestellung ab.

Monoklonale Antiseren enthalten Antikörper, die nur ein Epitop erkennen, und können damit spezifischer als polyklonale Seren reagieren. Polyklonale Antiseren enthalten Gemische aus verschiedenen Antikörpern, die an verschiedene Stellen des Antigens binden können, ein Nachweis von mehreren Isolaten kann dadurch möglich sein. Der Einsatz monoklonaler Antikörper kann, je nach Bindungseigenschaften, für den Nachweis eines breiteren Spektrums von Isolaten oder aber für den spezifischen Nachweis eines speziellen Isolates dienen.

Quantifiziert werden kann eine Verwandtschaft mit dem **serologischen Differenzierungsindex** (SDI). Dieser gibt die Differenz von zweifachen Verdünnungsstufen (1:2=1, 1:4=2, 1:8=3 ...) an, bei der Isolate mit Antiseren reagieren. So kann man ein Serum stark verdünnen und erhält eine hohe Verdünnungsstufe (z. B. 6), wenn das Isolat eine enge Verwandtschaft mit dem zur Immunisierung eingesetzten Isolat hat, während ein entfernter verwandtes Isolat schon bei geringfügiger Verdünnung (z. B. 2) des Serums nicht mehr detektiert werden kann. Die Differenz ergäbe einen SDI von 4 (4=6–2). Da die Reaktivität eines polyklonalen Serums von der jeweiligen Blutabnahme und vom individuellen Versuchstier abhängig ist, werden zur Bestimmung des SDI immer mehrere Blutungen getestet und die Ergebnisse gemittelt.

3.3.4 Direkter Nachweis von Antikörper-Antigen-Bindungen

Wird ein Antigen mit einem polyklonalen Antiserum vermischt, so entsteht ein Präzipitat, das im Lichtmikroskop deutlich zu erkennen ist. Ist ein deutlicher Überschuss an einem der beiden Reaktionspartner vorhanden, so bildet sich kein oder nur ein undeutliches Präzipitat aus. Deshalb ist es

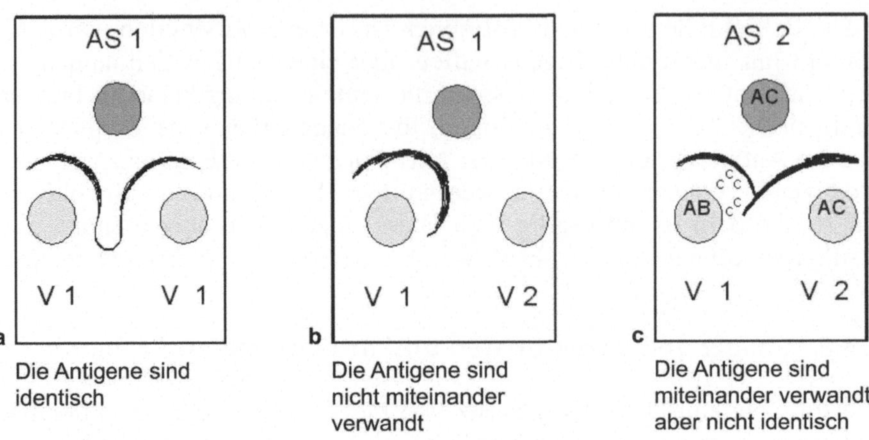

Abb. 3.3 a–c. In Versuch **a** werden zwei Tröge mit dem identischen Isolat V 1 befüllt und mit einem gegen Isolat 1 gericheten Antiserum getestet. Es entsteht eine spezifische Präzipitationslinie. In Versuch **b** reagiert das Isolat 2 (V2) nicht mit dem Antiserum AS 1. Zwischen den Trögen AS1 und V2 entsteht keine Präzipitiationslinie. Bei Versuch **c** sind die Viren V1 und V2 miteinander verwandt, jedoch nicht identisch. Das bedeutet, dass auf dem Hüllprotein gemeinsame Epitope vorliegen, andere Epitope sind aber isolatspezifisch. Dies hat dann eine Spornbildung zur Folge. Beispielsweise hat Virus 2 die Epitope A und C und das Antiserum AS2 beinhaltet Antikörper gegen diese beiden Epitope. Isolat V1 besitzt nur das Epitop A, aber nicht Epitop C. Das hat zur Folge, dass nur die Antikörper gegen Epitop A zum Präzipitat beitragen, Antikörper gegen Epitop C aber weiter in Richtung Virustrog diffundieren. Hier treffen sie auf das Isolat V2 und ein Präzipitat entsteht (Sporn). *AS1* Antiserum gegen Virus 1, *AS2* Antiserum gegen Virus 2, *V1* Virusisolat 1, *V2* Virusisolat 2, *A, B, C* Epitope bzw. Paratope

wichtig, verschiedene Verdünnungen von den Testparametern zu untersuchen. Im einfachsten Testverfahren mischt man die Tropfen auf einem Objektträger und inkubiert diese einige Zeit in einer feuchten Kammer. Dieser Test wird auch als **Tropfentest** bezeichnet. Im **Doppeldiffusionstest** werden in eine Agaroseschicht Tröge gestanzt und mit virushaltigem Pflanzensaft und Antiserum in verschiedenen Verdünnungen befüllt. Beide Reaktionspartner diffundieren in das Gel hinein und treffen sich zwischen den Trögen. Sind im Antiserum Antikörper vorhanden, die an das Virus binden, bildet sich eine weiße mit bloßem Auge erkennbare Präzipitationslinie. Verschiedene Arten von Präzipitationslinien werden in Abb. 3.3 erläutert.

3.3.5 Enzym- oder farbstoffgebundene Immunoassays

Metalle, Farbstoffe, Enzyme oder isotopenmarkierte Stoffe können an Antikörper durch Vernetzung z. B. mit Glutaraldehyd gekoppelt und für spezifische Nachweise mit hoher Empfindlichkeit benutzt werden. So reagieren die an eine IgG-Fraktion eines Antiserums gekoppelten Enzyme alkalische Phosphatase oder Peroxidase mit einem Substrat, dessen Produkt photometrisch bestimmt werden kann. An Antikörper gebundene fluoreszierende Farbstoffe oder Goldpartikel können unter Anregung bestimmter Wellenlängen unter einem Fluoreszenzmikroskop bzw. im Elektronenmikroskop (s. 3.4.2) sichtbar gemacht werden.

Die verschiedenen Testprinzipien sind für viele Anwendungen ähnlich und in Abb. 3.5 zusammengefasst. Nachfolgend werden Methoden vorgestellt, die diesem Schema folgen. Von einem **direkten Nachweis** wird gesprochen, wenn der virusspezifische Antikörper markiert ist, ein **indirekter Nachweis** verwendet markierte anti-Antikörper. **Anti-Antikörper** binden an den konstanten Teil der Immunglobuline und sind tierartspezifisch.

3.3.6 ELISA

Im **ELISA** (*Enzyme linked immuno-sorbent assay*) werden Proteine, entweder aus einer (infizierten) Pflanze oder isoliertes IgG, in Vertiefungen einer Kunststoffplatte (Mikrotiterplatte) immobilisiert und nachfolgend weitere Reaktanden gebunden. Die Detektion erfolgt mit einer Substratumsetzung durch einen mit einem Enzym gekoppelten Antikörper. Ein in der Pflanzenvirologie oft verwendetes Enzym für die Markierung ist die alkalische Phosphatase, die in Kombination mit dem Substrat p-Nitrophenylphosphat eingesetzt wird. Bei Umsetzung des Substrats entwickelt sich eine gelbe Farbe. Die Intensität der Farbe ist proportional zur Menge des mit Enzym gekoppelten Antikörpers und kann photometrisch quantifiziert werden. Wird ein polyklonales Antiserum verwendet, das gegen ein nahe verwandtes Virus oder Isolat hergestellt wurde, wird die Farbentwicklung stärker sein, als bei Testung von einem entfernt verwandten Isolat, wenn beide in einer ähnlichen Konzentration vorliegen. Ebenso wird eine hohe Konzentration von Viren in der Probe eine höhere Substratumsetzung und damit eine intensivere Gelbfärbung zur Folge haben als eine niedrige Konzentration.

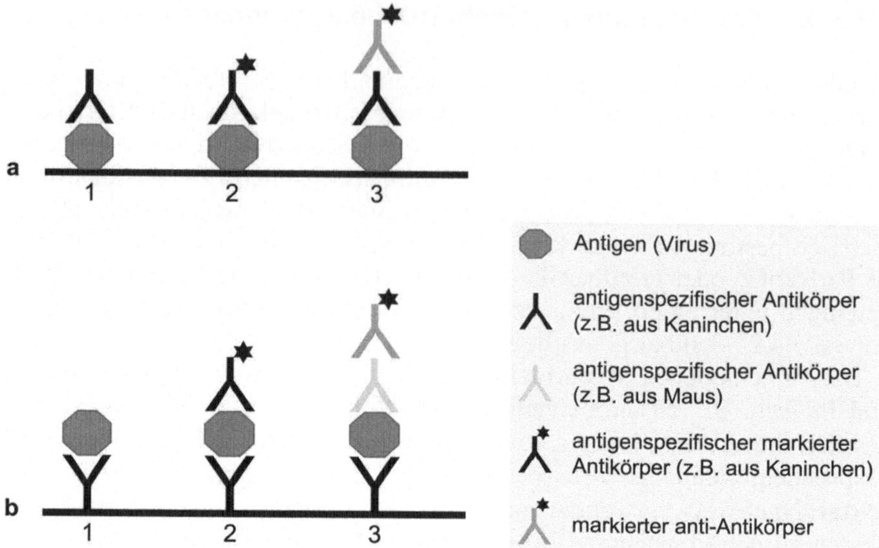

Abb. 3.4 a,b. Verschiedene Möglichkeiten eines Einsatzes von Antikörpern in der Diagnostik. Unter **a** werden unspezifisch Proteine direkt an einen Träger gekoppelt und das Virus mit Antikörpern detektiert, während unter **b** zuerst ein Antikörper an den Träger gekoppelt wird. Diese binden dann das Virus spezifisch. Im Schema **1** werden keine markierten Antikörper eingesetzt, während bei **2** die virusspezifischen Antikörper selber markiert sind. Man spricht hier auch von einem direkten Nachweis. Im Schema **3** ist der markierte Antikörper nicht virusspezifisch, sondern bindet an den konstanten Teil des virusspezifischen Antikörpers. Dieser anti-Antikörper bindet tierartspezifisch. Werden solche Antikörper für die Detektion verwendet, wird der Nachweis als indirekt bezeichnet

Es gibt verschiedene Formen des ELISA. Im direkten ELISA ist der virusspezifische Antikörper mit dem Enzym gekoppelt. Im indirekten ELISA werden enzymgekoppelte tierartspezifische anti-Antikörper zur Detektion eingesetzt. Der am häufigsten in der Diagnostik von Pflanzenviren verwendete (direkte) ELISA ist der **DAS** (*Double Antibody Sandwich*)-**ELISA**. Bei einem DAS-ELISA werden zuerst Antikörper an die Platte gebunden, die bei der nachfolgenden Inkubation mit infiziertem Pflanzensaft spezifisch die Viren binden. Ein zweiter virusspezifischer, mit Enzym gekoppelter Antikörper wird zur Detektion verwendet. Das Prinzip des DAS-ELISA ist in Abb. 3.5 b2 dargestellt. Ein Beispiel für ein Protokoll eines solchen DAS-ELISA ist in obigem Schema gezeigt.

Inkubation von IgG (TMV) 1:1000 in Beschichtungspuffer (12 h, 4 °C)
↓
Mit Waschpuffer ungebundene Antikörper entfernen
↓
Inkubation von Pflanzenmaterial in Probenpuffer 1:30 und 1:300 (4 h, 37 °C)
Neben der virusverdächtigen Probe nicht infiziertes Pflanzenmaterial (Negativ-
kontrolle), mit TMV infiziertes Pflanzenmaterial (Positivkontrolle) und eine
Pufferkontrolle in den Test einschließen
↓
Mit Waschpuffer ungebundenes Pflanzenmaterial entfernen
↓
Inkubation von IgG (TMV) mit alkalischer Phosphatase markiert (Konjugat)
1:500 in Konjugatpuffer (4 h, 37 °C)
↓
Mit Waschpuffer ungebundene markierte Antikörper entfernen
↓
p-Nitrophenylphosphat (1 mg/ml in Substratpuffer) zugeben, Farbentwicklung abwarten
und im Photometer (ELISA-*Reader*) quantifizieren

Der **TAS** (*Triple Antibody Sandwich*)-**ELISA** wird oft in Verbindung
mit monoklonalen Antikörpern verwendet. Die ersten beiden Schritte sind
mit denen des DAS-ELISA identisch. Dann wird jedoch nicht ein enzym-
gekoppelter virusspezifischer Antikörper, sondern ein unmarkierter (monoklonaler) Antikörper an das Virus gebunden. Zur Detektion dieses zweiten
Antikörpers wird ein tierartspezifischer anti-Antikörper verwendet (vgl.
Abb. 3.4 b3). Neben diesen beiden Arten des ELISA gibt es noch eine Vielzahl an Variationen.

3.3.7 Serologischer Nachweis von Viren auf Membranen

Proteine binden unspezifisch auf Membranen aus Nitrozellulose oder Poly-
vinyliden Fluorid (PVDF) und können auf diesen in Antikörperlösungen
inkubiert und die markierten gebundenen Antikörper nach Abwaschen der
jeweiligen Überschüsse mit einem Farbsubstrat sichtbar gemacht werden.
Die Antikörper sind wie beim ELISA (s. 3.3.6) mit einem Enzym markiert,
das in Verbindung mit einem Substrat einen Farbstoff entwickelt. Dieser
Farbstoff ist im Gegensatz zum ELISA unlöslich und entwickelt sich nur
dort, wo der virusspezifische Antikörper und damit das Virus auf der
Membran gebunden ist. Der Nachweis kann direkt oder indirekt geführt
werden und entspricht a2 oder a3 des Schemas in Abb. 3.4.

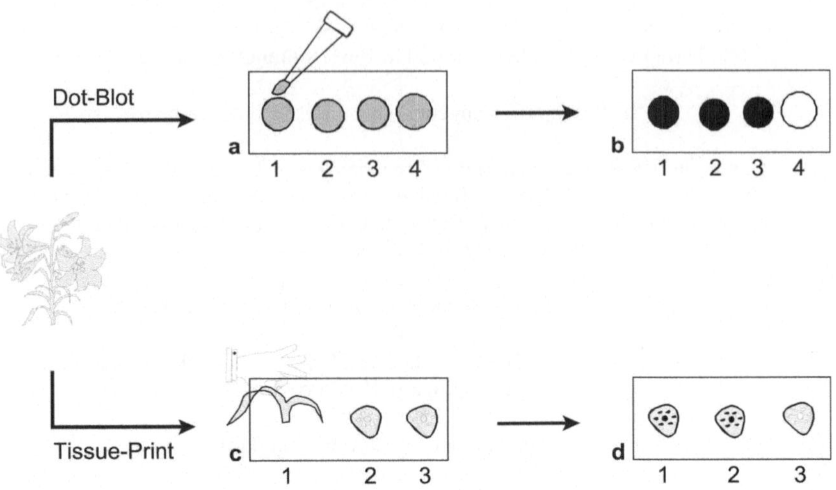

Abb. 3.5 a–d. Dot-Blot und Tissue-Print. Beim Dot-Blot werden Tropfen von Pflanzensaft auf eine Membran aufgetragen (**a**) und die Viren im Pflanzensaft mit Antikörpern detektiert. Bei **b** sind die Proben 1 bis 3 positiv, Probe 4 reagiert nicht und ist negativ. Im *Tissue-Print* wird ein Pflanzenteil geschnitten und die Schnittstelle auf die Membran aufgedrückt (**c**). Die Viren werden auf den Schnittstellen mit Antikörpern detektiert. Proben 1 und 2 (**d**) sind positiv (dunkle Bereiche der Leitbündel), Probe 3 ist negativ

Die einfachste Anwendung des Nachweises auf Membranen ist der ***Dot-Blot***. Dafür wird ein Teil einer virusverdächtigen Pflanze in Puffer homogenisiert, ein Tropfen auf die Membran aufgetragen und anschließend mit Antiseren inkubiert, bevor Substrat zur Detektion zugegeben wird. In Abb. 3.5 sind die Proben 1 bis 3 positiv, Probe 4 ist dagegen negativ, denn dort ist keine Farbentwicklung zu beobachten.

Eine weitere Anwendung ist der ***Tissue Print*** (s. Abb. 3.5). Die Pflanze wird mit einer Rasierklinge oder einem Skalpell geschnitten und die Schnittstelle auf die Membran gedrückt, bevor wie beim *Dot-Blot* mit Antiseren und Substrat inkubiert wird. Mit dieser Methode kann das Vorkommen und die Verteilung von Viren in bestimmten Geweben untersucht werden. Insbesondere für solche Viren, die auf bestimmte Gewebe wie das Phloem beschränkt sind, eignet sich der *Tissue-Print*.

Der **Western-Blot** wird zur Bestimmung der molekularen Masse (M_r) der mit Antikörpern detektierten Virusproteine benutzt. Das oder die viralen Proteine aus dem Saft der virusverdächtigen Pflanze werden unter denaturierenden Bedingungen auf einem Polyacrylamidgel aufgetrennt (Laemmli 1970), die Proteine auf eine Membran übertragen (*blotting*) und dann serologisch nachgewiesen. Durch den Vergleich mit Größenstandards, die parallel auf dem Gel aufgetrennt werden, kann die M_r des detektierten Proteins ermittelt werden.

Bei der **Immunochromatographie** bewegt sich die Probe mit Kapillarkraft auf einem rechteckigen Streifen einer Membran. Zuvor auf die Membran in verschiedenen Zonen aufgetragene markierte und virusspezifische Antikörper bilden Komplexe mit dem Virus aus der Probe und reichern sich in einer Detektionszone für das Auge sichtbar an. Das Ergebnis kann in wenigen Minuten vorliegen. In der landwirtschaftlichen Diagnostik hat sich dieser Tests noch nicht durchgesetzt, da hier oft viele Proben untersucht werden müssen und die Kosten für eine solche Immunochromatographie noch enorm hoch sind. Für die Untersuchung einzelner Proben ist dieser Test jedoch durchaus sinnvoll einsetzbar. Die meisten Schwangerschaftstests beruhen auf dieser Technik.

3.4 Elektronenmikroskopie

Viren sind kleiner als die Auflösungsgrenze im Lichtmikroskop. Elektronen verhalten sich wie sichtbares Licht, nur die Wellenlängen sind kleiner, so dass eine bessere Auflösung erzielt werden kann. Deshalb können Viren in einem **Transmissionselektronenmikroskop** (TEM) dargestellt werden. Knoll u. Rusha realisierten 1932 - wenngleich mit sehr geringer Auflösung und Vergrößerung – das erste TEM. Auf diesem Prinzip basierende Mikroskope werden bis heute in der Virologie und anderen biologischen Wissenschaften eingesetzt. Im TEM wird ein Wolframdraht (Kathode) erhitzt, wodurch Elektronen emittiert werden. Diese werden durch Anlegen einer Hochspannung unter Hochvakuumbedingungen beschleunigt und über elektromagnetische Linsen gebündelt. Die Elektronen durchstrahlen das Objekt und werden je nach Elektronendichte absorbiert, reflektiert, abgelenkt oder durchdringen es uneingeschränkt, so dass das Bild ein Muster aus verschiedenen Intensitäten von Elektronen ist, die auf einen mit phosphoreszierenden Substanzen beschichteten Schirm auftreffen. Die phosphoreszierenden Moleküle (z. B. Zinksulfid) senden proportional zu den eintreffenden Elektronen Licht aus und das Bild wird für das Auge sichtbar. Zur Dokumentation werden Filme vom Elektronenstrahl belichtet oder das Bild wird digitalisiert.

Die Präparate werden auf Kupfer- oder Nickelnetzchen mit einem Durchmesser von 3 mm aufgebracht, die mit einem Trägerfilm beschichtet sind, der Film kann zur Erhöhung der Stabilität mit Kohle bedampft sein. Damit die Objekte sichtbar werden, müssen sie dünn und transparent sein sowie Kontrast aufweisen. Der Kontrast wird durch Aufbringen eines

Schwermetalls wie z. B. Uranylacetat erzielt. Das elektronendichte Metall dringt in die Struktur des Objekts ein (positiver Kontrast) oder lagert sich außen an die Struktur an (negativer Kontrast).

3.4.1 Tropfpräparate und Ultradünnschnitte

Die am häufigsten verwendete Präparationsart in der Pflanzenvirologie ist das **Tropfpräparat**. Dazu wird Saft einer virusverdächtigen Pflanze auf das Netzchen aufgebracht, mit einer Schwermetalllösung kontrastiert und dann im TEM auf Vorhandensein von Viruspartikeln untersucht. Diese Art der Untersuchung gibt in der Regel einen schnellen ersten Hinweis auf die taxonomische Zuordnung des Virus.

Für einige Fragestellungen ist das Vorkommen der Viren oder virusinduzierter Strukturen wie parakristalline oder amorphe Einschlüsse innerhalb der Zelle von Bedeutung. Dafür werden kleine Stücke von Pflanzen in Epoxidharze eingebettet, von diesen Proben werden Ultradünnschnitte (50 bis 100 nm) in einem Ultramikrotom angefertigt. Sowohl bei den Tropfpräparaten als auch bei den Ultradünnschnitten können zusätzlich Antikörper eingesetzt werden. Diese Verfahren werden im folgenden Kapitel beschrieben.

3.4.2 Immunelektronenmikroskopie (IEM)

In der Verbindung von Serologie und Elektronenmikroskopie sind heutzutage unterschiedliche Techniken etabliert. Beim **ISEM** (*Immuno Sorbent Electron Microscopy*) werden mit Antiseren beschichtete Netzchen mit dem Saft einer virusverdächtigen Pflanze inkubiert. Die Virusproteine binden an die Antikörper und werden damit angereichert, nicht gebundenes Pflanzenmaterial wird in einem Waschschritt entfernt. Das Prinzip ist in Abb. 3.4 b1 dargestellt. Bei der **Dekoration** wird der Saft der virusverdächtigen Pflanze direkt an das Netzchen gebunden und anschließend mit Antiserum inkubiert. Binden die Antikörper an die Viren, so entsteht ein Saum von Antikörpern um die Partikel herum (s. Abb. 3.4 a1). Inkubiert man dabei mit goldkörnertragenden Antikörpern (s. Abb. 3.4 a2), spricht man von einer **Immunogoldmarkierung**.

3.5 Nukleinsäurebasierende Verfahren

Der Nachweis eines Pathogens kann durch den spezifischen Nachweis seines Genoms oder von Teilen seines Genoms erfolgen. Hierbei unterscheidet man im Wesentlichen zwei Prinzipien. Einige Methoden wie die Hybridisierung beruhen auf einer Detektion von Nukleinsäuren, ohne dass diese zuerst vermehrt werden. Die Hybridisierung ist in Abschnitt 3.5.2 beschrieben. Andere Methoden amplifizieren zuerst einen Teil des Genoms. Das Produkt dieser Amplifikation kann dann mit verschiedenen Methoden sichtbar gemacht werden. Die gebräuchlichste dieser Methoden ist die Polymerasekettenreaktion (PCR). Diese wird in 3.5.1 erläutert. Daneben gibt es Methoden wie **NASBA**™ (*Nucleic Acid Sequence Based Amplification*), die gleichzeitig die Reverse Transkriptase, T7-RNA-Polymerase und RNaseH für die Amplifikation nutzt (Kieviets et al. 1991). Eine Übersicht über verschiedene Methoden wie NASBA™ und die Ligasekettenreaktion wird in Carrino u. Lee (1995) gegeben.

3.5.1 Methoden mit *In-vitro*-Amplifikation (PCR)

Durch die Arbeiten von Mullis et al. (1986) und Saiki et al. (1988) wurde die **Polymerasekettenreaktion** (PCR) eingeführt, die für viele Bereiche der biologischen Forschung und Diagnostik heutzutage unersetzlich geworden ist. Bei der PCR werden definierte Genomabschnitte eines Organismus exponentiell amplifiziert. Eine DNA wird dabei zunächst durch Hitze aufgeschmolzen, durch nachfolgendes Absenken der Temperatur lagern sich 15 bis 25 Basen lange Oligonukleotide (Primer) an den komplementären Bereich der DNA an. Eine DNA-abhängige DNA-Polymerase synthetisiert mit den vier Nukleotidtriphosphaten dATP, dTTP, dGTP und dCTP am 3'-OH des Primers mit der DNA-Matrize als Vorlage den komplementären Strang. Erneut wird die DNA aufgeschmolzen, die Temperatur zur Primer-Anlagerung abgesenkt, wonach die DNA-abhängige DNA-Polymerase wiederum den komplementären Strang bildet. Dieser Zyklus wiederholt sich. Damit nicht nach jedem Aufschmelzen frische DNA-abhängige DNA-Polymerase dem Ansatz zugegeben werden muss, verwendet man für die PCR ein hitzestabiles Enzym, das aus dem Bakterium *Thermophilus aquaticus* isoliert wurde und als **Taq-Polymerase** bezeichnet wird. Jeder Zyklus bei der PCR hat eine Verdoppelung der Zielsequenz zur Folge. Die gewünschte Anzahl, Temperatur und Länge der Zyklen wird in einen programmierbaren Heizblock, der PCR-Maschine, eingegeben.

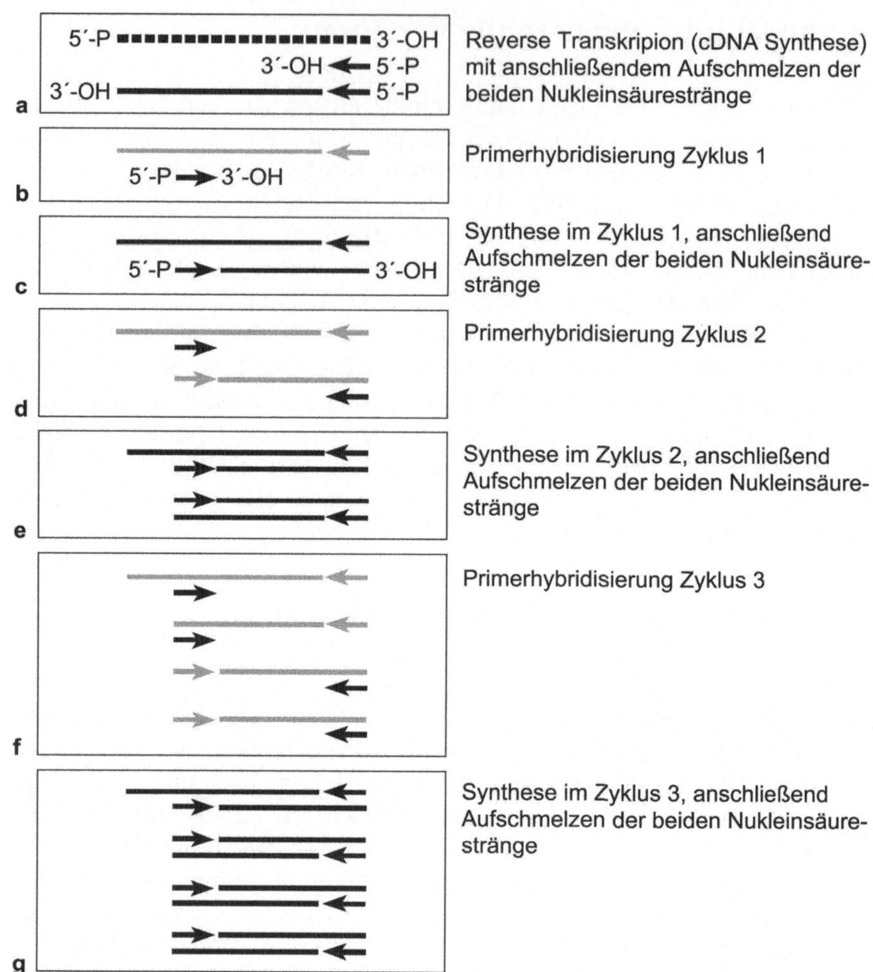

Abb. 3.6 a–g. Schematischer Ablauf einer reversen Transkription (**a**) und die ersten drei Zyklen einer sich anschließenden Polymerasekettenreaktion (PCR, **b-g**). Die *gestrichelte Linie* in **a** stellt die RNA des Virus dar. *Helle Linien* zeigen die Nukleinsäuren, die als Ausgangsmaterial (*template*) für den jeweiligen Zyklus dienen, *schwarze Linien* stellen die DNA am Ende eines Zyklus dar. *Pfeile* repräsentieren Primer

Nach in der Regel 25 bis 40 Zyklen ist so viel der Zielsequenz vorhanden, dass diese auf einem Agarosegel aufgetrennt und mit einem Farbstoff wie Ethidiumbromid unter UV-Licht sichtbar gemacht werden kann. Die Größe des amplifizierten Fragmentes ist durch die Lage der beiden Primer vorgegeben.

Sollen Genomabschnitte eines RNA-Virus mit Hilfe der PCR amplifiziert werden, muss die RNA zuerst in eine DNA umgeschrieben werden. Diese wird als *cDNA* (*copy DNA*) bezeichnet (Abb. 3.6 a). Dieses Umschreiben ist mit dem Enzym **Reverse Transkriptase** (RT), das aus dem *Avian myeloblastosis virus* (AMV RT) oder dem *Moloney murine leukemia virus* (M-MLV RT) gewonnen wird, möglich. Die cDNA kann danach mit der Taq-Polymerase amplifiziert werden (Abb. 3.6 b-g). Dieses Verfahren nennt man Reverse-Transkriptase-Polymerasekettenreaktion oder kurz RT-PCR.

Für die PCR oder RT-PCR wird meist isolierte Nukleinsäure eingesetzt (s. 3.2.2). Für diese Isolierung sind eine Vielzahl von Protokollen erhältlich, die auf die Besonderheit der einzelnen Wirte teilweise Rücksicht nehmen.

Die PCR ist eine äußerst empfindliche Methode, die geringe Mengen eines Virus nachweisen kann. Problematisch kann diese Empfindlichkeit bei einer Kontamination werden, da von dieser Kontamination falsch-positive Amplifikate synthetisiert werden können.

Der amplifizierte Genomabschnitt kann für die Diagnostik auf einem Gel aufgetrennt und sichtbar gemacht werden, er kann auch kloniert, in Bakterien vermehrt und seine Sequenz kann bestimmt werden.

3.5.2 Methoden ohne *In-vitro*-Amplifikation/Hybridisierung

Eine Möglichkeit, die Nukleinsäuren von Viren zu detektieren, ist die **Hybridisierung**. Das Prinzip beruht darauf, dass zwei einzelsträngige komplementäre Nukleinsäuren einen Doppelstrang ausbilden. Eine markierte **Sonde** bindet an die einzelsträngige virale Nukleinsäure. Dabei bilden sich je drei Wasserstoffbrücken zwischen Guanidin (G) und Cytosin (C) und zwei Wasserstoffbrücken zwischen Adenosin (A) und Thymidin (T) bzw. Uracil (U). Die Temperatur, bei der die Hälfte der Nukleinsäuren als Einzelstrang vorliegen, wird **Schmelzpunkt** genannt. Dieser ist von der Basenanzahl und der Basenzusammensetzung abhängig. Je mehr G und C die Sequenz aufweist, desto höher ist die Schmelztemperatur. Außerdem sind Bindungen von RNA:RNA stabiler als RNA:DNA, die wiederum stabiler als DNA:DNA Doppelstränge sind. Des Weiteren spielen bei der Schmelztemperatur die Salzkonzentration, der pH-Wert und der Zusatz von denaturierenden Chemikalien wie Formamid oder Harnstoff eine Rolle. Doppelsträngige virale Nukleinsäuren können durch Denaturieren über Hitze oder Chemikalien in die Einzelstränge zerlegt werden. Einzelheiten über Hybridisierungen können aus Sambrook u. Russell (2001) entnommen werden.

Als man begann, die Hybridisierung experimentell zu nutzen, waren beide Stränge in Flüssigkeit enthalten. Man untersuchte hiermit **Reassoziierungskinetiken**, um eine Aussage über die Art der Nukleinsäure und den Grad der Homologie machen zu können. Dabei wurde die Änderung der Konzentration von doppelsträngiger Nukleinsäure photometrisch gemessen. Heutzutage bindet man die zu untersuchende Nukleinsäure an eine feste Phase, z. B. Membranen aus ungeladenem oder positiv geladenem Nylon. Eine zweite Nukleinsäure, die mit radioaktiven oder chemisch modifizierten Nukleotiden zuvor markiert wurde (Sonde), wird in einer flüssigen Phase mit der Membran inkubiert. Die nicht gebundenen markierten Nukleinsäuren werden durch Waschen entfernt und die radioaktiven oder chemisch modifizierten Nukleotide detektiert.

Es gibt verschiedene Möglichkeiten, die Nukleinsäure auf die Membran aufzubringen. Die bekanntesten sind die *Blotting*-Techniken. Dazu wird RNA (***Northern-Blot***) bzw. DNA (***Southern-Blot***) auf einem Gel nach ihrer Größe aufgetrennt und auf eine Membran transferiert. Neben dem Nachweis der eigentlichen Bindung kann hier auch noch die Größe der Nukleinsäure bestimmt werden.

Bindet man Tropfen von nukleinsäurehaltigem Material auf die Membran, spricht man vom *Dot-Blot*-Verfahren, schneidet man Blattmaterial mit einer Rasierklinge und drückt die Schnittfläche auf die Membran, spricht man von *Tissue-Prints*. Beide Verfahren sind identisch mit denen der Serologie (s. 3.3.7). Es ist außerdem möglich, Nukleinsäuren in für die Mikroskopie eingebettetem Pflanzenmaterial in (Ultra)Dünnschnitten mit Sonden nachzuweisen. Dieses Verfahren nennt man ***In-situ*-Hybridisierung**.

Die Hybridisierung wurde für die Diagnostik routinemäßig zuerst für den Nachweis von Viroiden eingesetzt. Viroide bestehen aus nackter Nukleinsäure und besitzen keine Proteine, die man für die Detektion mit Antiseren nutzen könnte. Deswegen war es notwendig, für die Viroide ein nukleinsäurebasierendes Verfahren für die Diagnostik zu entwickeln. Heutzutage wird die Hybridisierung miniaturisiert. An Stelle von Membranen werden zur Immobilisierung von Nukleinsäuren Mikrochips mit einer Glasoberfläche eingesetzt. Hierauf werden Hunderte oder Tausende verschiedener Genomabschnitte in einer definierten Abfolge aufgetragen (*gespottet*) und dann mit einer Sonde untersucht. Diese Methode wird zwar zur Grundlagenforschung eingesetzt, in der Pflanzenvirologie sind aber noch keine diagnostischen Verfahren etabliert.

3.6 Methoden zur Untersuchung von Replikation und Genfunktion

3.6.1 *In-vitro*-Translation

Auf dem Genom von Viren sind verschiedene offene Leserahmen (ORF) angeordnet, die direkt von viraler oder aber von subgenomischer Nukleinsäure translatiert werden. Welche ORF tatsächlich benutzt werden, kann durch ***In-vitro*-Translation** bestimmt werden.

Dazu wird die Nukleinsäure isoliert und einem zellfreien Proteinsynthese-Komplex (Kaninchenretikulozyten- oder Weizenembryonenextrakt) sowie markierten Aminosäuren als Substrat zugegeben. Nach Inkubation werden die Proteine nach ihrer Größe auf einem Gel aufgetrennt und über die markierten Aminosäuren die neu synthetisierten Proteine sichtbar gemacht.

3.6.2 Protoplasten

Bei einer Infektion in einem Gewebeverband ist der Zeitpunkt der Infektion in den verschiedenen Zellen durch das Wandern der Viren im Gewebe unterschiedlich. Möchte man die zeitliche Abfolge der Synthese von verschiedenen viralen Produkten verfolgen, ist eine Synchronisation der Infektion notwendig. Eine solche Vereinheitlichung ist mit einer Infektion von **Protoplasten** möglich. Protoplasten sind isolierte Zellen ohne Zellwand. Sie werden durch Einwirken von Zellulasen und Mazerozym aus einem Gewebeverband, meistens von Blättern, hergestellt (Aoki u. Takebe 1969). Sie lassen sich mit Viren mit einer Effizienz bis zu 90% infizieren. Neben der Synchronisation der Infektion und der hohen Rate an infizierten Zellen ist eine gute Standardisierung von Versuchsbedingungen möglich. Nachteilig an Protoplastensystemen ist die kurze Lebensdauer der Zellen und die artifizielle Umgebung, da die Zellen sich anstatt im Gewebeverband in einem Medium befinden. Diese unnatürlichen Bedingungen können den Infektionsverlauf beeinflussen.

3.6.3 Rekombinante Viren

Das Genom eines DNA- oder RNA-Virus kann als DNA in ein Plasmid kloniert und in Bakterien vermehrt werden. Wenn zusätzlich zu der Virussequenz entsprechende Promotoren in das Konstrukt eingefügt werden, kann das virale Genom als DNA, z. B. über eine PCR (s. 3.5.1), oder als RNA synthetisiert werden. Eine Infektion ganzer Pflanzen oder Protoplasten (s. 3.6.2) ist mit einem solchen *in vitro* hergestellten Virusgenom möglich. Ausgenommen sind davon die (-)RNA-Viren und einige Viren aus der Familie der Bromoviridae. (-)RNA-Viren (s. Kap. 12) benötigen zum Start der Replikation ihre eigene Polymerase, sind also als nackte RNA nicht infektiös. Das *Alfalfa mosaic virus* (AMV, Bromoviridae) benötigt für seine Vermehrung sein Hüllprotein (Neelman u. Bol 1999). Solche Vertreter sind deswegen nicht ohne weiteres für die Infektion von *in vitro* hergestellten Viren geeignet.

Der Vorteil einer Infektion mit einem solchen Virus ist, dass das genetische Material einheitlich ist und keine Quasi-Spezies (s. Kap. 6.1) wie bei natürlichen Isolaten darstellt. Der biologische Effekt von künstlich eingeführten Mutationen kann mit so einem Virus deswegen sehr gut studiert werden. Die ersten infektiösen *Full-length*-Klone waren Viroide, die allerdings nicht als RNA, sondern als Doppelstrang-cDNA infektiös waren. An Viroiden wurden auch die ersten Mutageneseexperimente durchgeführt (Meshi et al. 1984; Ishikawa et al. 1985). Ende der 80er-Jahre wurden dann auch infektiöse Klone von RNA-Viren hergestellt (Weiland u. Dreher 1989).

Literatur

Aoki S , Takebe I (1969) Infection of tobacco mesophyll protoplasts by tobacco mosaic virus nucleic acid. Virology 39: 439–448

Francki RIB, Hatta T (1980) Cucumber mosaic virus-variation and problems of identification. Acta Hort 110: 167–174

Carrino JJ, Lee HH (1995) Nucleic acid amplification methods. J Microbiol Meth 23: 3–20

Ishikawa M, Meshi T, Okada Y, Sano T, Shikata E (1985) In vitro mutagenesis of infectious viroid cDNA clone. J Biochem 98: 1615–1620

Kievits T, van Gemen B, van Strijp D et al. (1991) NASBA™ isothermal enzymatic in vitro nucleic acid amplification optimized for the diagnosis of HIV-1 infection. J Virol Methods 35: 273–286

Laemmli UK (1970) Cleavage of structural proteins during the assembly of the head bacteriophage T4. Nature 227: 680–685

Meshi T, Ishikawa M, Ohno T, Okada Y, Sano T, Ueda I, Shikata E (1984) Double-stranded cDNAs of hop stunt viroid are infectious. J Biochem 95: 1521–1524

Mullis K, Faloona F, Scharf S, Saiki R, Horn G, Erlich H (1986) Specific enzymatic amplification of DNA in vitro: the polymerase chain reaction. Cold Spring Harb Symp Quant Biol 1: 263–273

Neelman L, Bol JF (1999) Cis acting functions of alfalfa mosaic virus proteins involved in replication and encapsidation of viral RNA. Virology 15: 324–333

Saiki RK, Gelfand DH, Stoffel S, Scharf SJ, Higuchi R, Horn GT, Mullis KB, Erlich HA (1988) Primer-directed enzymatic amplification of DNA with a thermostable DNA polymerase. Science 239: 487–491

Sambrook J, Russel DW (2001) Molecular cloning. A laboratory manual. 3rd edn. Cold Spring Harbour Laboratory Press, Cold Spring Harbour, New York

Vance VB (1991) Replication of potato virus X RNA is altered in coinfections with potato virus Y. Virology 182: 486–494

Weiland JJ, Dreher TW (1989) Infectious TYMV RNA from cloned cDNA: effects in vitro and in vivo of point substitutions in the initiation codons of two extensively overlapping ORFs. Nucleic Acids Res 17: 4675–4687

Spezieller Teil

4 Strukturprinzipien bei Pflanzenviren

Die Genome von Viren sind im Vergleich mit organismischen Genomen klein. Dieses Wissen und die Tatsache, dass die Masse eines Proteins nur einen kleinen Teil der Masse des kodierenden Gens ausmacht, führten Crick u. Watson (1956) zu der Annahme, dass das **Capsid**, die Proteinhülle der Viren, aus multiplen Kopien eines oder weniger Genprodukte aufgebaut ist. Sie machten auch die Voraussage, dass die gleichen Untereinheiten durch identische Kontakte mit ihren Nachbarn verbunden sind und so **symmetrische Strukturen** bilden. Die Packung asymmetrischer Proteine in regelmäßig strukturierte Partikel kann nach den Prinzipien helikaler oder kubischer Symmetrie erfolgen. Von allen Formen kubischer Symmetrie erlaubt das **Ikosaeder** die Bildung der größten Strukturen bei gegebener Größe der Untereinheiten. Caspar u. Klug (1962) konnten durch ihre elektronenmikroskopischen Untersuchungen diese Symmetrieformen nachweisen, die offensichtlich während der Evolution für den Aufbau der Capside selektioniert wurden. Es entstanden auch komplexere Strukturen, die aber in der Regel auf eine der beiden Symmetrieformen zurückgeführt werden können (Abb. 4.1).

Für die morphologische Untersuchung wurden die Viren auf Folien angetrocknet, mit Schwermetallsalzen negativ kontrastiert und im Elektronenmikroskop die Zahl und Anordnung der Untereinheiten bestimmt. Die bei dieser Methode durch das Eintrocknen und die unregelmäßige Kontrastierung der Präparate auftretende Artefaktbildung kann durch die schonende Kryoelektronenmikroskopie vermieden werden (Baker et al. 1999).

Die **Auswertung** der **Strukturdaten** mit Hilfe von Algorithmen führen zu einer 3D-Bildrekonstruktion. Hoch auflösende **Röntgenstrukturdaten** von den Proteinuntereinheiten und ganzen Viren sowie spezifische **Immunmarkierung** mit *Fab*-Fragmenten von Antikörpern ergänzten die erhaltenen Informationen, erlaubten Aussagen über die Wechselwirkungen zwischen den Aminosäuren benachbarter Untereinheiten und führten bei zahlreichen Viren zu Strukturbildern mit atomarer Auflösung (Casjens 1997; Johnson u. Speir 1997; Hull 2002).

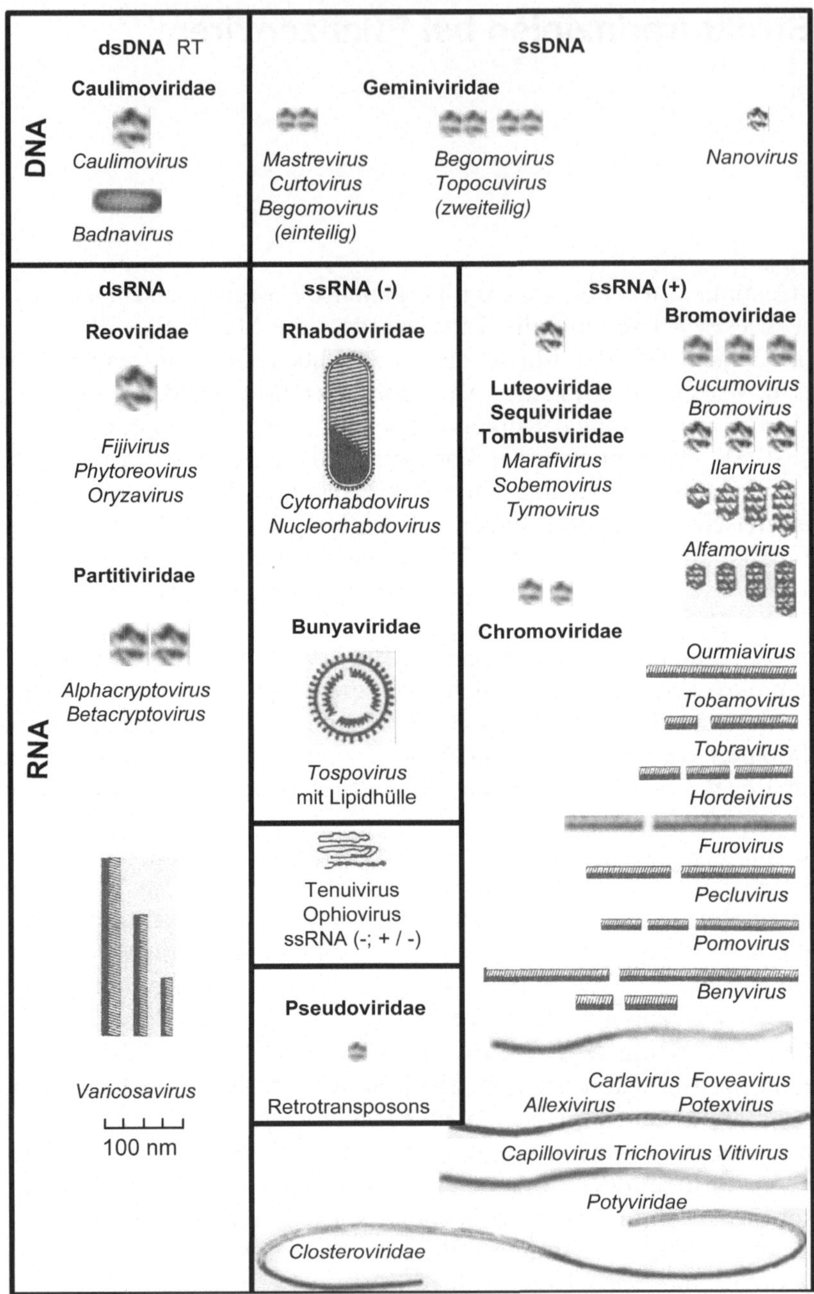

Abb. 4.1. Die wichtigsten Familien und Genera der Pflanzen infizierenden Viren. Die Größe der Viren ist ungefähr maßstabgerecht; *ds* Doppelstrang, *ss* Einzelstrang, *RT* reverse Transkriptase. (Nach C. Fauquet in van Regenmortel et al. 2000, S. 33)

4.1 Ikosaeder

Klug u. Caspar (1960) schlossen aus ihren elektronenmikroskopischen Untersuchungen, dass Viren mit kubischer Symmetrie eine Ikosaeder- und keine Tetraeder oder Oktaederstruktur besitzen. Ikosaeder (**Zwanzigflächner**) sind isometrische Strukturen mit 12 Scheitelpunkten und 20 gleichseitigen Dreiecksflächen, die durch 30 Kanten begrenzt werden (Abb. 4.2). Das Ikosaeder ist durch eine definierte Zahl von **Rotationssymmetrieachsen** gekennzeichnet. Durch die 12 Scheitelpunkte (Vertices) können 6 fünffache Symmetrieachsen, durch die Dreiecksflächen 10 dreifache und durch die Kanten 15 zweifache Symmetrieachsen gelegt werden (Abb. 4.2). Der einfachste Capsidtyp ist aus nur einem Protein aufgebaut. Je drei der identischen Untereinheiten sind auf den 20 Dreiecksflächen des Capsids positioniert. Beispiele für diesen einfachsten Ikosaedertyp mit 60 Untereinheiten sind das *Satellite tobacco necrosis virus* (STNV; T=1), verschiedene andere Satellitenviren und die Parvoviren. Die Partikel dieser Viren haben einen Durchmesser von etwa 17 nm. Die Peptidketten des **Hüllproteins** (M_r 17542) bilden beim STNV eine **β-*barrel*-Struktur** (tonnenförmig), die aus einem Bündel gegenläufiger β-Faltblätter, verbunden durch kurze Helices und *loop* Strukturen, besteht (Abb. 4.3 und Liljas et al. 1982). Die Struktur des *Satellite tobacco mosaic virus* konnte bis zu 1,8 Å aufgelöst werden (Larson et al. 1998). Das Hüllprotein hat eine β-Fass(*barrel*)-Struktur mit 123 Carboxylresten und einem langen Aminoterminus aus 36 Aminosäuren. Die in der Elektronendichtekarte entdeckte RNA bestand aus 30 doppelhelikalen Segmenten aus jeweils 7 Basenpaaren mit einer zusätz-

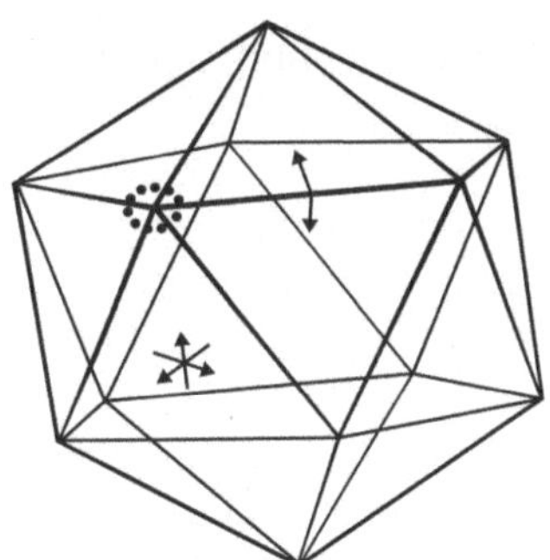

Abb. 4.2. Ikosaeder, Zwanzigflächner, mit fünffacher Rotationssymmetrie durch die 12 Scheitelpunkte (*Vertices*), dreifachen Symmetrieachsen durch die Mittelpunkte der 20 Dreiecksflächen und zweifache Symmetrieachsen durch die Mitte jeder Kante. (Nach Hull 2002, Abb. 5.16)

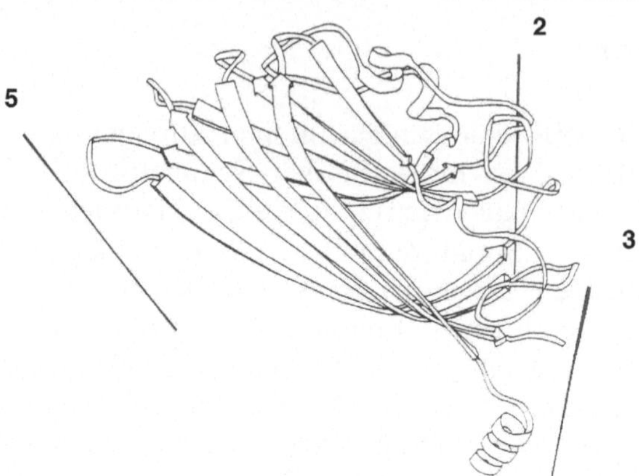

Abb. 4.3. Schematische Darstellung der Struktur der Capsidproteinuntereinheit des *Satellite tobacco necrosis virus* (STNV), T=1. Es ist eine β-*barrel*(Fass)-Struktur aus 8 antiparallelen β-Faltblättern (*Bänder mit Pfeil*) verbunden durch lose Schlingen (*loops*) und kleinen α-helikalen Anteilen. Die 2-, 3- und 5fachen Symmetrieachsen sind eingezeichnet. (Nach Liljas et al. 1982, Abb. 5)

lichen Base am 3'Ende, die eng mit Dimeren des Hüllproteins assoziiert waren. Die Zweifachachse des Ikosaeders lag senkrecht zur Helixachse der RNA-Segmente (Larson et al. 1998). Die Capsidproteine sind durch nicht-kovalente, **ionische** oder **hydrophobe Wechselwirkungen** aneinander gebunden. Die Struktur der **Nukleinsäure** im Capsid kann nur dann durch Röntgenstrukturanalyse nachgewiesen werden, wenn identische Bindungen zwischen den Proteinuntereinheiten und der Nukleinsäure vorliegen. In vielen Capsiden besteht aber zwischen großen Regionen der Nukleinsäure und dem Hüllprotein keine enge Wechselbeziehung und daher haben diese Regionen variable Strukturen und sind röntgenspektroskopisch nicht darstellbar.

Die lokalen Wechselwirkungen zwischen den Proteinuntereinheiten und zwischen RNA und Protein können zu unterschiedlichen Konformationen führen. In Folge von Altern, pH-Änderungen und Trocknung entstehen Strukturänderungen. So vergrößert sich der Durchmesser von STMV-Partikeln bei hohem pH und durch Altern von 17 auf 18 nm. Bei diesem Prozess bewegen sich Protein und RNA gemeinsam (Kuznetsov et al. 2001). Bei vielen Ikosaederviren interagieren Doppelhelixelemente der RNA vom A-Typ mit 7-9 Basenpaaren an den Symmetrieachsen durch ihre Phosphatgruppen mit basischen Aminosäuren des Hüllproteins in einer sequenzunabhängigen Weise (Blink u. Pleij 2002).

Bei der Mehrzahl der sphärischen Viren besteht das Capsid aus mehr als 60 gleichen oder verschiedenen Untereinheiten, die unterschiedliche Um-

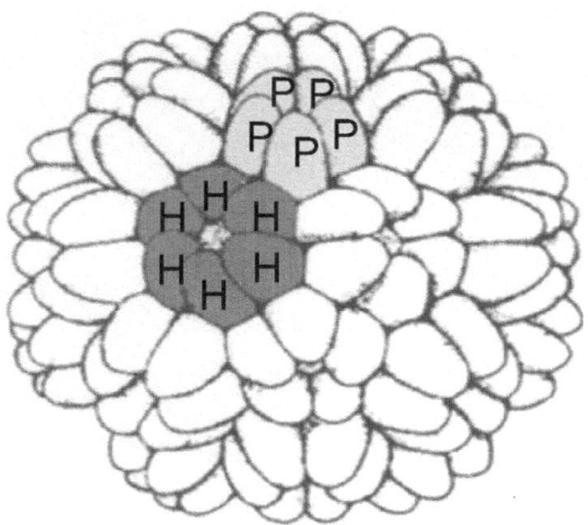

Abb. 4.4. *Turnip yellow mosaic virus*, TYMV, Tymovirus, Ikosaeder mit 12 pentameren und 20 hexameren Capsiduntereinheiten, insgesamt 180 Untereinheiten. T=3. Durchmesser 28 nm. Die pentameren Untereinheiten (*P*) bilden die Scheitelpunkte, die Hexamere (*H*) liegen auf den Dreiecksflächen. Das Modell von Finch u. Klug (1966) stimmt mit der Analyse der Kristallstruktur bei einer Auflösung von 3,2 Å (Canady et al. 1996) überein. Die Proteinuntereinheit besitzt eine β-*barrel*-Struktur aus β-Faltblättern (s. Abb. 4.3)

gebungen haben (Abb. 4.4). Für die verschiedene, aber doch symmetrische Anordnung der Untereinheiten wurde von Caspar u. Klug (1962) der Begriff der **Quasi-Äquivalenz** eingeführt. So sind die 12 Scheitelpunkten der Ikosaeder durch **Pentamere**, also insgesamt $12 \times 5 = 60$ Untereinheiten besetzt, die eine konvexe Struktur bilden. Die Dreiecksflächen werden von einer unterschiedlichen Zahl an Untereinheiten gebildet, die zu **Hexameren** gruppiert sind, z. B. $20 \times 6 = 120$ Untereinheiten, also $60 + 120 = 180$ Untereinheiten pro Capsid. Für die anschauliche Darstellung der Struktur verschieden großer Capside und der Berechnung der Zahl und Anordnung der Untereinheiten auf der isometrischen Hülle kann man von einem flachen **hexagonalen Gitter** ausgehen (Abb. 4.5 a).

Um zu einer räumlichen Struktur zu gelangen, werden an bestimmten Positionen Dreiecke aus den Hexagons ausgeschnitten und dadurch Pentagons gebildet. Wenn man an diesen Stellen die freie Papierfläche zusammenfaltet, so entsteht eine räumliche Struktur. Durch Einführung von 12 Pentameren in das Netz der Hexamere an den Gitterpunkten (h, k) entsteht ein Ikosaeder – in dem in Abb. 4.5 c dargestellten Beispiel ein Ikosaeder mit je einem Hexagon auf den Dreiecksflächen. Die Zahl und Anordnung der hexameren Einheiten auf den Dreiecksflächen wird durch die Triangulationszahl ausgedrückt. Die Triangulationszahl beruht auf einem abstrakten Konzept der Geometrie und muss nicht den einzelnen Strukturkompo-

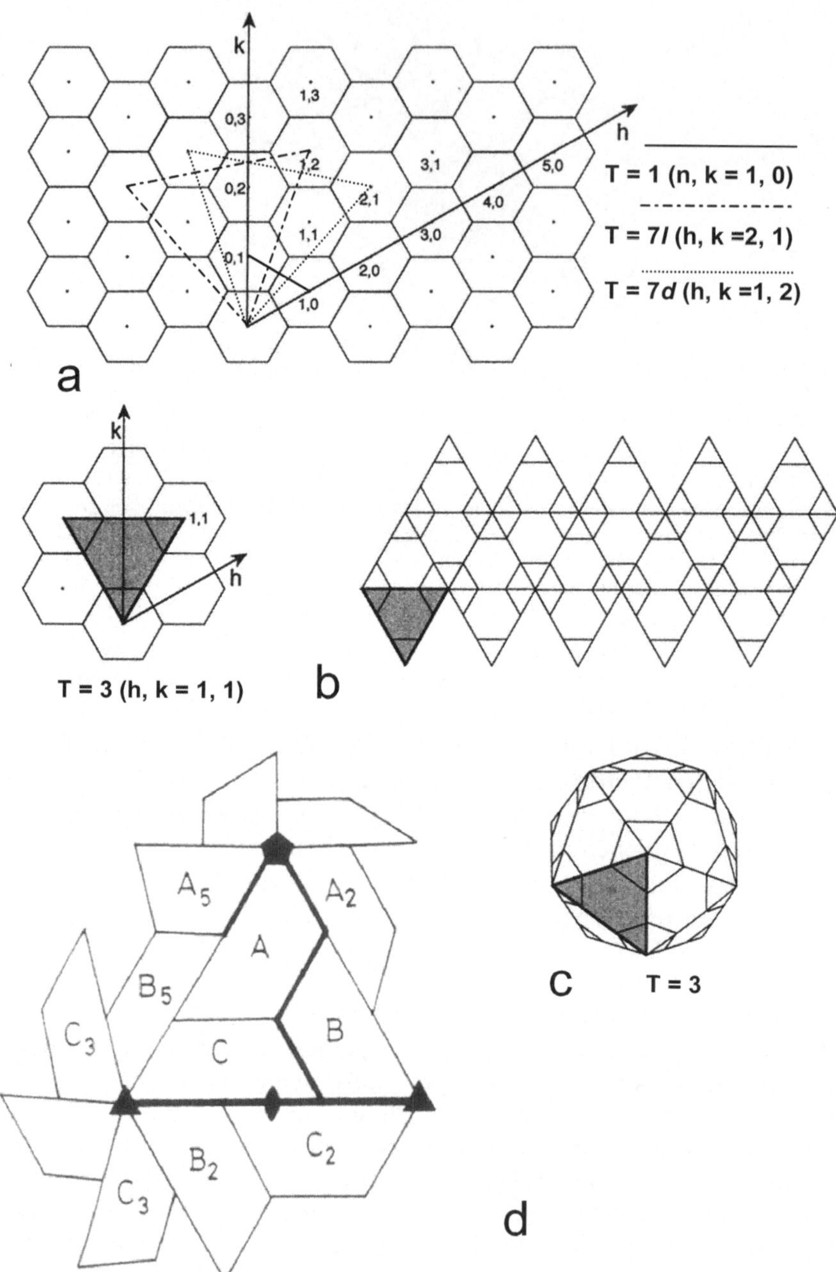
k
1,3
0,3
1,2
0,2
3,1
5,0
2,1
1,1
4,0
0,1
3,0
2,0
1,0
h
T = 1 (n, k = 1, 0)
T = 7l (h, k =2, 1)
T = 7d (h, k =1, 2)
a
k
1,1
h
T = 3 (h, k = 1, 1)
b
A5
A2
A
B5
B
C3
C
C2
B2
C3
d
c
T = 3

nenten entsprechen. Die ursprünglichen Dreiecksflächen können durch eine unterschiedliche Zahl, Größe und Anordnung von gleichseitigen Dreiecken ersetzt werden. Die Zahl der Dreiecke, die die ursprüngliche Dreiecksfläche ersetzt, ist die **Triangulationszahl.** Diese ist durch die Beziehung $T = h^2 + hk + k^2$ bestimmt. h und k sind ganze positive Zahlen, die die Zahl der Hexamere repräsentieren, die durchlaufen werden müssen, um auf kürzestem Wege von einem Pentamer zum nächsten Pentamer zu gelangen oder, anders ausgedrückt, h und k definieren die Position der pentameren Scheitelpunkte auf dem ursprünglich hexagonalen Netz.

Die erste Seite des Dreiecks wird durch eine Linie bestimmt, die den Ausgangspunkt im Netz ($h, k = 0,0$) mit bestimmten Punkten (h, k) verbindet (Abb. 4.5 a). Die h- und k-Punkte werden zu einem gleichseitigen Dreieck verbunden (Abb. 4.5 a,b). Verschiedene Triangulationszahlen repräsentieren eine unterschiedliche Organisation der Untereinheiten und damit auch verschiedene Bindungen zwischen den Proteinen. Eine Ikosaederhülle enthält 60-T-Untereinheiten, die in Hexameren und Pentameren organisiert sind. Die Hexamere und Pentamere, die aus den Capsiduntereinheiten gebildet werden, können im Elektronenmikroskop als morphologische Einheiten (**Capsomere**) sichtbar gemacht werden. Die **Hexamere** liegen in einer flachen Schicht auf den Dreiecksflächen des Ikosaeders, die **Pentamere** bilden die gewölbten Vertexstrukturen. Das einfachste Ikosaeder, z. B. des STNV (T=1, h=1, k=0), besteht aus 60 identischen Untereinheiten, 3 auf jeder Fläche. Die Capside des *Tomato bushy stunt virus* (TBSV) oder des *Turnip yellow mosaic virus* (TYMV), T = 3 (s. Abb. 4.4), enthalten 180 chemisch identische Untereinheiten, die jeweils eine von drei ähn-

◁ **Abb. 4.5 a–d.** Geometrische Prinzipien bei der Konstruktion ikosaedrischer Gitter mit definierter Triangulationszahl (T). **a** Hexagonales Gitter mit den Achsen h und k , die die Gitterpunkte in dem hexagonalen Netz von $h, k = 0$ bis zu irgendeinem h/k-Punkt verbinden und die Basis für die Konstruktion von gleichseitigen Dreiecken ergeben. Eine Ikosaederstruktur entsteht, wenn man aus dem flachen hexagonalen Gitter 12 Dreiecke aus den Hexagons ausschneidet, diese somit in ein Pentagon überführt und das Blatt zu einer räumlichen Struktur auffaltet (**b, c**). Die Zahl und Symmetrie der Dreiecksflächen wird in der Triangulationszahl ausgedrückt (s. Text). In dem Netz (**a**) sind als Beispiele angegeben T = 1 ($h, k = 1,0$) (——); T = 7 l ($h, k = 2,1$) und T = 7 d ($h, k = 1,2$) (—·—, ········) l, d = Enantiomere. **b, c** Ikosaeder mit T = 3. Jede Dreieckfläche enthält 3 T-Untereinheiten. **d** Anordnung von Proteinuntereinheiten im Ikosaedercapsid mit einer T=3-Triangulationszahl. Das Schema resultiert aus Röntgenstrukturanalysen mehrerer T=3-Ikosaeder. Die unterschiedlichen Wechselwirkungen zwischen den Capsiduntereinheiten, je nach ihrer Lage auf dem Ikosaeder, ergeben verschiedene Konformationen der identischen Proteine. Die mit A bezeichneten Proteine bilden die pentameren Wirtel (⬤). Auf den Dreiecksflächen liegen die Untereinheiten in hexagonaler Anordnung, C_3, B_2 und B_5 (▲); und an den Kanten des Ikosaeders an der zweifachen Symmetrieachse (⬍) berühren sich C, C_2 und B_2. (**a** bis **c** nach Abb. 1 in Johnson u. Speir 1997, **d** nach Abb. 1 in Krishna et al. 1999)

lichen, aber nichtidentischen Positionen im Gitter einnehmen (Finch u. Klug 1966; Canady et al. 1996). Das Hüllprotein von TBSV besitzt verschiedene Domänen, die an der Verpackung unterschiedlich beteiligt sind (Abb. 4.6). Teile der Untereinheiten des TBSV können miteinander verflochten sein (Harrison et al. 1978). Bei den **größeren Capsiden** (Durchmesser ≥20 nm) liegen mehrere Hexagons zwischen den Pentagons. Die 12 Pentamere bilden die spezifischen Gitterpunkte (h, k), die die Zentren der ursprünglichen Hexagons in der Fläche markieren. Größe und Anordnung der Dreiecke im hexagonalen Netz variieren (s. Abb. 4.5). Unterschiede in Zahl, Struktur und Anordnung der Untereinheiten, die in der Regel bei den größeren Virions nicht in einer Schicht liegen, sondern **komplexe, dreidimensionale Strukturen** bilden, führen zu unterschiedlichen Umgebungen und damit zu verschiedenen Wechselwirkungen zwischen den Untereinheiten, wie z. B. beim *Cowpea chlorotic mottle virus* CCMV, Bromoviridae, oder beim *Tomato bushy stunt virus*, TBSV, Tombusviridae, beide mit T=3 (Abb. 4.6). Trotzdem ergibt sich eine quasi äquivalente Anordnung auf den gedachten Dreiecksflächen. Große Capside (T ≥7) werden meistens von mehr als einem Capsidprotein gebildet und enthalten oft zusätzliche Hilfsproteine mit unterschiedlichen Funktionen (Gerüstprotein, Proteasen etc.). **Die Anzahl der Umgebungen der Untereinheiten entspricht in der Regel der Triangulationszahl.** Die Umgebungen sind bei T=1-Capsiden identisch; bei T=3 gibt es drei verschiedene Umgebungen. Bei T=7 oder T=13 können enantiomere, spiegelbildliche Dreiecke (T = 7*l*; *h, k* = 2,1 und T = 7*d*; *h, k* = 1,2; T = 13*l*; *h, k* =3,1; T = 13*d*; *h, k* = 1,3) die Anordnung der Untereinheiten beschreiben (Abb. 4.5 a) und die Zahl der Umgebungen kann von der Triangulationszahl abweichen:

Beim *Cauliflower mosaic virus*, CaMV (T=7; 50 nm Durchmesser) sind an der Capsidbildung neben einem Hauptprotein Minorproteine beteiligt. Das Capsid setzt sich aus drei konzentrischen Schichten zusammen. Die äußere Schicht besteht aus 12 pentameren und 60 hexameren Untereinheiten, die nach einer T=7-Symmetrie angeordnet sind (Abb. 4.5). Die dsDNA ist in die Schichten zwei und drei eingebettet. Innen entsteht ein Hohlraum von 27 nm Durchmesser (Cheng et al. 1992). Aus gereinigten Capsidproteinen des *Cowpea chlorotic mottle virus* (CCMV) konnte *in vitro* ein flächenförmiges Gitter aus Hexameren rekonstruiert werden. Es bestehen nur geringe Unterschiede zwischen den Kontakten Hexamer-Hexamer und Hexamer-Pentamer.

Die **Bindungen** zwischen der Nukleinsäure und den Hüllproteinen, Komplexierung mit Metallionen, Protonierung oder Deprotonierung stabilisieren die **ionischen** oder **hydrophoben Wechselwirkungen** zwischen den Aminosäuren der Hüllproteine. Unter physiologischen Bedingungen können

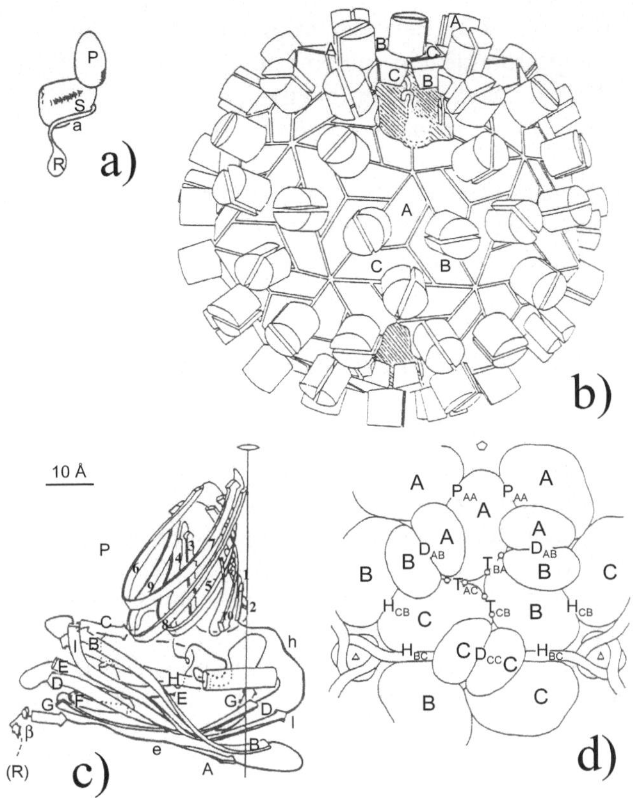

Abb. 4.6. Architektur des Capsids vom *Tomato bushy stunt virus*, TBSV, T=3. **a** Schema der Untereinheit mit den Domänen P, S und R (mögliche RNA-bindende Domäne), dem flexiblen Scharnier zwischen den Domänen P und S und dem N-Terminus. **b** Die Anordnung der Proteinuntereinheiten in den verschiedenen Packungspositionen *A, B* und *C* des Capsids. Die Untereinheiten bilden an der Außenseite Dimere. Bedingt durch unterschiedliche Umgebungen nehmen die Proteinuntereinheiten verschiedene Konformationen ein. Die S-Domänen der bei *A* lokalisierten Untereinheiten werden um die fünffachen Symmetrieachsen gepackt, die bei *B* und *C* liegenden S-Untereinheiten liegen um die dreifache Symmetrieachse. Die verschiedenen Konformationen sind oben und unten im Bild angedeutet, dort wo die Proteinhülle entfernt wurde (*Schraffur*). **c** Tertiärstruktur der Proteinuntereinheit von TBSV. Die Domänen P und S haben eine β-*barrel* Struktur. Die S-Domäne ist keilförmig und besteht aus 8 antiparallelen β-Faltblattstrukturen; h ist das flexible Scharnier. **d** Schema der verschiedenen Kontakte und Anordnungen der Proteinuntereinheiten. *D* Dimer, *T* Trimer, *P* Pentamer, *H* Hexamer. Die *kleinen Kreise* an der T-Kontaktseite sind Ca^{2+}-Bindungsstellen. *A, B* und *C* entsprechen den Markierungen in **b**. (Nach Olson et al. 1983)

Konformationsänderungen der Proteine auftreten, die zu einer größeren Flexibilität der Capside führt als die Röntgenstrukturanalyse der kristallinen Viren vortäuscht (Witz u. Braun 2001). Bei komplexer aufgebauten isometrischen Viren, wie z. B. den **Phytoreoviren** (Durchmesser 65–70 nm), bilden zwei Hauptproteine ein äußeres und ein inneres Capsid (*Wound tumor virus*, WTV), das einen Kernbezirk (*core*) mit 10-12 dsRNA-Molekülen umgibt. Beim *Rice dwarf virus*, RDV, besteht die äußere Hülle, T = 13 *l*, aus 260 Trimeren eines 46-kDa-Proteins und die innere Hülle, T=1, aus 60 Dimeren eines 114-kDa-Proteins. An den Wirbeln können Fortsätze gebildet werden (s. Abb. 13.2). Die **Geminiviren** bilden Zwillingscapside aus zwei unvollständigen Ikosaedern (s. Abb. 4.1 und 14.1).

4.2 Bazilliforme Partikel mit isometrischer Symmetrie

Einige Pflanzenviren, wie z. B. *Alfalfa mosaic virus* (AMV) und Badnaviren bestehen aus bazilliformen Partikeln. Im tubulären Teil bilden wahrscheinlich Hexamere ein zylindrisches Gitter. Die Enden der Röhren werden durch eine gewölbte Schicht aus pentameren Untereinheiten abgeschlossen (Abb. 4.7).

AMV bildet vier Nukleoproteinkomponenten mit je einer RNA-Spezies, von denen drei bazilliform sind. Die Ergebnisse verschiedener Messungen lassen eine T=1-Ikosaederstruktur aus Dimeren erkennen. An den Pentamerachsen sind die Partikel durchlöchert. Die Stabilisierung erfolgt durch

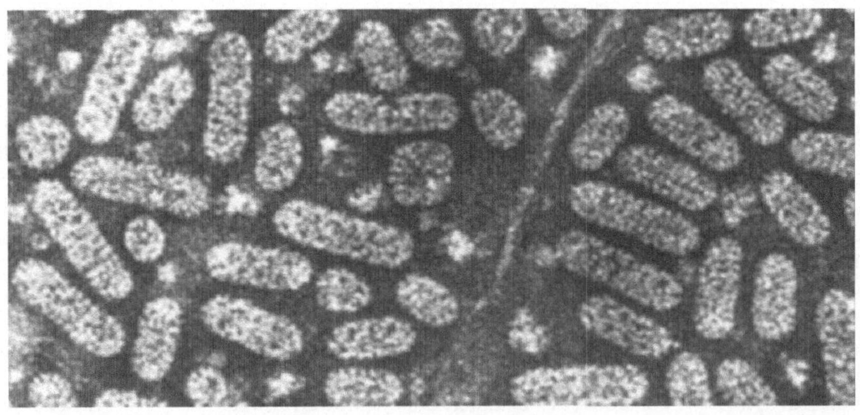

Abb. 4.7 Alfamovirus, *Alfalfa mosaic virus*, AMV, Bromoviridae, bazilliforme Nukleocapside mit Ikosaedersymmetrie. Durchmesser 18 nm; die drei ssRNA-Segmente sind in Partikeln unterschiedlicher Länge (35, 43, 56 nm) verpackt. Aus: http://life.anu.edu.au/viruses/ICTVdB/em_almv.gif. ICTV Databasis

RNA-Protein-Wechselwirkungen. Die Partikel dissoziieren bei hohen Ionenstärken. *Rice tungro bacilliform virus*, RTBV, bildet 130×30 nm große Partikel, wahrscheinlich mit einer T=3-Ikosaedersymmetrie.

Es wird diskutiert, dass die Bildung von Hexameren relativ zu den Pentameren bevorzugt ist und die Bindungen zwischen den Hexameruntereinheiten eine höhere Stabilität besitzen, wodurch bazillenförmige Partikel entstehen (s. Abb. 4.7).

4.3 Stäbchenförmige Partikel mit helikaler Symmetrie

Zahlreiche phytopathogene Viren haben die Form starrer oder flexibler Stäbchen (s. Abb. 4.1). Soweit sie nicht zu den baziliformen Partikeln mit Ikosaedersymmetrie gehören, haben alle diese Viren eine helikale Symmetrie. Ihre Proteinuntereinheiten sind auf einer Helix schraubenförmig angeordnet und bilden eine Röhre (Abb. 4.8 a). Es bestehen große Unterschiede in der Ganghöhe der Schraube, im Durchmesser und der Länge der Partikel. **Starre Stäbchen** sind charakteristisch für die Viren der Tobamovirus Gruppe (s. Kap. 9), Vertreter der **flexiblen, fädigen Viren** sind die Clostero- und Potyviridae (s. Kap. 10). Die Flexibilität nimmt in der Regel mit abnehmender Stärke der Proteinwechselwirkungen und dem Durchmesser-Länge-Verhältnis der Viren zu. So hat das starre *Tobacco mosaic virus*, TMV, eine Länge von 300 nm und einen Durchmesser von 19 nm, die Closteroviren sind über 1000 nm lang und nur 12 nm dick. Die **Ganghöhe der Helix** ist bei den starren Stäbchen (2,3–2,6 nm) niedriger als bei den flexiblen Stäbchen (3,3–3,8 nm). Die Länge der Partikel ist im Prinzip nicht begrenzt. Beim TMV wird sie *in vivo* durch die Größe der genomischen RNA bestimmt, die während der Morphogenese der Stäbchen durch ionische Bindungen in die Grube zwischen den einander folgenden Schichten der Proteinuntereinheiten an der Innenseite der helikalen Röhre eingelagert wird und zwar drei Nukleotide pro Untereinheit (Caspar 1963; Bloomer et al. 1978). 16,33 Proteinuntereinheiten und 49 Nukleotide bilden eine Windung der Helix (Abb. 4.8 b). Eine Domäne jeder Untereinheit schließt die Grube gegenüber der Röhreninnenseite ab. Die Capside der meisten helikalen Viren bestehen aus nur einem Hüllprotein. An die Enden der Partikel können zusätzliche Proteine angelagert werden, die Funktionen beim Assemblieren und bei der vektoriellen Übertragung (Bindung an den Rezeptor) übernehmen, wie z. B. bei Vertretern der Closteroviren (s. Kap. 6.7.2). Das helikale Nukleoprotein kann von einer Lipidhülle umgeben sein, so z. B. bei den Phytorhabdoviren (Abb. 4.9). Im Gegensatz

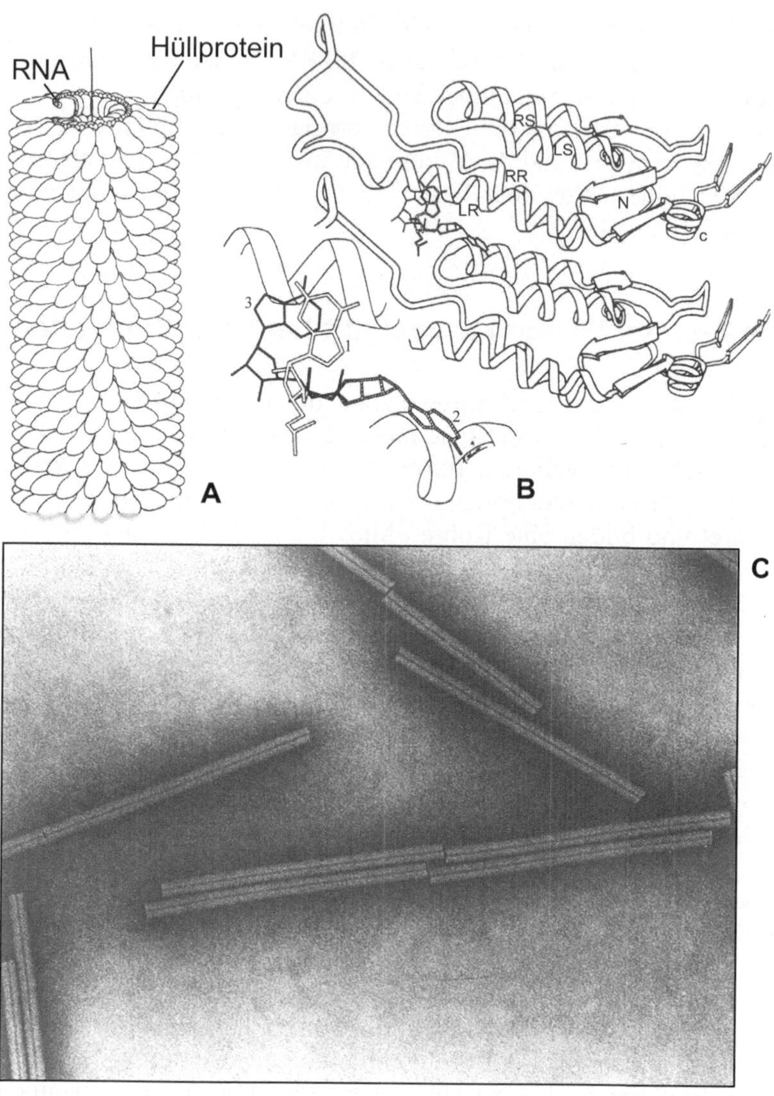

Abb. 4.8 a–c. *Tobacco mosaic virus*, TMV, Tobamovirus. **a** Schematische Darstellung der helikalen Anordnung der Proteinuntereinheiten und der in die Proteinröhre eingebauten RNA (aus Caspar 1963). **b** Zwei Hüllproteine des TMV in Wechselwirkung mit drei RNA-Nukleotiden (1–3, Basen GAA) nach Röntgenstrukturuntersuchungen mit einer Auflösung von 2,9 Å.. Die α-Helices sind mit RS, LS, LR, RR (links- bzw. rechtshändig und links und rechts radial) bezeichnet. *N* N-Terminus, verdeckt; *C* C-Terminus (aus Namba et al. 1989). **c** Elektronenmikroskopische Aufnahme negativ gefärbter TMV Stäbchen [Finch JT (1972) J Mol Biol 66: 291-294]

zu den Proteinuntereinheiten der Viren mit Ikosaedersymmetrie haben die **Hüllproteine** bei Viren mit helikaler Symmetrie einen **hohen α-Helixgehalt** (Abb. 4.8 b). Zwei Phosphatgruppen der RNA bilden Ionenpaare mit Arg^{90} und Arg^{92} und H-Brückenbindungen mit Thr^{37}. Carboxylgruppen mit abnormen pK-Werten und Ca^{2+}-Ionen sowie Protonen spielen bei der Bildung und der Dissoziation der Partikel eine Rolle (Namba et al. 1989; Shaw 1999).

Die flexiblen, fädigen Viren besitzen, soweit untersucht, auch eine helikale Struktur.

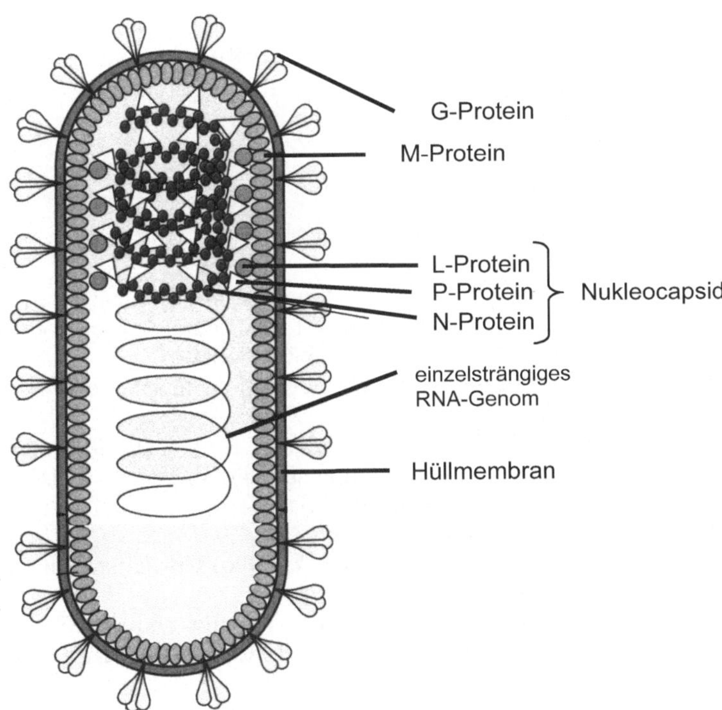

Abb. 4.9. Phytorhabdovirus schematisch. Die Phytorhabdoviren bilden bazilliforme Partikel. Die Hüllmembran (das Lipid stammt aus den Zellmembranen des ER oder der Kernmembran) enthält die nach außen gerichteten Glykoproteinfortsätzen (*spikes*, G) und an der Innenseite das oder die M(Matrix)-Proteine. Das Nukleoprotein besteht aus der (−)ssRNA und dem mit ihr eng verbundenen N-Protein. Im Virion eingeschlossen ist das L-Protein (RNA-abhängige RNA-Polymerase) und das Phosphoprotein. (Mod. nach Modrow u. Falke 1997)

4.4 Viren mit Lipidhülle

Die Phytorhabdoviren sind bazilliforme Partikel, die sich von den isometrischen bazilliformen Partikeln durch ein helikales Nukleoprotein und eine Lipidhülle unterscheiden (Abb. 4.9).

Die Lipidhülle entstammt der Wirtsmembran, in die vor der Knospung der Viren viruskodierte Proteine eingelagert werden und zwar die nach außen gerichteten Glykoproteinfortsätze (G). Nach innen wird an die Membran das vermutlich hexagonal angeordnete Matrixprotein (M) angelagert, das die Struktur stabilisiert und in Verbindung zum Nukleoprotein steht.

Die Tospoviren sind sphärische Partikel mit einer lipidhaltigen Hüllmembran (s. Abb. 4.1 und 12.1). Das *Tomato spotted wilt virus*, TSWV, enthält in der Hüllmembran zwei Typen von Glykoproteinen, G1 und G2. Die zwei Ambisense- (+/−) und eine (−)ssRNA sind mit dem Nukleoprotein eng assoziiert. Eine RNA-abhängige RNA-Polymerase befindet sich bei beiden Virusgruppen im Virion.

Literatur

Baker TS, Olson NH, Fuller SD (1999) Adding the third dimension to virus life cycles: three-dimensional reconstruction of icosahedral viruses from cryoelectron micrographs. Microbiol Mol Biol Rev 63: 862–922

Bink HHJ, Pleij CWA (2002) RNA-protein interactions in spherical viruses. Arch Virol 147: 2261–2279

Bloomer AC, Chamness JN, Bricogne G, Staden R, Klug A (1978) Protein disk of tobacco mosaic virus at 2.8 Å resolution showing the interactions within and between subunits. Nature 276: 362–368

Bos L (1999) Plant viruses. Backhuys, Leiden

Canady MA, Larson SB, Day J, McPherson A (1996) Crystal structure of turnip yellow mosaic virus. Nat Struct Biol 3: 771–781

Casjens S (1997) Principles of virion structure, function and assembly. In: Chiu W, Burnett RM, Garcea RL (eds) Structural biology of viruses. Oxford University Press, New York, pp 3–37

Caspar DLD (1963) Assembly and stability of the tobacco mosaic virus particle. Adv Protein Chem 18: 37–121

Caspar DLD, Klug A (1962) Physical principles in the construction of regular viruses. Cold Spring Harbor Symp Quant Biol 27: 1–24

Cheng RH, Olson NH, Baker TS (1992) Cauliflower mosaic virus: A 420 (T=7) multilayer structure. Virology 186: 655–668

Crick FHC, Watson JD (1956) Structure of small viruses. Nature 177: 473–475

Finch JT, Klug A (1966) Arrangement of protein subunits and the distribution of nucleic acid in turnip yellow mosaic virus. II. Electron microscopic studies. J Mol Biol 15: 344–364

Harrison SC, Olson AJ, Schutt CE, Winkler FK, Bricogne G (1978) Tomato bushy stunt virus at 2.9 Å resolution. Nature 276: 368–373

Hull R (2002) Matthew's Plant Virology, 4th edn. Academic Press, San Diego, pp 109–169

Johnson JE, Speir JA (1997) Quasi-equivalent viruses: a paradigm for protein assemblies. J Mol Biol 269: 665–675

Klug A, Caspar DLD (1960) The structure of small viruses. Adv Virus Res 7: 225–325

Krishna SS, Hiremath CN, Munshi SK, Prahadeeswaran D, Sastri M, Savithri HS, Murty MRN (1999) Three-dimensional structure of physalis mottle virus: implications for the viral assembly. J Mol Biol 289: 919–934

Kuznetsov YG, Larson SB, Day J, Greenwood A, McPherson A (2001) Structural transitions of satellite tobacco mosaic virus particles. Virology 284: 223–234

Larson SB, Day J, Greenwood A, McPherson A (1998) Refined structure of satellite tobacco mosaic virus at at 1.8 Å resolution. J Mol Biol 277: 37–59

Liljas L, Unge T, Jones TA, Fridborg K, Lövgren S, Skoglund U, Strandberg B (1982) Structure of satellite tobacco necrosis virus at 3.0 Å resolution. J Mol Biol 159: 93–108

Modrow S, Falke D (1997) Molekulare Virologie, Spektrum Akademischer Verlag, S 192

Namba K, Pattanayek R, Stubbs G (1989) Visualization of protein-nucleic acid interactions in a virus: refined structure of intact tobacco mosaic virus at 2.9Å resolution by X-ray fibre diffraction. J Mol Biol 208: 307–325

Olson AJ, Bricogne G, Harrison SC (1983) Structure of tomato bushy stunt virus: IV. The virus particle at 2.9Å resolution. J Mol Biol 171:61-93

Shaw JG (1999) Tobacco mosaic virus and the study of early events in virus infection. Phil Trans R Soc Lond B 354: 603–611

van Regenmortel MHV, Fauquet CM, Bishop DHL et al. (2000) Virus taxonomy, classification and nomenclature of viruses. 7th report of the intenational committee on taxonomy of viruses. Academic Press, San Diego

Witz J, Brown F (2001) Structural dynamics, an intrinsic property of viral capsids. Arch Virol 146: 2263–2274

5 Evolution von Pflanzenviren

Viren weisen eine Vielfalt in Form, Organisation und Wechselbeziehungen mit ihren Wirten auf. Sie sind weit verbreitet und es gibt fast keine Gruppe von Organismen, die nicht von Viren befallen wird. Diese Beobachtung deutet auf eine Koevolution von Virus und Wirt hin. Wir haben heute gut gesicherte Vorstellungen von der Evolution der Pflanzen, wissen aber nichts über die Zeit des ersten Auftretens von pflanzlichen Virosen. Wahrscheinlich sind Pflanzenviren schon sehr früh in der Evolution entstanden. Diese Annahme wird unterstützt durch die heutigen Kenntnisse der Mechanismen, die zur Vielfalt der Viren beitragen. Die im Vergleich zu den Wirten hohen Raten an Mutation, Rekombination und Mischung von Genomsegmenten von Viren mit geteiltem Genom, aber natürlich auch die Evolution der Pflanzen und die ständigen Änderungen der Umweltbedingungen und der dadurch bedingte Selektionsdruck sind die treibenden Kräfte für die Evolution der Viren. Diese Mechanismen wirken sich bei den Viren unterschiedlich aus. Die Sequenzvergleiche gut untersuchter Virusgruppen bestätigen das. Vermutlich hat sich eine Reihe von Virusgruppen primär in anderen Wirten wie in Insekten entwickelt, die Anpassung an die Pflanzen war sekundär. In den folgenden Kapiteln sollen die Mechanismen, die zur Zunahme der Diversität beitragen, erläutert und schließlich die Frage diskutiert werden, was man aus Eigenschaften der Viren über ihre Herkunft ableiten kann.

5.1 Mutation

Bei tierischen Viren mit RNA-Genom beträgt die **Mutationsrate** 10^{-4} (Domingo u. Holland 1994), das heißt, dass die RNA-abhängige RNA-Polymerase *(RNA dependent RNA polymerase*, RdRp) ein Nukleotid in 10.000 Nukleotiden austauscht. Bei Pflanzenviren ist die Mutationsrate der viralen RdRp nie bestimmt worden, man vermutet aber, dass sie ähnlich hoch wie bei den tierischen Viren ist. Die Mutationen sind in der Regel nicht gleichmäßig über das virale Genom verteilt, sondern sie befinden sich konzentriert an einigen Stellen, den ***hot spots*** (Palukaitis u. Roossinck

1995). Die Ursache dieser *hot spots* ist unklar, möglicherweise gibt es einen Zusammenhang mit Sekundärstrukturen der Nukleinsäure.

Nicht jede Mutation etabliert sich und bildet die Grundlage einer neuen Variante. Die meisten Genomveränderungen generieren Individuen, die sich nicht oder nur langsam vermehren können, und setzen sich deswegen nicht durch. Die Anzahl der Mutationen, die sich in einer Population etablieren und damit nachweisbar sind, werden als **Mutationshäufigkeit** bezeichnet. Diese kann bei verschiedenen Viren sehr unterschiedlich sein. So ist das Genom von Tobamoviren eher konserviert (Fraile et al. 1995), das des *Cucumber mosaic virus* (CMV) dagegen sehr variabel (Rodriguez-Alvarado et al. 1995). Eine genetische Variabilität kann sich auf den Wirtskreis auswirken. Das sehr variable CMV weist einen sehr breiten Wirtkreis auf, während der Wirtskreis von den eher konservierten Tobamoviren begrenzt ist. Die Tospoviren sind wiederum in Teilen ihres Genoms sehr variabel und weisen wie CMV ebenfalls einen sehr breiten Wirtskreis auf. Tenuiviren sind den Tospoviren in ihrer Genomorganisation sehr ähnlich, sind aber im Vergleich zu den Tospoviren konservativ und weisen einen engen Wirtskreis auf.

Eine zelluläre **DNA-abhängige DNA-Polymerase** (*DNA-dependent DNA-polymerase*, DdDp) weist eine Fehlerrate von 10^{-9} auf. Die Notwendigkeit einer Basenpaarung mit dem komplementären Strang sowie ein Erkennungsmechanismus für falsche Basenpaarungen (*mismatches*) und deren Reparatur erhöht die Zuverlässigkeit bei der Replikation. Bei Viren mit DNA-Genom wie den Geminiviren scheint es aber andere Mechanismen zu geben, die die Mutationsraten erhöhen (Stenger u. Ostrow 1996). Obwohl diese Viren den Replikationsapparat des Wirtes für ihre Vermehrung einsetzen, wird der zelleigene Reparaturmechanismus, der falsche Basenpaarungen erkennt und eliminiert, wahrscheinlich nicht genutzt.

5.2 Rekombination

Rekombinationen bei Viren können mit der Rekombination während der Meiose eukaryontischer Zellen verglichen werden. Man unterscheidet die **homologe Rekombination**, bei der genetisches Material mit einem verwandten Organismus ausgetauscht wird, von der nichthomologen Rekombination.

Nagy u. Simon (1997) schlagen drei verschiedene Mechanismen für Rekombinationen vor:

1. Rekombination mit homologen Sequenzen. Diese Art der Rekombination kann präzise sein, d. h., die Übergangsstellen weisen keine Dele-

tionen oder Additionen von Nukleotiden auf, oder unpräzise, bei welcher durch Additionen oder Deletionen Leserasterverschiebungen auftreten können.
2. Rekombination ohne Sequenzhomologie. Diese Art der Rekombination wird durch Strangbrüche und Religation oder durch Übergang der viralen Replikase auf den nächsten Strang, der möglicherweise durch Sekundärstrukturen begünstigt ist, verursacht.
3. Rekombination, begünstigt durch Sequenzhomologien. Diese Art der Rekombination verbindet Eigenschaften aus 1. und 2. Neben Sequenzhomologien sind auch andere Virus- oder Wirtsfaktoren für die Rekombination verantwortlich.

Die **homologe Rekombination** kommt zum Beispiel bei Mischinfektionen vor. Hierbei können defekte Gene durch funktionelle ausgetauscht und damit ein Genom rekonstituiert werden. Es ist aber auch möglich, dass ein Virus genetisches Material einer Pflanze in einer homologen Rekombination aufnimmt. Dies kann dann der Fall sein, wenn die Pflanze zur Erzeugung einer Resistenz mit viralen Genen transformiert wurde (s. Kap. 17.5). Wenn diese Gene in mRNA umgeschrieben werden und in die Zellkompartimente gelangen, in denen die Virusreplikation stattfindet, können virale RNA und Wirts-RNA, die dann ausgedehnte Homologien zur viralen RNA aufweist, rekombinieren.

Die **nichthomologe Rekombination** ist selten, da kurze antiparelle Sequenzbereiche bei nichtverwandten Organismen seltener vorkommen. Solche homologen Bereiche erhöhen aber die Wahrscheinlichkeit einer Rekombination (Simon u. Bujarski 1994). Bei den tierischen Togaviren wurde die Insertion eines Ubiquitingens nachgewiesen (Meyers 1989). Mayo u. Jolly (1991) fanden bei einigen Isolaten des *Potato leafroll virus* (PLRV) einen 119 nt langen Genabschnitt, von dem 109 nt mit der Sequenz eines Exons von Chloroplasten-DNA übereinstimmten.

5.3 Pseudorekombination

Besteht ein virales Genom aus zwei oder mehr Segmenten, können die entsprechenden Segmente verschiedener Isolate neu kombiniert und sog. **Pseudorekombinanten** (*reassortments*) gebildet werden. In der Regel durchmischen sich nur die Segmente einer Spezies, die Kombination von den entsprechenden Segmenten verschiedener Spezies führt oft zu nichtinfektiösen Kombinationen. Auch Mischungen von Segmenten von Isolaten, die einer Spezies angehören, sind unter Umständen nicht infektiös. So berichten Qiu et al. (1998) von Pseudorekombinanten des *Tomato spotted* *wilt virus* (TSWV). Nach Mischinfektion in einem systemischen Wirt wurden die verschiedenen Pseudorekombinanten über einen Transfer auf einem Lokalläsionenwirt isoliert und die einzelnen Genomsegmente auf ihre Herkunft untersucht. Dabei stellte sich heraus, dass einige Kombinationen nicht isoliert werden konnten.

5.4 Homologie und Konvergenz, Ähnlichkeit und Identität

Zeigen zwei Genome oder Genombereiche einen Grad an Sequenzübereinstimmungen, können diese entweder homolog oder konvergent sein. **Homologie** beruht auf Sequenzen mit gleichem Ursprung, die sich aber im Laufe der Zeit auseinander entwickelt haben. **Konvergente** Sequenzen haben eine unterschiedliche Herkunft, haben sich aber aufgrund einer gleichen Funktion in der Sequenz aneinander angenähert (Roossinck 1997). Die Begriffe **Ähnlichkeit** (*similarity*) und **Identität** (*identity*) werden bei Nukleinsäurevergleichen unkorrekterweise oft synonym verwendet. Werden aber Aminosäuresequenzen miteinander verglichen, so haben diese beiden Begriffe eine unterschiedliche Aussage. Ähnliche Aminosäuren haben die gleichen Eigenschaften, wie z. B. die beiden sauren Aminosäuren Glutaminsäure und Asparaginsäure; diese sind aber nicht identisch.

Mutationen können zu Basenaustauschen führen. Liegt dieser Austausch in einer kodierenden Region, so kann er zu einer Veränderung der resultierenden Aminosäure führen oder aufgrund des degenerierten genetischen Codes eine sog. stille Mutation (*silent mutation*), die sich nicht in einem Austausch der Aminosäure niederschlägt, darstellen. Die Deletion (Verlust) oder die Addition (Hinzufügen) von Nukleotiden kann in kodierenden Regionen aufgrund der Verschiebung eines Leserasters weitreichende Konsequenzen haben. Allein die Addition oder Deletion eines einzigen Nukleotids im 5'-Bereich eines Genes kann den Verlust des funktionellen Genproduktes bedeuten.

Eine **Genduplikation** liegt vor, wenn sich Gene verdoppeln, die sich dann im Laufe der Evolution auseinanderentwickeln und sogar unterschiedliche Funktionen annehmen können. So haben Closteroviren zwei Arten von Hüllproteinen, von denen eines an einem Ende lokalisiert und für die Übertragung durch Blattläuse notwendig ist (s. Kap. 8.1.1). Werden größere Bereiche deletiert, können sog. **DI-Partikel** (*defective interfering*) entstehen. DI-Partikel weisen zwar noch die für die Initiation der Replikation notwendigen 5'- und 3'-Bereiche auf, besitzen aber selbst nicht mehr die Gene, die sie für ihre eigene Replikation benötigen, und sind deswegen auf das Vorhandensein eines Helfervirus mit vollständigem Genom angewiesen. DI-Partikel kommen häufig bei Viren aus der Familie der Tombusviridae aber z. B. auch bei der L-RNA der Tospoviren vor (Resende et al. 1991). Ausgedehnte Deletionen mit Bildung von DI-Partikeln können über Rekombination gebildet werden.

5.5 Herkunft und Entstehung von Pflanzenviren

Die Vielfalt in der Organisation und Expression der Virusgenome legt nahe, dass die Viren nicht monophyletischen Ursprungs sind, also nicht von einem **Urvirus** abstammen. Vielmehr wird es viele Ereignisse im Laufe der Evolution der Viren und ihrer Wirte gegeben haben und weiterhin geben, die die Vielfalt der Viren erhöhen.

Grundsätzlich muss man zwei verschiedene Mechanismen, die Mikro- und die Makroevolution, unterscheiden. Die **Mikroevolution** beinhaltet kleine Veränderungen durch Mutationen, die eine bestehende Spezies variieren und zu neuen Varianten führen kann. In der **Makroevolution** werden große Teile des Genoms verändert; so werden beispielsweise komplette Gene durch Rekombinationen integriert oder deletiert, was zu dramatischen Veränderungen der biologischen Eigenschaften führen kann. Setzen sich solche Eigenschaften durch, können neue Spezies entstehen. Mikro- und Makroevolution sind nicht auf die Viren beschränkt, sondern sind allgemeine Evolutionsmechanismen aller Organismen.

Wie die Evolution von Viren verlaufen sein könnte, ist weitgehend unklar. Es ist aber anzunehmen, dass Viren mehrfach auf verschiedenem Weg entstanden sind. So können einige RNA-Viren aus zellulärer mRNA oder anderen zellulären Komponenten, die sich verselbständigt haben, hervorgegangen sein. Viren mit extrem großem Genom wie die Pockenviren der Wirbeltiere (Chordopoxviridae) mit bis zu 200 Genen könnten auch aus degenerierten Zellen entstanden sein. Solche Genome sind bei den Pflanzenviren aber noch nicht gefunden worden.

Roossinck (1997) diskutiert die mögliche Virusevolution am Beispiel der **Kryptoviren**. Die Spezies dieser Familie besitzen kein Gen, das für einen Zell-zu-Zell-Transport wie bei den meisten pflanzlichen Viren verantwortlich ist. Kryptoviren breiten sich nur während einer Zellteilung der Wirtszellen aus. Es ist aber unklar, ob dieses Gen während der Evolution verloren gegangen ist oder ob die Kryptoviren von dsRNA-Elementen abstammen, die weder ein Bewegungsprotein exprimieren noch Partikel bilden. Möglicherweise sind dsRNA-Elemente auch ehemalige Kryptoviren, die zusätzlich die Fähigkeit zur Partikelbildung verloren haben und andere

Viren mit Bewegungsproteinen und Partikelbildung sind eine Weiterentwicklung der Kryptoviren. Viren mit RNA oder DNA als Genom sind wahrscheinlich verschiedenen Ursprungs.

Manche Viren mit pflanzlichem Wirt zeigen so große Ähnlichkeit mit tierischen Viren, dass sie in die gleiche Familie eingruppiert werden. So gehört das Genus *Tospovirus* zu der Familie der Bunyaviridae, die überwiegend Genera mit tierischen Wirten, wie die Genera *Bunyavirus* oder *Hantavirus*, aufweist. Möglicherweise sind Tospoviren, die sich auch in ihren Vektoren, den Thripsen, vermehren, aus den tierischen Vertretern der Bunyaviren enstanden. Die Genera *Cytorhabdovirus* und *Nucleorhabdovirus* gehören in die gleiche Familie der Rhabdoviridae wie das Tollwutvirus.

Literatur

Domingo E, Holland JJ (1994) Mutation rates and rapid evolution of RNA viruses. In: Morse SS (ed) The evolutionary biology of viruses. Raven, New York, pp 161–184

Fraile A, Aranda MA, Garcia-Arenal F (1995) Evolution of tobamoviruses. In: Gibbs AJ, Calisher CH, Garcia-Arenal F (eds) Molecular basis of virus evolution. Cambridge University Press, Cambridge, pp 338–350

Mayo MA, Jolly CA (1991) The 5'-terminal sequence of potato leafroll virus RNA: Evidence for recombination between virus and host RNA. J Gen Virol 72: 2591–2595

Meyers G, Rümenapf T, Thiel H-J (1989) Ubiquitin in a togavirus. Nature 341: 491

Nagy PD, Simon AE (1997) New insights into the mechanisms of RNA recombination. Virology 235: 1–9

Palukaitis P, Roossinck MJ (1995) Variation in the hypervariable region of cucumber mosaic virus satellite RNAs is affected by the helper virus and the initial sequence context. Virology 206: 765–768

Qiu WP, Geske SM, Hickey C, Moyer JW (1998) Tomato spotted wilt tospovirus genome reassortment and genome segment-specific adaption. Virology 244: 186–194

Resende R de O, de Haan P, de Avila AC, Kitajima EW, Kormelink R, Goldbach R, Peters D (1991) Generation of envelope and defective interfering RNA mutants of tomato spotted wilt virus by mechanical passage. J Gen Virol 72: 2375–2383

Rodriguez-Alvarado G, Kurath G, Dodds JA (1995) Heterogeneity in pepper isolates of cucumber mosaic virus. Plant Dis 79: 450–455

Roossinck MJ (1997) Mechanisms of plant virus evolution. Annu Rev Phytopathol 35: 191–209
Simon AE, Bujarski JJ (1994) RNA-RNA recombination and evolution in virus-infected plants. Annu Rev Phytopathol 32: 337–362
Stenger DC, Ostrow KM (1996) Genetic complexity of a beet curly top virus population used to assess sugar beet cultivar response to infection. Phytopathology 86: 929–933

6 Klassifizierung von Pflanzenviren

6.1 Bedeutung der Virustaxonomie

Die **Taxonomie** von Viren war anfangs uneinheitlich. Es existierten mehrere Konzepte, von denen jedoch keines von allen Virologen akzeptiert wurde. Ein allgemein anerkanntes System der Nomenklatur konnte nur durch Kooperation auf internationaler Basis entstehen. Die Grundlagen für eine einheitliche Klassifizierung wurden 1966 auf einer Konferenz in Moskau diskutiert und das *International Committee on Taxonomy of Viruses* (**ICTV**) gegründet, das seit 1971 regelmäßig Berichte über Virustaxonomie veröffentlicht, die die Einordnung von Viren verbindlich festlegen. Jede Klassifizierung der Viren sollte neben der Phylogenie (der evolutionären Geschichte) phänotypische (praktische Charaktermerkmale) berücksichtigen. In dem neuesten Bericht (van Regenmortel et al. 2000) sind bei den Pflanzenviren 977 Spezies aufgeführt. Eine formale Definition einer **Spezies** wurde 1991 von der ICTV gegeben:

> A virus species is a polythetic class of viruses that constitute a replicating lineage and occupy a particular ecological niche.

Die Mitglieder einer *polythetic class* bilden eine Population, in der eine Ansammlung nahe verwandter Genome einem Prozess der genetischen Variation, Konkurrenz und Selektion unterworfen ist. Die Verteilung von Varianten konzentriert sich um eine oder mehrere *Master-* oder Ursequenzen. Eine solche heterogene Population wurde von Eigen (1993) als **Quasi-Spezies** bezeichnet. Die Stabilität einer Quasi-Spezies hängt von der Komplexizität der genetischen Information, der Fehlerquote der Replikation, der Bedeutung der Ursequenz für den Phänotyp und der Variabilität der ökologischen Nische ab. Die verschiedenen Merkmale, die eine Spezies auszeichnen, werden unterschiedlich gewichtet. Vereinfacht ausgedrückt, besteht bei Viren eine Spezies aus einer Kollektion von Stämmen mit ähnlichen Eigenschaften, die aus den strukturellen Merkmalen (Partikelsymmetrie) und der Art und Organisation der Nukleinsäure sowie den biologischen Merkmalen (Interaktionen mit Wirt und Vektor) zusammengesetzt sind.

Die Spezies der Pflanzenviren werden heute etwa 70 **Genera** zugeordnet; einige dieser Genera werden in **Familien** zusammengefasst. Es gibt Familien, die nur Spezies mit pflanzlichen Wirten enthalten, andere Familien wiederum umfassen Viren mit pflanzlichen und tierischen Wirten. So gibt es bei den Rhabdoviridae die Pflanzen infizierenden Zyto- und Nukleorhabdoviren und tierpathogene, wie das die Tollwut verursachende **Rabiesvirus**. Im Gegensatz zur Spezies haben Genus und Familie in der virologischen Taxonomie keine formale Definition.

Die Fülle der in den letzten Jahren gewonnenen Sequenzdaten bildet die Grundlage der heutigen Klassifizierung. Die Art der Nukleinsäure, die Anordnung von Leserahmen und die Sequenzhomologie sind neben der Form und den biologischen Eigenschaften wesentliche Merkmale. Ein Rückschluss des Genotyps auf den für die Praxis interessanten Phänotyp, d. h. Symptomausprägung, Wirtskreis etc., ist bis heute nicht möglich.

Der Vergleich von Sequenzdaten tierischer und pflanzlicher Viren führte zu übergeordneten **Supergruppen**. So gibt es verblüffende Ähnlichkeiten zwischen den die Kinderlähmung verursachenden Polioviren (Picornaviridae) und den pflanzlichen Viren aus der Familie der Potyviridae und Comoviridae. Alle haben eine (+)ssRNA mit einem 5'-VPg und einen 3'-polyA-Schwanz. Darüber hinaus ist ihnen die Kodierungsstrategie als Polyprotein gemeinsam. Auch sind die funktionellen Bereiche ähnlich angeordnet und Nichtstrukturproteine zeigen signifikante Sequenzübereinstimmungen. Alle Spezies mit den oben beschriebenen Gemeinsamkeiten werden zu den **picornaähnlichen** Viren zusammengefasst. Die **sindbisähnlichen** (oder alphavirusähnlichen) wie die Tombusviridae, Potexviren und einige der stäbchenförmigen (+)ssRNA-Viren mit geteiltem oder ungeteiltem Genom (*Tobamovirus*, *Tobravirus*, *Hordeivirus* etc.) zeigen Gemeinsamkeiten mit dem *Sindbis virus* (*Alphavirus*, Togaviridae). Das 5'-Ende weist eine Cap-Struktur auf, das 3'-Ende ist variabel. Außerdem gibt es Homologien in der Genanordnung und in Sequenzen bei Vertretern dieser Supergruppe.

Es existieren Richtlinien für die Klassifizierung, die verschiedene Kriterien berücksichtigen. Die Gewichtung der Eigenschaften innerhalb verschiedener Familien oder Genera variiert, so dass kein universell anwendbares Schema existiert. Darüber hinaus wurden 14 Richtlinien aufgestellt, wie die Namen der Spezies abgekürzt werden (Fauquet u. Mayo 1999). So wird ein Virus in der Abkürzung als „**V**" bezeichnet (*Tobacco mosaic virus*, TMV), ein Viroid dagegen mit „**Vd**" (*Potato spindle tuber viroid*, PSTVd). Jedes Genus besitzt eine **Typspezies**, die eine gut charakterisierte Spezies ist. Diese ist aber nicht unbedingt typisch für den Genus.

6.2 Viren mit doppelsträngiger DNA[1]

6.2.1 Familie Caulimoviridae

Die Spezies der Caulimoviridae haben isometrische Partikel mit einem Durchmesser von 50 nm oder sind baziliform. Ihr Genom besteht aus einer doppelsträngigen (ds) DNA mit etwa 7000 bis 8000 Basenpaaren. In der Familie sind die sechs Genera *Caulimovirus, Badnavirus, Rice tungro bacilliform virus-like, Soybean chlorotic mottle virus-like, Cassava vein mosaic virus-like* und *Petunia vein clearing virus-like* etabliert. Die Familie wird ausführlich in Kap. 15 vorgestellt.

6.3 Viren mit einzelsträngiger DNA

6.3.1 Familie Geminiviridae

Die Partikel der Geminiviren bestehen aus zwei unvollständigen Ikosaedern mit einer Größe von 20×30 nm. Das Genom besteht aus ein bis zwei einzelsträngigen, ringförmigen DNA-Molekülen von jeweils etwa 2500 bis 3000 Nukleotiden (nt). Der Familie werden die Genera *Curtovirus, Mastrevirus, Begomovirus* und *Topocuvirus* zugeordnet. Ausführliche Darstellungen finden sich in Kap. 14.1.

6.3.2 Familie Nanoviridae

Die Vertreter der Nanoviridae haben 17–22 nm große isometrische Partikel. Das Genus *Nanovirus* wurde früher in die Familie der Circoviridae eingeordnet. Ihr Genom besteht aus mindestens sechs (bis zu 11) zirkulären einzelsträngigen DNAs mit einer Länge von etwa jeweils 1000 nt.

Die Familie enthält die zwei Genera *Nanovirus* mit dem Typstamm *Subterranean clover stunt virus* (SCSV) und *Babuvirus* mit dem Typstamm *Banana bunchy top virus* (BBTV). Nanoviridae werden in Kap. 14.2 vorgestellt.

---

[1]Soweit bei den beschriebenen Familien und Genera keine Literatur angegeben ist, finden sich Übersichten in: *Virus Taxonomy. Seventh Report of the International Committee on Taxonomy of Virusus* (van Regenmortel et al. 2000), in der *Enzyclopedia of Virology* (Granoff u. Webster 1999) sowie in *The Springer Index of Viruses* (Tidona u. Darai 2001)

6.4 Viren mit doppelsträngiger RNA

6.4.1 Familie Reoviridae

Reoviren haben sphärische Partikel mit einem Durchmesser von ungefähr 70 nm. Das Genom besteht aus etwa 25.000 bis 30.000 Basenpaaren, die auf 9 bis 12 Segmente mit jeweils 1000 bis 4500 Basenpaaren verteilt sind.

In der Familie der Reoviridae sind insgesamt 9 Genera vorhanden. Fünf Genera enthalten Spezies, die Vertebraten infizieren, ein Genus infiziert Invertebraten. Die drei Genera *Fijivirus*, *Oryzavirus* und *Phytoreovirus* infizieren Pflanzen. (Reoviridae sind in Kap. 13 beschrieben).

6.4.2 Familie Partitiviridae

Innerhalb der Familie der Partitiviridae gibt es vier Genera. Die Spezies des *Chrysovirus* und des *Partitivirus* infizieren **Pilze**, die Vertreter der Genera *Alphacryptovirus* und *Betacryptovirus* infizieren **Pflanzen**. Man spricht auch von Kryptoviren oder kryptischen Viren. Die Typspezies von *Alpha-* und *Betacryptovirus* sind das *White clover cryptic virus 1* und *2* (WCCV-1, WCCV-2). In beiden Genera sind etwa 30 weitere Spezies etabliert, von denen einige aber nur vorläufig zugeordnet wurden.

Kryptoviren bilden **isometrische Partikel** mit einem Durchmesser von 30 bis 40 nm. Das Genom besteht aus zwei dsRNAs mit zusammen bis zu 7 kbp. Die größere RNA enthält bei einem bipartiten Genom den ORF für die virale Polymerase, die in den Partikeln enthalten ist. Die kleinere RNA enthält das Gen für das Hüllprotein. Ein Gen für ein Bewegungsprotein fehlt. Daher können die Viren nur durch Zellteilung von einer Zelle zur nächsten gelangen, ein Transport über die Plasmodesmata ist nicht möglich. Von Kryptoviren sind nur wenige Sequenzinformationen vorhanden.

Die **Übertragung** erfolgt über Samen und Pollen. Da kein Zell-zu-Zell-Transport möglich ist, muss der Embryo für eine Übertragung infiziert sein. Tierische Vektoren sind nicht bekannt, auch ist eine Übertragung durch Pfropfung nicht möglich. Da kryptische Viren, wie der Name andeutet, keine Symptome im Wirt verursachen, sind sie ökonomisch nicht von Bedeutung.

6.4.3 Genus *Varicosavirus*

Innerhalb des Genus ist bisher nur der Typstamm, das *Lettuce big vein virus* (LBVV), als Spezies bekannt. Jedoch gibt es drei weitere Spezies, die ähnliche Eigenschaften aufweisen und wahrscheinlich zu diesem Genus gehören. Der Name des Genus leitet sich von den unnatürlich vergrößerten Blattadern ab, die das LBVV in seinem natürlichen Wirt, dem Salat, verursacht. Diese sehen aus wie Krampfadern, was auf Lateinisch *varix* bedeutet. Heute weiß man aber, dass die Symptome nicht vom LBVV selbst, sondern von einem zweiten Virus, dem *Mirafiori lettuce virus* aus dem Genus *Ophiovirus* (s. Kap. 6.8.4) verursacht werden (Lot et al. 2002).

Varicosaviren sind **stäbchenförmige** Partikel mit einem wahrscheinlich zweigeteilten Genom aus dsRNA von etwa 12 kbp. Die Partikel haben eine Länge von etwa 320 und 360 nm und einen Durchmesser von etwa 18 nm. Die Partikel sind sehr labil und schwierig zu isolieren. Dies ist auch der Grund dafür, dass wenig über die Genomorganisation bekannt ist. Lediglich das Hüllproteingen des LBVV wurde sequenziert (Protein 48 kDa). Von den anderen ähnlichen Viren liegen keine Sequenzdaten vor. Die Übertragung von LBVV erfolgt über den Pilz *Olpidium brassicae*. Die verschiedenen Spezies haben unterschiedliche und überlappende Wirtskreise. So infiziert LBVV Salat, aber keinen Tabak und das *Tobacco stunt virus* (TStV) Tabak, jedoch keinen Salat.

Bis auf das *Tobacco stunt virus* (TStV), das bisher nur in Japan nachgewiesen werden konnte, sind alle anderen Spezies in vielen Regionen der Welt gefunden worden.

6.5 Isometrische Partikel mit einzelsträngiger (+)RNA

6.5.1 Familie Sequiviridae

Sequivirus und *Waikavirus* sind die zwei Genera der Familie. Zum Genus *Sequivirus* gehört neben dem Typstamm *Parsnip yellow fleck virus* (PYFV) das *Dandelion yellow mosaic virus* (DYMV). Beide Viren können nur mit einem Helfervirus aus dem Genus *Waikavirus* durch Aphiden übertragen werden (*sequor:* folgen, begleiten). Zum Genus *Waikavirus* gehören *Rice tungro spherical virus* (RTSV, Typspezies) und zwei weitere Vertreter. RTSV verursacht beim Reis Sprossstauche (japanisch: w*aika*) und wird durch Pflanzenhüpfer übertragen.

Die Viren in dieser Familie haben **isometrische Partikel** mit einem Durchmesser von 30 nm. Das **Genom** besteht aus 10–12 kb linearer ss(+)RNA. Am 5'-Ende des Genoms kann ein VPg und am 3'-Ende *poly* A vorhanden sein. Die viralen Proteine werden als ein Polyprotein exprimiert, das proteolytisch in die funktionellen Untereinheiten gespalten wird. Viren der Familie haben **drei** verschiedene **Hüllproteine** in den Größen 22(24), 26(24) und 31(29) kDa (PYFV bzw. RTSV). Das Polyprotein des

RTSV wird durch eine viruskodierte Protease gespalten, die durch ein Gen neben der C-terminalen RNA-Polymerase kodiert wird (Thole u. Hull 2002). Bei Waikaviren ist neben dem offenen Leserahmen (ORF), der für das Polyprotein kodiert, im 3'-Bereich ein zweiter ORF bei zwei der drei Spezies vorhanden. Ein Translationsprodukt konnte von diesem zusätzlichen Leserahmen nicht nachgewiesen werden (Thole u. Hull 1996).

Die Viren werden von Blattläusen und Zikaden **semipersistent** übertragen, ein Vorgang, der bei beiden Spezies des Genus *Sequivirus* ein Helfervirus benötigt. Das RTSV unterstützt die vektorielle Übertragung des *Rice tungro bacilliform virus* aus dem Genus *Badnavirus* (RTBV, s. Kap. 15.1). Beide Viren zusammen verursachen die **Tungro-Krankheit**, die bei Epidemien den vollständigen Verlust der Ernte zur Folge haben kann. Die Krankheit kommt in Südostasien vor. Das PYFV kommt in Großbritannien und Deutschland auf Umbelliferen vor.

6.5.2 Familie Tombusviridae

Zur Familie der Tombusviridae gehören 8 Genera, von denen einige nur eine Spezies, andere über 10 Spezies enthalten. Tombusviren sind **isometrische Partikel** mit einem Durchmesser von 28 bis 35 nm. Die Partikel der Gattungen *Aureusvirus*, *Avenavirus*, *Dianthovirus* und *Carmovirus* weisen eine strukturierte, mit knopfförmigen Fortsätzen bedeckte Oberflächenstruktur des Capsids auf, während die Partikel der Genera *Machlomovirus*, *Panicovirus* und *Necrovirus* eine glatte Capsomerenstruktur haben.

Bis auf Dianthovirus, das ein zweigeteiltes Genom aufweist, besteht das **Genom** aus einem Molekül ss(+)RNA mit 3,7 bis 5,3 kb. Bei einigen Genera befindet sich am 5'-Ende eine **Cap-Struktur**, bei anderen Genera eine bisher nicht identifizierte Struktur. Auf dem Genom befinden sich drei bis sechs ORFs, die für die virale Polymerase, ein bis zwei Bewegungsproteine, das Hüllprotein und weitere Proteine mit unbekannter Funktion kodieren. Der ORF für die virale Polymerase enthält entweder ein *stop codon*, das teilweise überlesen wird, oder bei Dianthoviren eine (−1) Leserahmenverschiebung. Zumindest das Hüllprotein (25 bis 48 kDa) wird von einer subgenomischen RNA abgelesen. Bei einigen Genera ist eine zweite subgenomische RNA vorhanden.

Der Name **Tombusvirus** leitet sich von der Typspezies des Genus, dem *Tomato bushy stunt virus* (TBSV), ab. Tombusviren werden vektorlos über die Erde, im Fall des *Cucumber necrosis virus* (CNV) auch über den Chytridiomycet *Olpidium* übertragen, teilweise wurde auch Samenübertragung mit einer geringen Effizienz beobachtet. Tombusviren sind überall dort zu finden, wo die entsprechenden Wirte wachsen. Die meisten Spezies haben einen begrenzten natürlichen Wirtskreis, experimentell lassen sich die Viren aber auf weitere Pflanzenarten übertragen. Einige Tombusviren sind in Gewässern, wie dem Neckar (*Neckar river virus*, NRV), gefunden worden. Ein natürlicher Wirt ist bis heute für solche Viren nicht bekannt.

Die Genomstrategie von **Aureusviren** ist identisch mit derjenigen von Tombusviren. Die Typspezies *Pothos latent virus* (PoLV) ist die einzige Spezies im Genus. Die Übertragung erfolgt vektorlos über den Boden. Es befällt *Scindapsus aureus*, von dem sich auch der Name des Genus ableitet. Symptome werden nicht ausgebildet.

Der Name des Genus *Avenavirus* leitet sich vom Wirt der einzigen Spezies, dem *Oat chlorotic stunt virus* (OCSV), *Avena sativa*, ab. Die Übertragung erfolgt über den Boden. Das Virus ist bis jetzt nur in Großbritannien gefunden worden.

Dianthoviren sind die einzigen Viren in der Familie mit einem geteilten Genom. Auffallend an diesem Genom sind die kurzen konservierten Regionen (UTR) an den Enden. Im 5'-Bereich sind 6 nt und am 3'-Bereich 27 nt zwischen RNA1 und RNA2 konserviert. Durch ein −1 *frame shifting* entsteht ein *pre-readthrough* 27-kDa-Protein. Das Capsidprotein wird von einer subgenomischen RNA exprimiert. Dianthoviren befallen nur dikotyle Wirte. Der Typstamm *Carnation ringspot virus* (CRSV) kann starke Symptome wie Stauchung und Nekrosen auf Nelken hervorrufen. Neben diesem Wirt wurde das Virus auch in einigen Obstgehölzen gefunden. Der Name des Genus leitet sich von dem Hauptwirt des Typstamms *Dianthus* (Nelke) ab.

Die Typspezies der **Carmoviren** ist das *Carnation mottle virus* (CarMV), von dem sich auch der Name des Genus ableitet. Die Übertragung erfolgt je nach Spezies über den Boden, über Samen, Pilze oder Käfer. Diese Viren sind in gemäßigten Zonen weltweit zu finden, ausgenommen die Arten, die Hülsenfrüchte befallen. Diese kommen in den Tropen vor. Die Verbreitung von CarMV erfolgt über Schnittblumen, an denen kaum Symptome auftreten. Lediglich bei Mehrfachinfektionen mit anderen Viren können die Symptome sichtbar werden.

Im Genus *Machlomovirus* ist die einzige Spezies das *Maize chlorotic mottle virus* (MCMV), von dem sich der Name des Genus ableitet. Es kommt in Nord- und Südamerika vor und verursacht ein mildes Mosaik auf Mais. Bei Doppelinfektion mit Potyviren (s. Kap. 10) treten sehr starke Symptome auf. Die Krankheit wird dann *Corn lethal necrosis* genannt.

Im Genus *Panicovirus* ist als einzige Spezies das *Panicum mosaic virus* (PMV) etabliert, eine weitere Spezies gehört möglicherweise auch zum Genus. Der Name leitet sich vom Wirt *Panicum* (Hirse) ab. PMV kann nur Gräser (*Poaceae*) infizieren, bei denen ein Mosaik zu beobachten ist. Ein

Vektor ist nicht bekannt. Panicoviren sind auf die USA und Mexiko be-schränkt.

Der Name des Genus *Necrovirus* leitet sich von den typischen Sympto-men, den Nekrosen, ab, der Typstamm ist das *Tobacco necrosis virus* (TNV). Necroviren werden über den Chytridiomycet *Olpidium* übertragen. Durch einen breiten Wirtskreis können Schäden im Gemüse- und Zier-pflanzenanbau, und hier insbesondere in Gewächshauskulturen, entstehen.

Eine ausführliche Darstellung der Tombusviridae findet sich bei Martelli et al. (1988).

6.5.3 Familie Tymoviridae

Die erst kürzlich etablierte Familie der Tymoviridae umfasst die Genera *Tymovirus*, *Marafivirus* und *Maculavirus*. Diese Viren haben isometrische Partikel mit einem Durchmesser von etwa 30 nm (s. Abb. 4.4). Neben Pro-teinen und Nukleinsäure enthalten die Partikel Polyamine, die wahrschein-lich zur Neutralisierung der negativ geladenen Nukleinsäure dienen. Das **Genom** besteht aus einem linearen Molekül ss(+)RNA mit einer Länge von 6 bis 7,5 kb.

Das **Genom** des Typstammes des *Tymovirus*, *Turnip yellow mosaic vi-rus* (TYMV), trägt am 5'-Ende eine **Cap-Struktur** und am 3'-Ende eine **tRNA-ähnliche** Struktur, während das *Dulcamara mottle virus* (DuMV) eine 3'-Polyadenylierung besitzt. Der 5'-proximale ORF kodiert für das Bewegungsprotein (ORF 2, 69 kDa) und überlappt fast vollständig mit ORF 1, der für die virale Polymerase kodiert (206 kDa, autokatalytisch ge-spalten in 140 und 66 kDa), ORF 3 kodiert für das Hüllprotein, das über eine subgenomische RNA translatiert wird. Der Promoter für die Trans-kription dieser subgenomischen RNA liegt wahrscheinlich in einem stark konservierten Bereich des 3'-Endes von ORF 1. Diese 16 nt sind auch als **Tymobox** bekannt.

Die natürlichen Vektoren sind Käfer, jedoch kommt bei einigen Spezies auch eine Übertragung durch Samen vor. Tymoviren sind weltweit ver-breitet und auf dikotyle Wirte beschränkt. Einzelne Spezies finden sich nur regional. Weiterführende Literatur ist bei Hirth u. Givord (1985) vor-handen.

Das Genus *Marafivirus* enthält drei Spezies mit dem Typstamm *Maize rayado fino virus* (MRFV), von dem sich der Name des Genus ableitet. Das 5'-Ende der RNA trägt eine **Cap-Struktur**, während das 3'-Ende **poly-adenyliert** ist. ORF 1 wird als ein **Polyprotein** translatiert, das post-translational proteolytisch in Methyltransferase, Protease, Helikase, Poly-merase und Capsidprotein (CP) gespalten wird. Das CP wird auch von einer 3'-subgenomischen RNA translatiert. MRFV und das *Bermuda grass* *etched-line virus* (BELV) haben zwei Hüllproteine, von denen das kleinere über eine subgenomische RNA translatiert und das größere proteolytisch von dem Produkt des ORF 1 abgespalten wird. In ähnlicher Position wie die Tymobox der Tymoviren liegt eine weitgehend mit dieser übereinstimmende Sequenz. Es fehlt ein ORF mit Bewegungsprotein Funktion. Möglicherweise ist das Fehlen eines solchen Bewegungsproteins auch der Grund dafür, dass die Marafiviren auf das Leitgefäßsystem beschränkt sind.

Marafiviren werden von Zikaden **zirkulativ-replikativ** übertragen. Das MRFV ist ein wichtiger Schaderreger bei Mais in Süd- und Zentralamerika, besonders neue Sorten sind anfällig. Das BELV ist auf Marokko beschränkt, während das *Oat blue dwarf virus* (OBDV) in Europa und Nordamerika vorkommt und bei Gerste und Hafer Stauche und Blattverformungen hervorruft. Der Wirtskreis von MRFV und OBDV ist auf Gräser, unter anderem Mais, beschränkt, während das BELV auch dikotyle Pflanzen, jedoch nicht Mais, infizieren kann.

Zu dem neu etablierten Genus *Maculavirus* gehört neben der Typspezies, dem *Grapevine fleck virus* (GFkV), noch eine weitere Art. Das Genom des GFkV hat vier ORFs und enthält ungewöhnlich viel Cytosin (Martelli et al. 2002), das 3'-Ende ist polyadenyliert.

Eine Übertragung ist nur über Pfropfung möglich. Der natürliche Wirt ist die Weinrebe, wo die Viren im Phloem vorkommen. Das Virus ist hauptsächlich in Südafrika gefunden worden.

6.5.4 Familie Bromoviridae

Zur Familie der Bromoviridae gehören die fünf Genera *Alfamovirus*, *Bromovirus*, *Cucumovirus*, *Ilarvirus* und *Oleavirus*. Die Bromoviren, Cucumoviren und einige Ilarviren bilden **Ikosaeder** mit einem Durchmesser von 25 bis 30 nm, während die Alfamoviren, Oleaviren und einige Ilarviren **bazilliform** sind. Das Genom besteht bei allen Spezies in der Familie der Bromoviridae aus drei ss(+)RNAs mit 8–9 kb Länge. Die Familie wird in Kap. 11 ausführlich beschrieben.

6.5.5 Familie Comoviridae

Die Genera *Comovirus*, *Nepovirus* und *Fabavirus* bilden die Familie der Comoviridae. Allen Spezies innerhalb der Familie sind die **ikosaedrischen Partikel** mit einem Durchmesser von etwa 30 nm gemeinsam.

Comoviridae haben ein **zweigeteiltes ss(+)RNA Genom**. Bei Comoviren und Nepoviren besteht die RNA 1 aus 6 bis 7,2 kb und die RNA 2 aus 3,5 bis 4,5 kb. Das Genom von Fabaviren ist etwas größer.

Auf jedem Segment kodiert ein ORF für ein Polyprotein, die proteolytisch in funktionelle Untereinheiten gespalten werden. Am 5'-Ende weisen die Genomsegmente ein **VPg** auf, das 3'-Ende ist **polyadenyliert**. Die größere RNA 1 kodiert für die virale Polymerase, das VPg, Proteasen und ein Protein mit Nukleinsäurebindungsmotiv, während die kleinere RNA 2 unter anderem für das Hüllprotein und das Bewegungsprotein kodiert.

Die Typspezies für das Genus *Comovirus* ist das *Cowpea mosaic virus* (CPMV), von dem sich auch der Name der Familie ableitet. Comoviren haben zwei Hüllproteine mit Größen von etwa 25 kDa und 40 kDa. Die **Vektoren** für Comoviren sind Käfer, selten Pollen oder Samen. Die meisten Spezies haben als natürliche Wirte Leguminosen, auf denen sie ein Mosaik, eine Scheckung, Sprossstauche und Blattverformungen hervorrufen. In Europa kommen beispielsweise das *Radish mosaic virus* (RaMV, bei Cruciferen) und das *Broad bean stain virus* (BBSV, bei Leguminosen) vor. Das CPMV, beheimatet in Afrika und Japan, wird weltweit in Labors als Modellorganismus für Replikationsstudien und als Vektor zur Produktion von Vakzinen im sog. *gene-farming* benutzt.

Im Genus *Fabavirus* sind vier Spezies vorhanden. Der Name des Genus leitet sich vom lateinischen Namen des Hauptwirtes *Vicia faba* ab. Die Typspezies ist das *Broad bean wilt virus*-1 (BBWV-1). Fabaviren haben wie die Comoviren zwei Hüllproteine in vergleichbarer Größe. Fabaviren sind blattlausübertragbar und verursachen bei Dikotyledonen neben Mosaik und Scheckung auch Ringflecken. Der Wirtskreis dieser Viren ist größer als der von Comoviren.

Das Genus *Nepovirus* mit dem Typstamm *Tobacco ringspot virus* (TRSV) weist über 30 Spezies auf, die in die Subgruppen a, b und c unterteilt werden. Die Unterteilung basiert auf serologischen Daten sowie auf der Länge und Verpackung der RNA 2. Der Name des Genus leitet sich von „ne" (*nematode*) und „po" (polyedrisch) ab. Alle Nepoviren haben nur ein Hüllprotein. Sie werden oft von Nematoden, aber auch durch Milben und Pollen übertragen. Je nach Spezies ist der Wirtskreis unterschiedlich und kann von eng bis weit variieren. Sie rufen fast ausschließlich bei Dikotyledonen weltweit Vergilbungen, Blattflecken und Deformationen hervor. TRSV tritt bei Blaubeere und Soja in Nordamerika auf.

6.5.6 Familie Luteoviridae

Zur Familie der Luteoviridae gehören die Genera *Luteovirus*, *Polerovirus* und *Enamovirus*. Die Partikel haben **Ikosaeder** Struktur (s. Abb. 4.4 u. 4.5) mit einem Durchmesser von 25 bis 30 nm. Das **Genom** besteht aus einem Molekül ss(+)RNA mit 5,3–5,9 kb, beim *Enamovirus* aus zwei Segmenten mit 9,9 kb. Das 5'-Ende der viralen RNA trägt beim *Polerovirus* ein **VPg**. Allen drei Genera der Luteoviren ist gemeinsam, dass über Durchlesen des ORF 3 ein Fusionsprotein des Hüllproteins translatiert wird. Dieses Fusionsprotein ist für die vektorielle Übertragung notwendig. Luteoviren werden im Kap. 11 beschrieben.

6.5.7 Genus *Umbravirus*

Im Genus *Umbravirus* werden Spezies zusammengefasst, die **kein eigenes Hüllprotein** besitzen und daher keine konventionellen Viruspartikel bilden. Die sphärischen Gebilde haben einen Durchmesser von etwa 50 nm. Das Genom wird wahrscheinlich in eine Lipidhülle, die möglicherweise aus zellulären Membranen besteht, verpackt. Für diese Annahme spricht, dass die Viren anfällig sind gegenüber organischen Lösungsmitteln und die Viruspräparation bei einer Grobreinigung Zellmembranen enthält.

Die Typspezies des Genus *Umbravirus* ist das *Carrot mottle virus* (CMoV). Das **Genom** besteht aus einem Molekül ss(+)RNA mit 4,0 bis 4,3 kb, das für vier Nichtstrukturproteine kodiert. ORF 1/2 kodiert, mit einer **(-1)Leserahmenverschiebung,** für die virale Polymerase, ORF 3 für ein Protein, das vermutlich für die Verbreitung über große Entfernungen benötigt wird und ORF 4 für das Zell-zu-Zell-Bewegungsprotein (MP).

Umbraviren sind mechanisch übertragbar, jedoch mit einer niedrigen Effizienz. Bei der natürlichen Übertragung sind Umbraviren auf **Helferviren** aus der Familie der Luteoviridae angewiesen. Bei einer Mischinfektion beider Viren wird das Genom der Umbraviren vom Hüllprotein der Luteoviren verpackt. Das so maskierte Genom wird dann über die Blattläuse zusammen mit den Luteoviren übertragen. Die Infektion durch die Helferviren verursacht keine oder nur schwache Symptome; zusammen mit den Umbraviren treten deutliche Krankheitsbilder auf. Von dieser Beziehung zu den Helferviren leitet sich auch der Name des Genus ab. *Umbra* bedeutet im Lateinischen „Schatten". Im Englischen steht der Ausdruck Schatten für einen uneingeladenen Gast, der mit einem eingeladenen Gast zu Besuch kommt.

Daneben gibt es eine zweite Abhängigkeit von Umbraviren und Luteoviren. Das *Pea enation mosaic virus-1* (PEMV-1, *Umbravirus*) ist für die systemische Ausbreitung des *Pea enation mosaic virus-2* (PEMV-2, *Enamovirus*) notwendig.

Die größte wirtschaftliche Bedeutung hat das *Groundnut rosette virus* (GRV), das bei der Erdnuss in Afrika die wichtigste Virose darstellt. Das Bild der Rosettenkrankheit, das mit Zwerg- und Misswuchs sowie Chlorose verbunden ist, wird nicht durch das Virus selbst, sondern eine assoziierte

Satelliten-RNA verursacht (s. Kap. 16.2). Von einem Helfervirus abhängige Viren werden in Murant (1993) beschrieben.

6.5.8 Genus *Sobemovirus*

Der Name des Genus *Sobemovirus* leitet sich von dem Typstamm *Southern bean mosaic virus* (SBMV) ab. Zehn weitere und einige vorläufig zugeordnete Spezies gehören zum Genus. Sobemoviren bilden **Ikosaeder** mit einem Durchmesser von etwa 30 nm.

Das **Genom** besteht aus einer ss(+)RNA mit 4,0–4,6 kb und einem **VPg** am 5'-Ende der genomischen und subgenomischen RNA. Auf dem Genom befinden sich vier ORFs, die für ein Bewegungsprotein auf ORF 1, eine virale Polymerase auf ORF 2 und das Hüllprotein auf ORF 4 kodieren. Der ORF 3 liegt innerhalb des ORF 2. Ein Protein, das von ORF 3 translatiert wird, ist bisher *in vivo* nicht nachgewiesen worden.

Sobemoviren werden durch **Käfer** und in einem Fall auch über **Wanzen** sowie über **Samen** übertragen. Der **Wirtskreis** der einzelnen Spezies innerhalb des Genus ist eng, zwischen den Spezies jedoch sehr variabel. So befällt das SBMV nur Leguminosen und das *Cocksfoot mottle virus* (CoMV) nur das Wiesenknäuelgras. Der Wirtskreis ist auch ein Kriterium für die Zuordnung von Isolaten zu einer eigenen Spezies. Generell infizieren Sobemoviren sowohl monokotyle als auch dikotyle Wirte, die oft ein Mosaik oder Scheckungen zeigen. Die geographische Verbreitung kann, je nach Spezies, auf eine Region beschränkt sein. So ist das *Turnip rosette virus* (TRoV) nur in Großbritannien zu finden. Andere Spezies sind weiter verbreitet. Das SBMV kommt in vielen tropischen und warmen gemäßigten Zonen vor. Eine Übersicht geben Tamm u. Truve (2000).

6.5.9 Genus *Idaeovirus*

Das Genus Idaeovirus weist nur eine Spezies, das *Raspberry bushy dwarf virus* (RBDV), auf. Der Name dieser Spezies ist irreführend, da dieses Virus die namensgebenden Symptome nicht allein verursacht. An der Symptomausprägung ist das *Black raspberry necrosis virus* (BRNV), ein isokaedrisches Virus, das bisher keinem Genus zugeordnet werden konnte, beteiligt. Der Name *Idaeus* leitet sich vom wissenschaftlichen Namen des natürlichen Wirtes *Rubus idaeus*, der Himbeere, ab. Idaeoviren bestehen aus isometrischen Partikeln mit einem Durchmesser von 33 nm.

Das **Genom** ist auf zwei ss(+)RNAs aufgeteilt und hat eine Gesamtgröße von 7,6 kb. Eine dritte RNA ist subgenomisch und trägt den ORF für das Hüllprotein. Sie ist im Partikel enthalten. Die größere RNA 1 kodiert für den viralen Polymerasekomplex, während die kleinere RNA2 für das Bewegungsprotein und das Hüllprotein kodiert. Die etwa 70 3'-terminalen nt sind bei den Genomsegmenten konserviert und können stabile Sekundärstrukturen ausbilden.

In der Natur wird das Virus über **Pollen** und **Samen** übertragen. Der natürliche Wirtskreis ist auf *Rubus*-Arten beschränkt, das Virus kann jedoch mechanisch auf Spezies anderer Familien übertragen werden. Der Anbau von resistenten Sorten ist möglich. Jedoch gibt es auch resistenzbrechende Isolate (BR) des Virus. Diese sind vom S-Typ serologisch im Agar-Doppeldiffusionstest (s. Kap. 3.3.4) differenzierbar. Das Vorkommen ist weltweit.

6.5.10 Genus *Ourmiavirus*

Der Name *Ourmiavirus* leitet sich vom Fundort der Typspezies *Ourmia melon virus* (OuMV), einer Region im Iran, ab. Ourmiaviren sind **bazilliform** (s. Abb. 4.7). Die Länge variiert zwischen 30 und 62 nm, der Durchmesser beträgt 18 nm. Die diskreten Länge resultieren aus der Zusammenlagerung von zwei (30 nm), bis mehreren Doppelscheiben (37, 45,5 und 62 nm). Die Enden bilden halbe Ikosaeder.

Das **Genom** besteht aus drei ss(+) RNAs mit insgesamt etwa 5 kb. Die Gesamtsequenz ist nicht bekannt. Die Viren werden mechanisch übertragen, ein Vektor wurde bisher nicht identifiziert. Trotz der abweichenden Morphologie ähneln die Ourmiaviren den Bromoviridae. Das Genus wird in Accotto et al. (1997) ausführlich beschrieben.

6.6 Stäbchen mit einzelsträngiger (+)RNA

6.6.1 Genus *Tobamovirus*

Tobamoviren haben stäbchenförmige Partikel mit helikaler Symmetrie. Ihr Genom besteht aus einem Molekül ss(+)RNA mit einer Länge von etwa 6500 nt. Das Genus wird ausführlich in Kap. 9.1 vorgestellt.

6.6.2 Genus *Tobravirus*

Tobraviren sind stäbchenförmige Viren mit einem zweigeteilten Genom aus ss(+)RNA, die von Nematoden übertragen werden. Tobraviren werden in Kap. 9.2 dargestellt.

6.6.3 Genus *Hordeivirus*

Zum Genus *Hordeivirus* gehören neben dem Typstamm *Barley stripe mosaic virus* (BSMV) noch drei weitere Spezies. Der Name leitet sich vom Hauptwirt des Typstammes, der Gerste (*Hordeum vulgare* L.), ab. Hordeiviren haben stäbchenförmige Partikel mit einem Durchmesser von 20 nm und Längen zwischen 110 und 160 nm.

Das **Genom** besteht aus drei Segmenten mit einer Größe von 2,6–3,9 kb. Am 5'-Ende befindet sich eine **Cap-Struktur,** das 3'-Ende ist **tRNA-ähnlich**. Bei einigen Spezies wird die tRNA-ähnliche Struktur durch eine Poly-A-Region von variabler Länge von den kodierenden Bereichen abgetrennt. Die drei RNAs werden als α, β und γ bezeichnet. Die αRNA und die γRNA kodieren für Gene, die für die Replikation notwendig sind. Auf der βRNA befinden sich ORFs für das Hüllprotein und ein *triple gene block*. Die drei ORFs des *triple gene blocks* kodieren für Proteine des Zell-zu-Zell-Transports.

Hordeiviren werden über Samen und über den Kontakt der Blätter übertragen. Ein Vektor ist nicht bekannt. Nekrotisch-chlorotische Symptome sind verbreitet. Die Viren infizieren hauptsächlich Gräser und Getreide, aber auch dikotyle Pflanzen. Dargestellt werden diese Viren in Carroll (1986).

6.6.4 Genus *Furovirus*

Früher wurden einige stäbchenförmige Viren mit geteiltem Genom, die durch Pilze übertragen werden, in das Genus *Furovirus* eingeordnet. Der Name leitet sich von *fungus-transmitted* und *rod-shaped* ab. Durch molekulare Analysen und die Kenntnis der Genomorganisation sind aber viele Genera wie *Peclu-*, *Beny-* und *Pomovirus* abgetrennt und nur das *Soilborne wheat mosaic virus* (SBWMV) als Typspezies sowie drei weitere Spezies dem Genus *Furovirus* zugeordnet worden.

Furoviren bilden starre stäbchenförmige Partikel mit einem Durchmesser von 20 nm und Längen um 150 nm und 260 bis 300 nm. Das **Genom** ist **zweigeteilt** (*bipartite*) und besteht aus ss(+)RNA mit insgesamt 10,3 bis 10,7 kb. Am 5'-Ende ist eine **Cap**-Struktur und am 3'-Ende eine **tRNA-ähnliche** Struktur ausgebildet. Die RNA 1 (7 kb) trägt einen ORF für die virale Polymerase. Durch Überlesen eines schwachen *stop codon* wird ein Durchleseprotein gebildet. Ein zweiter ORF kodiert für ein Protein, das am Zell-zu-Zell-Transport beteiligt ist. Auf der RNA 2 (3,5 kb) liegt das Gen für das Hüllprotein. Über ein schwaches *stop codon* wird neben dem Hüllprotein ein 84 kDa großes Fusionsprotein translatiert. Dieses kann jedoch nach mehreren mechanischen Passagen verloren gehen. Von subgenomischen RNAs werden zwei weitere Proteine translatiert, wobei der eine ORF nicht mit einem AUG, sondern einem CUG beginnt.

Der obligate Parasit *Polymyxa graminis* (Plamodiophoramycetes) fungiert als **Vektor**. Die Bekämpfung der Virose erfolgt indirekt durch Vermeidung der Ausbreitung des Vektors. Die Wirte des SBWMV sind Gräser. Insbesondere in Winterweizen können Ernteverluste von bis zu 50% auftreten. Das Virus ist seit etwa 1960 in Europa bekannt, kommt aber auch in anderen Regionen mit gemäßigtem Klima vor.

6.6.5 Genus *Pecluvirus*

Im Genus *Pecluvirus* sind die Typspezies *Peanut clump virus* (PCV), von dem sich der Name des Genus ableitet, und das *Indian peanut clump virus* (IPCV) vertreten. Beide Viren sind stäbchenförmig mit einem Durchmesser von 20 nm und Längen von 190 und 245 nm.

Das **Genom** ist zweigeteilt und besteht aus ss(+)RNA. Das 5'-Ende ist (wahrscheinlich) **polyadenyliert**, das 3'-Ende ist zwischen beiden RNAs konserviert. Auf den 5900 nt der RNA 1 befindet sich ein großer ORF mit einem schwachen *stop codon*. Beide von diesem ORF translatierten Proteine bilden zusammen die virale Polymerase. Ein zweiter ORF kodiert für ein 15 kDa großes Protein mit unbekannter Funktion. Auf der RNA 2 (4,5 kb) befinden sich je ein ORF für das Hüllprotein und ein Protein von 29 kDa, das wahrscheinlich für die vektorielle Übertragung notwendig ist. Ein dritter Bereich, der ***triple gene block*** kodiert für Proteine des Zell-zu-Zell-Transports.

Pecluviren werden über den parasitischen Protozoen *Polymyxa graminis* übertragen. In der Natur wird das PCV vorwiegend in Erdnuss und das IPCV in Getreide gefunden. PCV kommt in Westafrika und Pakistan, das IPCV in Indien und Pakistan vor.

6.6.6 Genus *Pomovirus*

Dem Genus *Pomovirus* werden vier Spezies zugeordnet. Der Typstamm, das *Potato mop-top virus* (PMTV), ist der Namensgeber des Genus, der erst kürzlich etabliert wurde. Vorher wurden diese Viren zu den Furoviren gestellt. Pomoviren bilden starre Stäbchen mit einem Durchmesser von 18 bis 20 nm und Längen zwischen 60 bis 80 nm sowie 150 nm und 300 nm.

Pomoviren haben ein **dreigeteiltes Genom** aus ss(+)RNA mit insgesamt etwa 12 kb und RNA 1 mit etwa 6 kb, RNA 2 mit 3,5 kb und RNA 3 mit 2,5 bis 3 kb Länge. Das 5'-Ende trägt eine **Cap-Struktur**, das 3'-Ende faltet sich **tRNA-ähnlich**. Die RNA 1 enthält einen ORF mit einem *stop co-*

don, das überlesen werden kann. Dieser ORF kodiert für die virale Polymerase. Die RNA 2 enthält den ORF für das Hüllprotein. Das Überlesen des *stop codon* von diesem ORF führt zu einem vergrößerten Protein, das an einem Ende des Partikels zu finden ist. Es ist wahrscheinlich für die Initiation der Enkapsidierung verantwortlich. Die Größe dieses Durchleseproteins ist je nach Spezies variabel. Auf der RNA 3 kodiert ein *triple-geneblock* für Proteine des Zell-zu-Zell-Transports.

Pomoviren werden durch die obligat parasitische Protozoe *Spongospora* (Plasmodiophorales) übertragen. Sie sind auf wenige dikotyle Wirte beschränkt und in gemäßigten Klimaten zu finden. Das PMTV kommt beispielsweise in Nordeuropa, Canada, China und Japan vor und verursacht neben einer Stauchung („*mop-top*") auch Symptome an den Knollen.

6.6.7 Genus *Benyvirus*

Der Typstamm des Genus, das <u>B</u>eet <u>n</u>ecrotic <u>y</u>ellow vein virus (BNYVV), wurde früher in das Genus *Furovirus* eingeordnet. Aufgrund von neuen Sequenzdaten wurde dann das Genus *Benyvirus* geschaffen, in dem neben dem BNYVV auch das *Beet soil-borne mosaic virus* (BSBMV) eingruppiert wurde. Der Name *Beny* leitet sich vom Namen des Typstammes ab. Beide Spezies des Genus zeichnen sich durch starre stäbchenförmige Partikel mit einem Durchmesser von 20 nm und vier Längen zwischen 65 und 390 nm aus.

Das **Genom** besteht in der Regel aus vier und bei einigen Isolaten aus fünf verschieden langen ss(+)RNAs, die am 5'-Ende eine **Cap-Struktur** aufweisen und am 3'-Ende **polyadenyliert** sind. Die beiden größten Genomsegmente RNA 1 und RNA 2 sind für eine Infektion notwendig, alle anderen Segmente können bei mehreren Passagen mechanischer Inokulation verloren gehen. Von der RNA 1 (6700nt) wird von einem ORF ein **Polyprotein** translatiert, das in funktionelle Untereinheiten mit einer viruseigenen Protease und Proteine für die virale Replikation gespalten wird. Die RNA 2 enthält den ORF für das Hüllproteingen. Das *stop codon* wird zum Teil überlesen und ein Fusionsprotein mit einer Größe von etwa 75 kDa translatiert. Dieses ist an einem Ende des Partikels zu finden und dient wahrscheinlich als Enkapsidierungssignal. Neben dem Hüllproteingen ist ein *triple gene block* auf der RNA 2 vorhanden, der für Proteine des Zell-zu-Zell-Transports kodiert. Auf der RNA 3 liegt das Gen für die Symptomausprägung. Ein typisches Symptom auf Rüben ist die **Wurzelbärtigkeit**. Bei Vorhandensein von RNA 5 werden die Symptome verstärkt. Auf der RNA 4 liegt ein Gen, das die Übertragung durch *Polymyxa betae* (Plasmodiophorales) erleichtert.

Der Wirtskreis von Benyviren ist eng. Hauptsächlich werden Zucker- und Futterrüben, aber auch Spinat befallen. Die Viren sind meistens auf die Wurzeln beschränkt. BNYVV ist weltweit, das BSBMV in den USA verbreitet.

6.7 Fädige Partikel mit einzelsträngiger (+)RNA

6.7.1 Familie Potyviridae

Potyviren sind flexible Stäbchen mit einem Genom aus ss(+)RNA mit ca. 9 kb Länge. Zur Familie der Potyviridae gehören die sechs Genera *Potyvirus, Ipomovirus, Macluravirus, Rymovirus, Bymovirus* und *Tritimovirus.* Das Genus Potyvirus enthält zahlreiche Spezies. Die Potyviridae werden in Kap. 10 abgehandelt.

6.7.2 Familie Closteroviridae

In die Familie der Closteroviridae sind die Genera *Closterovirus, Crinivirus* und seit kurzem das Genus *Ampelovirus* eingegliedert. Der Typstamm des Genus *Closterovirus* ist das *Beet yellows virus* (BYV). Der Typstamm im Genus *Crinivirus* ist das *Lettuce infectious yellows virus* (LIYV) und im Genus *Ampelovirus* das *Grapevine leafroll-associated virus 3* (GLRaV-3). Die Namen der Genera leiten sich vom griechischen *kloster,* was Spindel oder Faden bedeutet, bzw. vom lateinischen *crinis,* was Haar bedeutet, ab. Die flexiblen, fädigen Partikel der Closteroviridae sind mit bis zu 2200 nm die längsten Partikel von Pflanzenviren. Sie haben einem Durchmesser von 12 nm.

Das **Genom** besteht aus ein oder zwei ss(+)RNAs mit bis zu 20 kb Länge. Das 5'-Ende weist bei einer Reihe von Spezies eine Cap-Struktur auf. Der 5'-proximale Leserahmen (ORF) ist über eine **(+)1-Leserahmenverschiebung** mit dem nächsten Leserahmen verbunden und kann als Polyprotein translatiert werden. Dieses Polyprotein weist unter anderem Domänen für die virale Polymerase auf. Der ORF 3 (bei einigen Spezies ORF 4) kodiert für ein dem **Hitzeschockprotein HSP70** ähnliches Protein, was charakteristisch für diese Familie ist und bisher bei keinen anderen Pflanzenviren gefunden wurde. Hitzeschockproteine kommen bei Eukaryonten und Prokaryonten vor und helfen bei der korrekten Faltung von Proteinen. Die **Hüllproteine** sind in ihrer Größe sehr unterschiedlich und reichen von 22 bis 46 kDa. Ein zweites Hüllprotein (CPd) ist an einem Ende der Partikel angeordnet und für die vektorielle Übertragung notwendig.

Die Viren sind auf das **Phloem** beschränkt, eine **mechanische Über-tragbarkeit** ist oft nicht oder nur schwer möglich. Viren aus dem Genus *Closterovirus* werden von Blattläusen, weißer Fliege oder Schmierläusen übertragen, bei vielen der „*Grapevine leafroll associated*"-Closteroviren ist der Vektor nicht bekannt. Möglicherweise gibt es keine vektorielle Über-tragung und die Viren werden über vegetative Vermehrung an die nächste Generation weitergegeben. Spezies aus dem Genus *Crinivirus* werden von der weißen Fliege übertragen. Das Wirtsspektrum der meisten Spezies die-ser Familie ist eng. Die Verbreitung der Viren richtet sich nach der Ver-breitung ihrer Wirte. Durch das *Citrus tristeza virus* (CTV) sind in den letzten Jahren enorme Schäden an Zitruskulturen aufgetreten, das *Little cherry virus-1* und *-2* (LCV-1, LCV-2) bilden zurzeit ein Problem für die norddeutschen Kirschenanbauer. Das *Beet yellows virus* (BYV) ist eines der wichtigsten Erreger im Rübenanbau. Die Genetik der Familie der Closteroviridae wird in Dolja et al. (1994) dargestellt.

6.7.3 Genus *Foveavirus*

Im Genus *Foveavirus* sind der Typstamm, das *Apple stem pitting virus* (ASPV), das *Rupestris stem pitting associated virus* (RSPaV) und das *Grapevine rupestris stem pitting-associated virus* (GRSPaV) enthalten. Der Name des Genus leitet sich von den gruben- oder lochartigen Sym-ptomen des Stammes ab, die diese Viren in ihrem Wirt verursachen. *Fovea* bedeutet im Lateinischen Loch oder Grube.

Foveaviren bilden flexible fädige Partikel mit einem Durchmesser von 12–15 nm und einer Länge von 800 nm. Durch End-an-End-Bindung kön-nen längere Aggregate entstehen.

Das **Genom** besteht aus einem Molekül ss(+)RNA mit einer Länge von 9,3 kb und ist am 3'-Ende **polyadenyliert**. Der ORF 1 kodiert für den vira-len Polymerasekomplex (247 kDa), die ORFs 2 bis 4 bilden einen *triple gene block*, der wahrscheinlich für Proteine des Zell-zu-Zell-Transports kodiert. Von ORF 5 wird das Hüllprotein translatiert. Die Größe des Hüll-proteins ist beim ASPV mit 44 kDa viel größer als das des RSPaV, das eine Größe von nur 28 kDa aufweist.

Es ist kein Vektor bekannt, die **Ausbreitung** erfolgt über Pfropfen. Fo-veaviren können nur wenige Wirte infizieren, das RSPaV kommt auf Weinreben weltweit vor. ASPV verursacht bei Apfel, Birne und anderen Obstbäumen Veränderungen im Xylem, Epinastie und chlorotische Bände-rung. Weiterführende Literatur findet sich bei Martelli u. Jelkmann (1998).

6.7.4 Genus *Capillovirus*

Im Genus *Capillovirus* sind drei Spezies eingruppiert. Die Typspezies ist das *Apple stem grooving virus* (ASGV). Der Name leitet sich von den fadenförmigen Partikeln ab, die einen Durchmesser von 12 nm und eine Länge von 620–700 nm aufweisen. *Capillus* bedeutet im Lateinischen „Haar".

Das **Genom** besteht aus einem Molekül ss(+)RNA mit einer Länge zwischen 6,5 und 7,4 kb. Vermutlich trägt das 5'-Ende eine **Cap-Struktur**, das 3'-Ende ist **polyadenyliert**. Auf dem Genom sind drei ORFs vorhanden. ORF 1 kodiert für ein multifunktionales Protein, den viralen Polymerasekomplex und fusioniert mit dem Hüllproteingen (ORF 3, 24-27 kDa). Überlappend mit diesen beiden Leserahmen liegt ORF 2, der für das Bewegungsprotein kodiert.

Capilloviren werden vektorlos in der Regel durch Pfropfen übertragen. Kontrolliert werden kann das Virus durch die Vermehrung von virusfreiem Material. Das ASGV infiziert weltweit vor allem Kernobst. bei einigen Sorten verursacht die Infektion aber keine Symptome. Oftmals führt eine Infektion zu einer Unverträglichkeit zwischen Unterlage und Reiser bei der Veredelung.

6.7.5 Genus *Trichovirus*

Im Genus *Trichovirus* sind drei Spezies enthalten. Die wichtigste Spezies ist der Typstamm, das *Apple chlorotic leaf spot virus* (ACLSV). Der Name des Genus leitet sich vom griechischen *thrix*, das „Haar" bedeutet, ab und nimmt Bezug auf die Partikelmorphologie. Trichoviren haben sehr flexible fädige Partikel mit einem Durchmesser von 13 nm und einer Länge zwischen 640 und 740 nm.

Das **Genom** besteht aus einem Molekül ss(+)RNA mit einer Länge von etwa 7,5 kb mit **3'-*Poly*A** und möglicherweise **Cap-Strukur** am 5'-Ende. Der ORF 1 kodiert für den Polymerasekomplex (216 kDa). Der ORF 3 kodiert für das (bei ACLSV) 22 kDa große Hüllprotein. ORF 2, der für ein 50 kDa Bewegungsprotein kodiert, überlappt mit ORF 1 und 2.

Es ist kein Vektor bekannt. Die Übertragung erfolgt durch Pfropfung sowie vegetative Vermehrung, beim *Potato virus T* (PVT) auch über Samen. Der Wirtskreis der Trichoviren ist eng, das PVT befällt nur Kartoffeln. Das ACLSV befällt Stein- und Kernobst sowie holzige Zierpflanzen aus der Familie der Rosaceae. Die Symptome sind in der Regel mild oder nicht vorhanden, bei Steinobst können Schäden durch Aufreißen der Borke, Pfropfinkompatibilität, chlorotische Flecken und Absterben von Apfelbäumen auftreten. ACLSV ist weltweit verbreitet.

6.7.6 Genus *Vitivirus*

Der Name des Genus leitet sich vom wichtigsten Wirt der Spezies, von *Vitis vinifera* (Wein), ab. Der Typstamm ist das *Grapevine virus A* (GVA). Zugeordnet sind *Grapevine virus* B (GVB) und *Grapevine virus* D *(GVD)*. Vitiviren sind flexible Fäden mit einem Durchmesser von 12 nm und einer Länge von 725 bis 825 nm. Die Querstreifung ist sicher ein Zeichen der helikalen Struktur.

Das **Genom** besteht aus einem Molekül ss(+)RNA (7,4 kb). Das 5'-Ende trägt eine **Cap-Struktur**, das 3'-Ende ist **polyadenyliert**. Die sich überlappenden ORFs kodieren für die virale Polymerase, das Hüllprotein, das Bewegungsprotein und für zwei Proteine mit unbekannter Funktion.

Vitiviren werden durch **Schmierläuse** oder im Falle des *Heracleum latent virus* (HLV) durch **Blattläuse** übertragen. Dafür ist das Helfervirus *Carrot yellow leaf virus* (CYLV) aus der Familie der *Closteroviridae* (s. Kap. 6.7.2) notwendig.

In der Natur ist die Infektion je Spezies auf einen Wirt beschränkt. Bis auf eine Spezies, die *Herakleum* (Herkulesstaude) infiziert, kommen alle anderen Spezies bei der Weinrebe vor. Sie verursachen dort eine Furchung des Holzes oder die Infektionen bleiben symptomlos. Vitiviren sind weit verbreitet. Das Genus wird von Martelli et al. (1997) vorgestellt.

6.7.7 Genus *Allexivirus*

Der Typstamm des Genus Allexivirus ist das *Shallot virus X* (ShVX). Der Name leitet sich vom Wirt *Allium* ab. Neben dem Typstamm des erst vor wenigen Jahren etablierten Genus sind bisher sechs Spezies zugeordnet. Allexiviren sind äußerst flexible Fäden mit einem Durchmesser von 12 nm und einer Länge bis zu 800 nm.

Das **Genom** besteht aus einem Molekül ss(+)RNA mit einer Länge von 8–9 kb. Für das 5'-Ende wurde keine besondere Struktur nachgewiesen, das 3'-Ende ist **polyadenyliert**. Die viralen Proteine werden von sechs ORFs translatiert. Der ORF 1 kodiert für den viralen Polymerasekomplex (174–194 kDa), ORF 2, 3 und 4 bilden einen ***triple-gene-block***-ähnlichen Bereich und kodieren wahrscheinlich für Proteine des Zell-zu-Zell-Transports. Der ORF 3 enthält allerdings kein Startkodon, ORF 5 kodiert für das Hüllprotein (27 kDa).

Allexiviren werden durch **Gallmilben** (*Aceria*) übertragen. Die Wirte von Allexiviren sind nahezu ausschließlich *Allium*-Arten. In den Zwiebelgewächsen verursachen Allexiviren in der Regel keine oder nur milde Symptome, einige Isolate können jedoch auch schwere Symptome hervorrufen. Da *Allium*-Arten vegetativ vermehrt werden, sind in diesen Kulturen viele Viren latent vorhanden.

6.7.8 Genus *Carlavirus*

Das Genus *Carlavirus* umfasst etwa 30 Spezies, viele weitere Spezies sind noch nicht endgültig in das Genus eingeordnet. Der Typstamm ist das *Carnation latent virus* (CLV), von dem sich auch der Name des Genus ableitet. In das Genus gehören auch die Kartoffelviren *Potato virus M* (PVM) *und Potato virus S* (PVS). Carlaviren sind flexible Partikel mit einem Durchmesser von etwa 12 bis 15 nm und einer Länge von 600–700 nm.

Das **Genom** besteht aus einem Molekül ss(+)RNA (8,5 kb). Eine **Cap-Struktur** am 5'-Ende ist wahrscheinlich vorhanden, wurde jedoch noch nicht eindeutig nachgewiesen. Das 3'-Ende ist **polyadenyliert**. Auf dem Genom sind sechs ORFs vorhanden. Der ORF 1 kodiert für den Polymerase-komplex, ORF 2 bis 4 bilden einen ***triple gene block***, der für Proteine des Zell-zu-Zell-Transports verantwortlich ist. ORF 5 kodiert für das Hüllprotein (34 kDa). Von ORF 6 wird ein Zinkfingerprotein translatiert, das Nukleinsäure bindet.

Carlaviren werden durch **Blattläuse** und teilweise **Samen** übertragen. Der Wirtskreis von Carlaviren ist je nach Spezies eng oder variabel. Viele Spezies verursachen milde oder keine Symptome. Insbesondere bei vegetativ vermehrten Pflanzen kommen Carlaviren häufig latent vor und werden durch Exporte weit verbreitet, sie kommen in der Regel in gemäßigten Klimaten vor. Die einzige Ausnahme bildet das *Cowpea mild mottle virus* (CPMMV), das in den Tropen und Subtropen beheimatet ist. Dieses Virus wird auch nicht durch Blattläuse, wie bei Carlaviren sonst üblich, sondern durch die weiße Fliege übertragen. Eine Zusammenfassung über die Genetik von Carlaviren gibt Foster (1992).

6.7.9 Genus Potexvirus

Die Typspezies des Genus *Potexvirus* ist das *Potato virus X* (PVX), von dem sich der Name des Genus ableitet. Neben diesem Typstamm sind über 20 weitere Spezies im Genus etabliert und noch einmal so viele Spezies wurden vorläufig zugeordnet. Potexviren bilden flexible Partikel mit einem Durchmesser von 11–15 nm und einer Länge von 470 bis 775 nm.

Auf der viralen ss(+) RNA mit einer Länge von etwa 6–8 kb, die am 5'-Ende eine **Cap-Struktur** trägt und am 3'-Ende **polyadenyliert** ist, befinden sich in der Regel fünf und bei einigen Spezies sechs ORFs. Der sechste ORF befindet sich innerhalb des ORF 5, jedoch ist kein Protein für diesen ORF *in vivo* nachgewiesen worden. ORF 1 kodiert für den viralen Polymerasekomplex (166 kDa), ORF 2 bis 4 überlappen und bilden einen ***triple gene block***, der für Proteine des Zell-zu-Zell-Transports kodiert. ORF 5 kodiert für das Hüllprotein (25 kDa).

Potexviren werden vektorlos mechanisch übertragen. Die einzige Ausnahme ist das *Potato aucuba mosaic virus* (PAMV), das mit Hilfe des Helferproteins HC-Pro jedes Potyvirus auch durch Blattläuse übertragen werden kann. Der Wirtskreis der Potexviren ist weit, für die jeweilige Spezies jedoch begrenzt. Sie verursachen in der Regel moderate Symptome in Form von Mosaik und nekrotischen Flecken, jedoch können schwere Erkrankungen bei Mischinfektion mit anderen Viren auftreten.

Seit 1999 breitet sich das *Pepino mosaic virus* (PepMV), das 1980 in einer Region in Peru gefunden wurde, im europäischen Unterglasanbau in Tomatenkulturen aus. Hier verursacht dieses Virus milde Symptome, Kartoffeln jedoch zeigen starke Nekrosen.

6.8 Viren mit einzelsträngiger (–)RNA

6.8.1 Familie Rhabdoviridae

Rhabdoviren sind **bazilliform** und besitzen ein **helikales Nukleoprotein**, das von einer **Lipidhülle** (*envelope*) umgeben ist. Der Durchmesser beträgt, je nach Genus, 45–100 nm und die Partikel sind 130–300 nm lang. Die Lipidhülle ist mit Glykoproteinfortsätzen (*spikes*) besetzt. Das Genom besteht aus einem Molekül ss(–)RNA mit einer Länge von etwa 13 kb.

In der Familie der Rhabdoviridae sind sechs Genera vorhanden, von denen vier Vertebraten und zwei Pflanzen infizieren. Die „Phytorhabdoviren" des Genus *Cytorhabdovirus* replizieren im Zytoplasma, während sich die Vertreter des Genus *Nucleorhabdovirus* im Zellkern vermehren. Die Familie wird in Kap. 12.1 vorgestellt.

6.8.2 Familie Bunyaviridae

In der Familie der Bunyaviridae sind fünf Genera vorhanden, von denen die zum Genus ***Tospovirus*** gehörenden Spezies Pflanzen infizieren.

Tospoviren haben sphärische Partikel mit einem Durchmesser von 80 bis 120 nm, die von einer mit Glykoproteinen besetzten Lipidhülle umgeben sind. Ihr Genom ist auf drei ss(–)RNAs mit insgesamt etwa 16 kb verteilt. Tospoviren werden in Kap. 12.2 vorgestellt.

6.8.3 Genus *Tenuivirus*

Tenuiviren bestehen aus dünnen, flexiblen Fäden. Das fädige Nukleocapsid besteht aus vier bis sechs linearen ss(–)RNAs mit insgesamt bis zu 25 kb. Tenuiviren werden in Kap. 12.3 beschrieben.

6.8.4 Genus *Ophiovirus*

Der Name des Genus wurde aufgrund der schlangenartigen Form der Partikel gewählt. *Ophius* stammt aus dem Griechischen und bedeutet Schlange. Die Partikel können im Elektronenmikroskop als offene Ringe, lineare oder knotenförmige Fäden mit 3 nm Durchmesser und unterschiedlicher Länge (750–3050 nm) erscheinen und sind mit den Partikeln von Tenuiviren oder den Nukleocapsiden von Tospoviren zu vergleichen. Da die Morphologie für Pflanzenviren ungewöhnlich ist und Ophioviren zudem noch instabil sind sowie in geringen Konzentrationen im Wirt vorkommen, wurden Ophioviren erst spät charakterisiert.

Ophioviren sind (–)RNA-Viren. Das Genom ist mit Untereinheiten eines 43–50 kDa großen Nukleocapsidproteins komplexiert. Die (–)Strang-RNA wird in weit höherem Ausmaß eingepackt als die komplementäre (+)RNA. Das **Genom** von Ophioviren besteht aus **drei** unterschiedlich langen **Segmenten** mit einer Gesamtlänge von etwa 11 kb. Die RNA 1 (8 kb) kodiert im komplementären (+) Strang vermutlich für die virale Polymerase (280 kDa) und ein 24-kDa-Protein unbekannter Funktion. Die RNA 2 (1,6 kb) kodiert im komplementären Strang für ein 54-kDa-Protein unbekannter Funktion. Der komplementäre Strang der genomischen RNA 3 (1,5 kb) kodiert für das 48 kDa große Hüllprotein. Wahrscheinlich werden bei der Replikation Doppelstränge (RI) gebildet. Subgenomische RNAs und charakteristische 5'- und 3'-Enden wurden nicht gefunden. Man nimmt an, dass die RNA von Ophioviren zirkulär ist, da die Partikel im Elektronenmikroskop als Ringe erscheinen können.

Ophioviren werden durch den Chytridiomyzet *Olpidium brassicae* übertragen. Natürliche Infektionen von Ophioviren wurden bisher in Zitrus, Salat und an einigen Zierpflanzen nachgewiesen. Die wichtigste Krankheit wird von der Typspezies, dem *Citrus psorosis virus* (CPsV), an Zitrus verursacht.

6.9 Sonstige Familien, Genera und *Defective interferings*

6.9.1 Familie Pseudoviridae

Zur Familie der Pseudoviridae werden die Genera *Hemivirus* und *Pseudovirus* zugeordnet. Zum Genus *Pseudovirus* gehören Arten, die in Pflanzen und in *Saccharomyces cerevisiae* (Typspezies *Saccharomyces cerevisiae Ty1 virus,* SceTy1V) replizieren. Der Name leitet sich vom Griechischen *pseudo* ab, was „falsch" bedeutet. Der Name spiegelt die Unsicherheit wieder, ob diese Viren wirklich als solche oder eher als **Retroelemente** angesehen werden sollten. Denn eine Infektion im eigentlichen Sinn, bei der das infektiöse Agens übertragen werden kann, wurde nicht beobachtet. Deswegen werden die Partikel auch als *virus-like particles* (VLPs) bezeichnet. Bei Pflanzen parasitiert das *Arabidopsis thaliana TA1 virus* (AthTA1V). Andere Pseudoviren kommen bei Gerste, Mais Tabak, Kartoffel und anderen Pflanzen vor. Die Spezies der **Hemiviren** wurden bei *Drosophila melanogaster,* Hefe und anderen Organismen gefunden.

Pseudoviren haben Partikel mit eiförmiger bis sphärischer Form mit einem Durchmesser von 40–60 nm, in die RNA als Genom verpackt ist. Eine Lipidhülle ist nicht vorhanden. Es ist bisher nicht viel über die Struktur bekannt. Die in das Genom integrierte DNA wird wie bei Retroviren als **Provirus** bezeichnet.

Das **Genom** besteht aus einem Molekül ss(+)RNA mit 4,2–9,7 kb. In vielen Kriterien entspricht das Genom dem von Retroviren. An den Enden befinden sich *long terminal repeats* (**LTRs**). Dazwischen sind die kodierenden Bereiche für *gag* (Glucosaminoglycan) und *pol* (retrovirales Gen für ein Polyprotein mit Ribonuclease H, reverse Transkriptase-, Protease- und Integraseaktivitäten). Sie werden als Polyproteine translatiert und mit einer viruseigenen Protease in funktionelle Untereinheiten gespalten. Vom *gag* werden die capsid- und nukleocapsidanalogen Proteine translatiert. Die Anordnung der Leserahmen unterscheidet sich von der der Retroviren. Auch ist kein *env*-Bereich, der für Proteine der Virushülle kodiert, vorhanden. Neben den vollständigen Proviren können auch Kopien der LTRs ohne kodierende Region integriert sein. Weitere Informationen gibt es bei Boeke u. Stoye (1997).

6.9.2 Viroide

Viroide bestehen aus ringförmiger ssRNA mit einer Größe von 250–400 nt, die in Pflanzen replizieren und Symptome verursachen können, jedoch keine Gene exprimieren. Viroide werden in die zwei Familien **Pospiviroi-**

dae und **Avsunviroidae** eingeteilt. Innerhalb jeder Familie gibt es mehrere Genera. Eine Übersicht über Viroide gibt es in Kap. 16.1.

6.9.3 Satelliten

Satelliten zeichnen sich dadurch aus, dass sie nicht selbständig in einer Wirtszelle replizieren können. Sie sind dafür auf ein **Helfervirus** angewiesen. Die Sequenz weicht von der des Helfervirus signifikant ab, jedoch sind einige Regionen, in der Regel die Enden, mit denen der Helferviren identisch. Es gibt bei Pflanzenviren Satellitenviren und Satelliten-RNA bzw. DNA. Beide werden in Kap. 16.2 vorgestellt.

6.9.4 *Defective-interfering*-Partikel (DI)

Auch *Defective-interering*-Partikel (DIs) benötigen wie die Satelliten (siehe Kap. 16.2) ein Helfervirus zur Replikation, da der ORF der viralen Polymerase zerstört ist. Sie weisen umfangreiche Deletionen im Zentrum ihres Genoms auf, die 5'- und 3'-Enden, die Erkennungssequenzen für den Start der Replikation enthalten, sind jedoch in keinem Fall betroffen. Mit Hilfe der Polymerase des Helfervirus können sich DIs selber replizieren und sich mit Hüllproteinen (des Helfers) zu Partikeln formen. Durch die Deletionen können, neben dem Verlust einer funktionsfähigen viralen Polymerase und des Hüllproteingens, auch andere ORFs betroffen sein, was sich beispielsweise durch einen Verlust der Vektorübertragbarkeit ausdrücken kann (Graves et al. 1996). Sie werden oft nach mechanischer Passage (Adam et al. 1983; Resende et al. 1992) beobachtet.

DIs entstehen durch interne Rekombination (s. Kap. 5.2) und kommen bei RNA- und DNA-Viren vor. Die meisten DIs weisen eine einzige interne Deletion auf. Dies ist bei den Bromoviridae, Potexviren und vielen stäbchenförmigen Viren mit geteiltem Genom (*Tobravirus, Furovirus, Pecluvirus* etc.) der Fall. Vertreter der Tombusviridae dagegen haben mosaikartige Deletionen (Hull 2002).

Bei Infektionen, die DI-Partikel enthalten, wird oftmals eine Abschwächung (Attenuierung) der Symptome beobachtet. So ist eine Infektion mit dem *Tomato bushy stunt virus* (TBSV, *Tombusvirus*) alleine für die Wirtspflanze letal, eine Mischung mit DI-Partikeln dagegen nicht (Hillmann et al. 1987). Je höher die Konzentration an DI-Partikeln im Wirt ist, desto milder fallen in der Regel die Symptome aus.

Literatur

Accotto GP, Riccioni L, Barba M, Boccardo G (1997) Comparison of some molecular properties of Ourmia melon and Epirus cherry viruses, two representatives of a proposed new virus group. J Plant Pathol 78: 87–91

Adam G, Gaedigk K, Mundry KW (1983) Alterations of a plant rhabdovirus during successive mechanical transfers. Z Pflanzenkr Pflanzenschutz 90: 28–35

Boeke JD, Stoye JP (1997) Retrotransposons, endogenous retroviruses, and the evolution of retroelements. In: Varmus H, Hughes S, Coffin J (eds) Retroviruses. Cold Spring Harbour Laboratory, New York, pp 343–435

Carroll TW (1986) Hordeiviruses: biology and pathology. In: van Regenmortel MHV, Fraenkel-Conrat H (eds) The plant viruses, vol 2. The rod-shaped plant viruses. Plenum Press, New York, pp 339–369

Dolja VV, Karasev AV, Koonin EV (1994) Molecular biology and evolution of closteroviruses: sophisticated build up of large RNA genomes. Annu Rev Phytopathol 32: 261–285

Eigen M (1993) Viral quasispecies. Sci Am 269: 42–49

Falk BW, Tsai JH (1998) Biology and molecular biology of viruses in the genus Tenuivirus. Annu Rev Phytopathol 36: 139–163

Fauquet MC, Mayo MA (1999) Abbreviation for plant virus names. Arch Virol 144: 1249–1273

Foster GD (1992) The structure and expression of the genome of carlaviruses. Res Virol 143: 103–112

Granoff A, Webster RG (eds) (1999) Enzyclopedia of virology. 2nd edn. Academic Press, San Diego

Graves MV, Pogany J, Romero J (1996) Defective interfering RNAs and defective viruses associated with multipartite RNA viruses of plants. Sem Virol 7: 399–408

Hirth L, Givord L (1985) Tymoviruses. In: König R (ed) The plant viruses, vol 3. Polyhedral virions with monopartite RNA genome. Plenum Press, New York, pp 163–212

Hull R (2002) Matthews' plant virology, 4th edn. Academic Press, San Diego, pp 363–368

Lot H, Campbell RN, Souche S, Milne RG, Roggero P (2002) Transmission by olpidium brassicae of mirafiori lettuce virus and lettuce big-vein virus, and their roles in lettuce big-vein etiology. Phytopathology 92: 288–293

Martelli GP, Jelkmann W (1998) Foveavirus, a new plant genus. Arch Virol 143: 1245–1249

Martelli GP, Gallitelli D, Russo M (1988) Tombusviruses. In: König R (ed) The plant viruses, vol 3. Polyhedral virions with monopartite RNA genome. Plenum Press, New York, pp 13–72

Martelli GP, Minafra A, Saldarelli P (1997) Vitivirus, a new genus of plant viruses. Arch Virol 142: 1929–1932

Martelli GP, Sabanadzovic S, Abou Ghanem-Sabanadzovic N, Saldarelli P (2002) Virology division news: Maculavirus, a new genus of plant viruses. Arch Virol 147: 1847–1853

Murant AF (1993) Complexes of transmission-dependent and helper viruses. In: Matthews REF (ed) Diagnosis of plant virus diseases. CRC Press, Boca Raton, Florida, pp 333–257

Resende R de O, de Haan P, van de Vossen E, de Avila AC, Goldbach R, Peters D (1992) Defective interfering L RNA segments of tomato spotted wilt virus retain both virus genome termini and have extensive internal deletions. J Gen Virol 73: 2509–2516

Tamm T, Truve E (2000) Sobemoviruses. J Virol 74: 6231–6241

Thole V, Hull R (1996) Rice tungro spherical virus: nucleotide sequence of the 3' genomic half and studies on the two small 3' open reading frames. Virus Genes 13: 239–246

Thole V, Hull R (2002) Characterization of a protein from *Rice tungro spherical virus* with serin proteinase-like activity. J Gen Virol 83: 3179–3186

Tidona CA, Darai G (eds) (2001) The Springer index of viruses. Springer, Berlin

van Regenmortel MHV, Fauquet CM, Bishop DHL et al. (eds) (2000) Virus taxonomy. Seventh report of the International Committee on Taxonomy of Viruses. Academic Press, San Diego

7 Strategien der Virusvermehrung

Da Viren und subvirale Pathogene grundsätzlich bei ihrer Vermehrung auf die Stoffwechselfunktionen lebender Wirtszellen angewiesen sind, haben sie im Laufe der Koevolution mit ihren Wirten die unterschiedlichsten Strategien entwickelt, um den Abwehrmechanismen der Wirte zu entgehen und die eigene Vermehrung zu erreichen. Dies gilt grundsätzlich für alle Viren, egal welche Wirte sie befallen. Bei Pflanzenviren sind zusätzliche pflanzenspezifische Komponenten hinzugekommen, die den besonderen Eigenschaften ihrer Wirte gerecht werden, wie die Behinderung der Infektion und Ausbreitung im Wirt durch Zellwände und schützende Abschlussgewebe sowie die Unbeweglichkeit der Pflanzen. In diesem Kapitel sollen, dem Fortgang einer Virusinfektion folgend, die einzelnen **Schritte einer Virusinfektion** beschrieben werden. Die speziellen Aspekte der Biologie der einzelnen Taxa der Viren werden im nachfolgenden Beispielteil (s. Kap. 9 bis 16) aufgeführt und ausführlicher erklärt.

7.1 Der Inokulationsvorgang

Unter dem Inokulationsvorgang wird das **Eindringen der Viruspartikel** in das Zytoplasma der Pflanzenzelle verstanden, ein Schritt, der anders als bei tierischen Organismen, die Überwindung von massivem Schutzgewebe erfordert und nicht durch spezifische lysierende Enzyme und/oder Rezeptoren vermittelt wird. Vielmehr muss hier festgehalten werden, dass Pflanzenviren ausschließlich **Wunden als Eintrittspforte** benutzen. Wunden entstehen z. B. durch:

- Pflanzenschädlinge im Rahmen ihrer Ernährung (s. Kap. 8),
- das Wurzelwachstum auf natürliche Art,
- Kulturmaßnahmen des Menschen mit gewollten oder ungewollten Verwundungen,
- monokulturellen Anbau mit intensiven Wurzel- und Blattkontakten.

Beim Arbeiten mit Pflanzenviren im Gewächshaus wird bei den mechanisch übertragbaren Viren durch Verreiben virushaltigen Pflanzensaftes auf die Blätter geeigneter Wirtspflanzen inokuliert (s. Kap. 3.1). Der auf eine Verwundung folgende Eindringungsschritt muss sehr schnell erfolgen, da durch direkt nachfolgendes Abspülen der Blätter mit Wasser die Infektion nicht verhindert wurde (Holmes 1929). Eher kommt es zu einer Verbesserung des Infektionsereignisses, da durch das Abspülen hemmende Substanzen ausverdünnt werden (Yarwood 1973).

Die Methodik der **mechanischen Inokulation** ist in den letzten Jahren mit der Verfügbarkeit neuer Geräte und Techniken weiter verfeinert worden. Obwohl dies keine Routinetechniken sind, sollen sie doch der Vollständigkeit halber hier erwähnt werden. Die Methode durch **Partikelbeschuss** mit Hilfe von Wolfram- oder Goldkügelchen, an die Viruspartikel oder infektiöse Nukleinsäure gebunden sind, hat sich in letzter Zeit erfolgreich etabliert und vermag auch phloemlimitierte Viren mechanisch zu inokulieren (Birch u. Franks 1991; Franz et al. 1999). Weniger weit verbreitet ist die Methode der **Mikroinjektion** in Haarzellen (Derrick et al. 1992). Die Inokulationseffizienz bei mechanischer Inokulation von Pflanzen mit Pflanzenviren ist wesentlich schlechter als es für Phagen oder tierpathogene Viren mit ihrer Rezeptor gesteuerten Strategie bekannt ist. Aus Lokalläsionsexperimenten folgerten Walker u. Pirone (1972), dass ca. 1×10^6 TMV-Partikel erforderlich sind, um eine Lokalläsion zu erzeugen. Dies beruht sicher nicht auf einer geringeren spezifischen Infektiosität, sondern auf der geringen Wahrscheinlichkeit des optimalen Inokulationsereignisses, das zu einer erfolgreichen Infektion führt.

7.1.2 Weitere Faktoren, die eine Inokulation beeinflussen

Eine erfolgreiche Inokulation ist neben der angewendeten Methode auch abhängig von einer Vielzahl weiterer Parameter, die möglicherweise indirekt Einfluss auf die mechanische Verwundbarkeit haben. So beschreibt Best (1936) einen Einfluss von **Licht** und **Temperatur** auf die Zahl der gebildeten Lokalläsionen des *Tobacco mosaic virus* (TMV) auf Tabak. Dies kann natürlich damit zusammenhängen, dass beide Parameter die Dicke der Cuticula und der epidermalen Zellwände beim Blatt verstärken und so auch die Verwundbarkeit der Blattoberfläche negativ beeinflussen. Auch der **diurnale Rhythmus** einer Pflanze hat über die Physiologie des Gewebes einen Einfluss auf den Inokulationserfolg (Matthews 1953). Betrachtet man des Weiteren die Empfänglichkeit eines Blattes in Abhängigkeit von seiner Blattposition, d. h. seines Alters, so wird auch hier in der Regel ein Gradient sichtbar, der mit zunehmendem **Blattalter** eine geringere Infektionswahrscheinlichkeit aufweist. Dies mag mit der Anhäufung von sekundären Inhaltsstoffen in der Vakuole zusammenhängen und/oder mit der Ausdifferenzierung beziehungsweise einsetzenden Seneszenz des Gewebes. Auch der Ernährungszustand der Pflanzen, die Pflanzenart und selbst die Sorte haben einen großen Einfluss auf den Erfolg und den Verlauf einer Inokulation.

Verallgemeinernd kann man folgern, dass Pflanzen mit turgeszentem weichen Blattgewebe mittleren Alters, guter Nährstoff- und Wasserversorgung im Laufe des frühen Nachmittags bei mitteleuropäischen Frühjahrsbedingen am besten zur Inokulation geeignet sind, vorausgesetzt die Virus-Wirt-Kombination stimmt.

7.2 Freisetzung des Virusgenoms in der Zelle

Die Freisetzung der genetischen Information nach erfolgtem Eintritt der Viruspartikel in die Zelle soll am Beispiel des stäbchenförmigen Tabakmosaikvirus (TMV) und für ikosaedrische Viren dargestellt werden. Auf die Mechanismen sind Wissenschaftler gestoßen, als sie die stabilisierenden Kräfte an Viruspartikeln und das *disassembly* der Viren *in vitro* untersuchten. Mittlerweile gibt es, zumindest für einige Vertreter, detaillierte experimentelle Daten, die den Hergang belegen (s. Shaw 1999).

7.2.1 Die kotranslationale Zerlegung von TMV

Aus *In-vitro*-Untersuchungen war bekannt, dass bei TMV in alkalischem Milieu (pH 8) oder bei Einwirkung von Detergenzien (1% SDS) die RNA vom 5'-Ende anfangend freigesetzt wird (Perham u. Wilson 1976). Nach kurzer Alkalibehandlung von gereinigtem TMV wird der ORF 1 in einem *In-vitro*-Translationssystem (s. Kap. 3.6.1) in Protein übersetzt (Wilson 1984 b). Schon nach 15 s Einwirkung von SDS wird das 5'-Ende der RNA bis zum ersten *start codon* (AUG) freigesetzt (Mundry et al. 1991). Dies sollte ausreichen, um mit Ribosomen einen Translationskomplex zu bilden. Wilson (1984 a) konnte zumindest *in vitro* zeigen, dass sich Komplexe aus Ribosomen und partiell vollständigen TMV-Partikeln formen, die er als **Striposomen** bezeichnete. In solchen Striposomen ist die RNA vor Abbau durch RNAsen geschützt. Aus den *In-vitro*-Translationsuntersuchungen ergab sich, dass hierbei allerdings nur das 183 und 126 k Protein abgelesen wird, also der ORF 1 und das nachfolgende Durchleseprodukt aus den ORFs 1 und 2. Es war jedoch unklar, ob die restlichen beiden ORFs für das Transport- und Hüllprotein ebenfalls vom 5'-Ende her freigesetzt werden, oder ob hier analog dem *assembly* ein asymmetrischer Weg auch bei der RNA-Freisetzung beschritten wird. Dies wurde von Wilson (1985) vorgeschlagen und Wu u. Shaw (1996) konnten experimentell zeigen, dass die Freisetzung der ORFs 3 und 4 durch ein koreplikatives Zerlegen vom 3'-Ende her erfolgt. Der ganze Prozess dauert unter *In-vivo*-Bedingungen nicht länger als 20 min (Wu et al. 1994). Es wird also vermutet, dass TMV kotranslational 5'→3'für die ORFs 1 und 2, und danach 3'→5' für die restlichen ORFs zerlegt wird.

7.2.2 Wege zur Freisetzung der RNA bei ikosaedrischen Viren

Für ikosaedrische Viren, wie z. B. Bromoviren, war bekannt, dass ihre Partikel nach pH-Verschiebung in den alkalischen Bereich schwellen und die RNA offensichtlich zugänglich wird, da sie in diesem Zustand RNAse-sensitiv ist. Zugabe solcher geschwollener Viren zu *In-vitro*-Translationssystemen führt, ähnlich wie bei TMV, zu kotranslationalem *disassembly* (Brisco et al. 1986). Bei Sobemoviren stabilisieren neben dem pH-Wert auch Ca^{2+}-Ionen die Partikel.

7.2.3 Freisetzung bei anderen Viren

Die bisher beschriebenen Wege des kotranslationalen Zerlegens funktionieren nur bei (+)ssRNA-Viren. Bei den **Viren mit dsRNA** erfolgen Transkription und Replikation in den *core*-**Partikeln**, d. h. den von der inneren Hülle umgebenen RNA-Segmenten und der damit assoziierten viruseigenen RNA-abhängigen RNA-Polymerase (RdRp) (Nuss u. Peterson 1981). Auch **(–)ssRNA**-Viren bringen ihre eigene RdRp mit. Hier erfolgt die Freisetzung der Nukleinsäure in das Zytoplasma entweder über die Aufnahme durch **Endocytose** an *coated-pits* und eine spätere Fusion der viralen mit der lysosomalen Membran, oder es erfolgt eine direkte **Fusion von Zell- und Virusmembran** (Adam u. Gaedigk 1986). Da sowohl bei Rhabdo- als auch bei Tospoviren die RNA als Nukleoproteinkomplex vorliegt und nur dieser das Substrat für die viruseigene RdRp darstellt, ist auch hier ein Schutz der RNA vor Abbau gegeben. Bei den **DNA-Viren** schließt sich an den Eintritt in das Zytoplasma und die Freisetzung der DNA noch deren **Transport in den Kern** an, wo die Transkription durch wirtseigene **DNA-abhängige RNA-Polymerasen** (DdRp) erfolgt. Wie und durch welche Faktoren das Zerlegen der Virionen hier erfolgt, ist nicht bekannt.

7.3 Transkriptions- und Replikationsstrategien

Transkription ist, außer für einige subvirale Pathogene, essentiell für die erfolgreiche Etablierung einer Infektion und die Vermehrung der Viren in dem Wirt. Dieses gilt in gleicher Weise für alle Viren unabhängig von der Art ihres verpackten Genoms. In diesem Kapitel sollen die unterschiedlichen Strategien kurz dargestellt werden. Für detaillierte Ausführungen wird auf die Darstellungen in den Kapiteln 9 bis 15 verwiesen.

Anschließend wird auf die bekannten Replikationsstrategien eingegangen, wobei hier nur die grundsätzlichen Mechanismen dargestellt werden.

7.3.1 Transkriptionsstrategien

Transkription, die zu translatierbarer mRNA führt, ist bei allen Viren notwendig, außer bei den (+)ssRNA-Viren, bei denen das eingepackte Genom zumindest zum Teil die translatierbare RNA darstellt. Allerdings gibt es hier verschiedene Möglichkeiten, wie die gesamte verfügbare Information auf der RNA translatierbar gemacht wird (s. Kap. 7.4).

Transkription bei Viren mit (-)ssRNA

Zu der Gruppe dieser Viren gehören die Pflanzenrhabdoviren mit den Genera *Nucleorhabdovirus* und *Cytorhabdovirus*, das Genus *Tospovirus* und das Genus *Tenuivirus*. Alle Viren dieser Genera verfügen über eigene RdRps, die zusammen mit dem Genom verpackt werden und für die Transkription und Replikation zuständig sind.

Bei den **Rhabdoviridae** (s. Kap. 12.1) sind auf dem Genom die Gene sequentiell in der Reihenfolge N, P, M, G und L von 3' nach 5' angeordnet. Die einzelnen Genomabschnitte sind durch kurze regulative Sequenzen, die bei einem Virus stets identisch sind, getrennt. Diese sorgen dafür, dass jede **sequentiell transkribierte mRNA** 3'-terminal mit einem **polyA-Schwanz** versehen wird, bevor das nachfolgende Gen transkribiert wird. Die Sequenz, die für den polyA-Schwanz sorgt, lautet bei den beiden sequenzierten Phytorhabdoviren *Lettuce necrotic yellows virus* (LNYV) und *Sowthistle yellow vein virus* (SYVV): „AUUCUUUU(U)". Der *polyA*-Anteil wird dabei durch ein **„Stottern" der RdRp** generiert (Hausmann et al. 1999). Da die Menge an gebildetem Transkript in Richtung 5'-Ende abnimmt, wird so gleichzeitig sichergestellt, dass von den jeweiligen Proteinen nur der tatsächlich benötigte Bedarf translatiert wird (Wagner u. Jackson 1997).

Das Genus *Tospovirus* (s. Kap. 12.2) hat ein dreigeteiltes Genom, bei dem die L-RNA (–)polar ist, während die anderen beiden RNA-Segmente eine *ambisense* Orientierung haben, d. h., es befindet sich jeweils ein ORF auf der viralen (v) und der dazu komplementären (vc) RNA, getrennt durch eine untranslatierte *intergenic region* (Adam u. Kegler 1994). Alle ORFs werden von subgenomischen mRNAs translatiert, die entweder von der L-RNA oder von den viralen bzw. viral komplementären M- und S-RNA transkribiert werden (German et al. 1992).

Das Genus *Tenuivirus* (s. Kap. 12.3) besitzt ein Genom aus vier oder mehr ssRNAs, von denen die größte wie bei den Tospoviren von negativer Polarität ist, während auf den restlichen RNA-Segmenten wiederum zwei ORFs in *ambisense*-Orientierung liegen. Deren Transkription erfolgt analog zu den Tospoviren, wie Untersuchungen von Estabrook et al. (1996) zeigen.

Bei allen drei beschriebenen (–)ssRNA-Viren werden die mRNAs durch ein *cap-snatching*-Verfahren (Stehlen der *cap*-Struktur von einer Wirts-mRNA) mit einer *cap*-Struktur versehen (Plotch et al. 1981; Duijsings et al. 2001).

Doppelstrang RNA-Viren

Bei den **Reoviridae** mit ihren 10–12 Genomsegmenten erfolgt die Transkription durch eine virale RdRp innerhalb der Viruspartikel auf konservativem Weg, wie es Nuss u. Peterson (1981) durch *In-vitro*-Transkription mit dem *Wound tumor virus* (WTV) zeigen konnten. Hierbei wird zunächst nur mRNA synthetisiert (s. Kap. 13).

Doppel- und Einzelstrang-DNA-Viren

Allen DNA-Viren ist gemeinsam, dass ihre Transkription von einem wirtseigenen Enzym, der DNA-abhängigen RNA-Polymerase II, im Zellkern realisiert wird. Alle DNA-Viren besitzen einen oder mehrere **Promotoren**, die die Transkription in Abhängigkeit vom Transkriptionssort im Wirt und dem Entwicklungsstatus des Gewebes steuern.

Bei den **Caulimoviridae (dsDNA**; s. Kap. 15) sind zwei Promotoren beschrieben und intensiv untersucht worden. Beide Promotoren teilen sich ein Polyadenylisierungssignal (Rothnie et al. 1994)

Bei den **Geminiviridae (ssDNA)** mit ihren zirkulären Genomen erfolgt die Transkription in beide Richtungen, ausgehend von einer gemeinsamen intergenetischen Startregion, der *common region*, die bei allen Vertretern sehr konserviert ist. Auf der gegenüberliegenden Seite des DNA-Ringes liegt eine gemeinsam genutzte AT-reiche Region, die für die Polyadenylierung sorgt (s. Kap. 14.1 und Hanley-Bowdoin et al. 1999).

Bei den **Nanoviridae** (s. Kap. 14.2) mit 6–10 jeweils einen ORF enthaltenden **ssDNA**-Ringen besteht die Promotorregion aus drei Elementen, CR-M, CR-SL und einer TATA-Box, die zwar bei allen Ringen in dieser Reihenfolge angeordnet sind aber unterschiedliche Sequenzen haben. Daraus könnte sich die unterschiedliche gewebespezifische Aktivität herleiten (Dugdale et al. 1998).

7.3.2 Replikationsstrategien

Die Replikation viraler Genome dient zum einen der Vermehrung und Ausbreitung in den Wirten, wobei die Transportform entweder die Nukleinsäure oder ein Viruspartikel sein kann (s. 7.6). Zum anderen werden neue Viruspartikel gebildet, die der Infektion neuer Wirte dienen. Durch die Verfügbarkeit molekularbiologischer Methoden zur Identifizierung von Interaktionen zwischen Proteinen, durch gentechnisch hergestellte **infektiöse Klone** vieler Viren sowie neue verbesserte Reinigungsmethoden wurde es in den letzten Jahren möglich, auch bei Pflanzenviren viele Mechanismen der Replikation auf molekularer Ebene zu untersuchen und zu erklären. In diesem Kapitel kann nur einführend auf die vielfältigen Mechanismen bei den unterschiedlichen Virusgruppen eingegangen werden. Im speziellen Teil (Kap. 9–15) wird exemplarisch auf genusspezifische Eigenheiten zu dieser Thematik eingegangen. Weiterführende Literatur findet sich in Buck (1996, 1999); Hohn u. Fütterer (1997); Novik (1998); Jackson et al. (1999); Gutierrez (2000).

Einzelstrang-RNA-Viren mit positiver Polarität

Bei allen (+)ssRNA-Viren ist die Replikation mit **Membran**en **assoziiert** (s. auch Abb. 10.4). Dies ist wahrscheinlich ein Grund für die Schwierigkeiten bei der Isolierung der daran beteiligten Proteine. Als Membranen, an denen Vesikeln mit Replikationsaktivität gefunden werden, sind Kernmembran, Vakuole, Chloroplast sowie endoplasmatisches Retikulum beschrieben. Aus infizierten Wirten kann zumeist eine dsRNA isoliert werden, die als **replikative Form** (**RF**) bezeichnet wird (Abb. 7.1 b). Des Weiteren treten sog. replikative intermediäre Formen (**RIF**) auf, bei denen zahlreiche wachsende (+)Stränge mit einer Negativmatrize verbunden sind (Abb. 7.1 a,c). Wahrscheinlich entspricht die Skizze in Abb. 7.1 a der *In-vivo*-Situation.

Für die Kontrolle und **Initiierung** der (–)Strang-Synthese sind die 3'-Enden mit ihren untranslatierten Regionen primär verantwortlich (Dreher

1999). Bei der **Alphavirus**-Supergruppe mit ihren tRNA-ähnlichen Enden startet die Synthese mit einem GTP, gepaart mit dem 3' äußersten C. Dies bedeutet, dass das endständige A von einer tRNA-Nukleotidtransferase nach der Replikation beigefügt werden muss, damit das Genom in voller Länge erhalten bleibt (Rao et al. 1989). Bei den anderen Supergruppen mit *poly*A- bzw. heteropolymeren 3'-Enden ist hierzu nichts bekannt. Auf jeden Fall wird der **Replikationskomplex** am 3'-Ende virusspezifisch gebildet (Teycheney et al. 2000). Dieser Komplex setzt sich aus mindestens drei Domänen mit unterschiedlicher Aktivität zusammen: RNA-abhängige RNA-Polymerase (**RdRp**), Helikase und Methyltransferase, wobei Letztere nur bei den Viren präsent ist, die auch eine Cap-Struktur haben. Die drei Funktionen können dabei in einem Protein fusioniert vertreten sein oder die RdRp ist von den anderen beiden Funktionen getrennt.

Wenn der Replikationskomplex einmal gebildet worden ist, erfolgt die Synthese der neuen (+)Stränge nach einem semikonservativen Mechanismus.

Neben den viruskodierten Proteinen der Polymerase sind mit Sicherheit wirtseigene Proteine an der Bildung des Replikationskomplexes beteiligt, was sich aus einer Empfindlichkeit gegenüber Actinomycin D ergibt (Dawson 1978). Eine Ausnahme bildet die Replikation der Ilarviren und des *Alfalfa mosaik virus* (AMV), bei der das Hüllprotein am 3'-Ende der Genomsegmente an dort vorhandenen Schleifenstrukturen der RNA binden muss, um eine Replikation zu ermöglichen (Bol 1999).

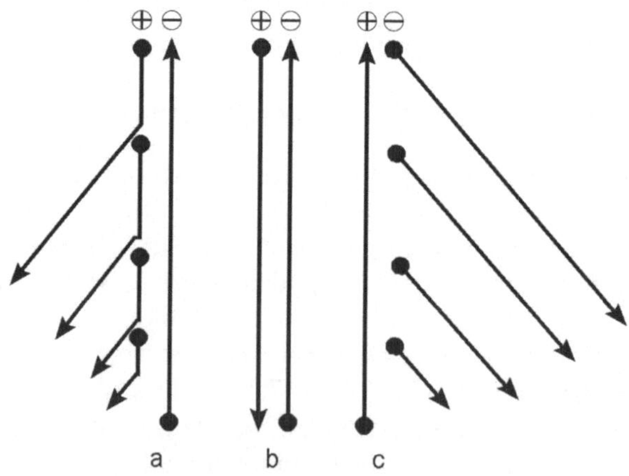

Abb. 7.1. Replikative Form und daraus abgeleitete intermediäre Strukturen. Die *Pfeilspitzen* entsprechen den 3'-Enden der (+)- und (–)RNA

Einzelstrang-RNA-Viren mit negativer Polarität

Relativ wenig ist über die Replikation von Pflanzenrhabdoviren bekannt. Aus zytologischen Untersuchungen weiß man, dass die **Nukleorhabdoviren** im **Zellkern** replizieren und dann zwischen die Kernmembranen als Viruspartikel knospen. Bei den **Cytorhabdoviren** erfolgt die Replikation, wie ihr Name sagt, im **Zytoplasma** und die Knospung erfolgt am endoplasmatischen Retikulum. Mit der Replikation korreliert sind im Elektronenmikroskop sichtbare elektronendichte Strukturen, **Viroplasmen**, in denen N- und L-Protein serologisch nachweisbar waren. Im Gegensatz zum *Vesicular stomatitis virus* (VSV), ein Tiere infizierendes Rhabdovirus, gibt es nur unvollständig funktionierende *In-vitro*-Systeme zur Untersuchung der Replikation, jedoch gelang mit ihnen der Nachweis, dass die viralen Strukturproteine N, M_2 und L der Phytorhabdoviren an dem Replikationskomplex beteiligt sind (Wagner u. Jackson 1997).

Über die Replikation von **Tospoviren** und **Tenuiviren** ist fast nichts bekannt. Man weiß nur, dass bei Tospoviren die Replikation im Zytoplasma in Assoziation mit dem Golgi-Apparat erfolgt. Für Tenuiviren wurde die erfolgreiche Etablierung eines *In-vitro*-Replikationssystems berichtet (Nguyen et al. 1997).

Doppelstrang-RNA-Viren

Bei dsRNA-Viren ist gesichert, dass die **(-)Strang-Synthese** mit einer Partikelfraktion verbunden ist (Acs et al. 1971). Dies führte zur Hypothese, dass ähnlich wie die Transkription auch die Replikation in partiell neugebildeten *core*-Strukturen erfolgt. Damit wäre dann auch eine Erklärung für die hocheffiziente Verpackung möglich, aus der jeweils nur ein kompletter Satz der Genomsegmente pro Partikel resultiert (Anzola et al. 1987 und Kap. 13.2).

Doppelstrang-DNA-Viren

Die einzige Familie mit dsDNA bilden die **Caulimoviridae**. Sie gehören zu den Pararetroviren, bei denen im Gegensatz zu den Retroviren die DNA-Phase enkapsidiert ist. Die Transkription der im Kern zu einem Minichromosom vervollständigten DNA ergibt zwei RNA-Moleküle: Das 19S-RNA-Produkt kodiert für das Viroplasmaprotein, während das 35S-Molekül im Zytoplasma als Substrat für die Reverse Transkriptase bei der Replikation neuer DNA-Moleküle dient. Der Replikationsprozess spielt sich in den **Einschlusskörpern im Zytoplasma** ab (s. Kap. 15.1.3).

Einzelstrang-DNA-Viren

Bei den **Geminiviren** und den **Nanoviren** erfolgt die Replikation nach einem *rolling-circle*-Mechanismus (Gutierrez 1999). Dazu wird zunächst im konservierten Bereich der *intergenic region* ein RNA-Primer gebunden, von dem die (-)Strang-Synthese gestartet wird. Dies erfolgt im Zellkern mit der DNA-Polymerase des Wirtes. Der zirkulär geschlossene dsDNA-Ring dient nun entweder zur Transkription der mRNAs oder es erfolgt nach einem Bruch des (+)Stranges durch das virale Rep-Protein die Initiierung der (+)Strang-Synthese nach dem Prinzip des *rolling circle* (s. Abb. 14.3). Die **Rep-Proteine** haben virusabhängige spezifische DNA-Erkennungsstellen nahe den konservierten Bereichen des Genoms. Sie wirken dann als spezifische Endonukleasen und ligieren die (+)Stränge zu geschlossenen Ringen (s. Kap. 14.1.3 und 14.2.1). Die Rep-Proteine sind auch dafür verantwortlich, dass sich Geminiviren in ausdifferenzierten Zellen vermehren können (s. Kap. 14.1.3 und Gutierrez 2000).

7.4 Expression viraler Proteine

Pflanzenviren müssen in den Wirtszellen ihre Proteine exprimieren und sind dabei auf den Translationsapparat der Wirtszellen angewiesen. Dies bedeutet, dass sie sich den Spielregeln, die für den **eukaryontischen Translationsapparat** gelten, anpassen müssen. Die wichtigste Regel ist dabei: **eine** mRNA → **ein** Protein. Pflanzenviren sind ferner darauf angewiesen, mit einem Minimum an genetischem Aufwand ein Maximum an Information unterzubringen. Welche verschiedenen Strategien bei den unterschiedlichen Genera realisiert und kombiniert wurden, um diese Restriktionen zu umgehen, soll dieser Abschnitt zusammenfassend darstellen (Übersicht bei Rohde et al. 1994).

7.4.1 Monocistronische mRNA

Der einfachste Weg, ein Maximum an Information auf einem minimalem Genom zu realisieren, ist ein **Polyprotein**, das post- oder kotranslational in die funktionellen Untereinheiten gespalten wird. Dies ist ein Charakteristikum der **Potyviridae**. Der Weg erfüllt die Anforderung für monocistronische mRNAs, ist aber in zwei Punkten kritisch zu bewerten: Erstens können Mutationen bei der RNA-Replikation sehr leicht zur Zerstörung des offenen Leserahmens (ORF) führen, der unbedingt erhalten bleiben muss. Zweitens werden dabei alle Proteine in äquimolaren Mengen gebildet, unabhängig davon, ob diese Mengen nun gebraucht werden oder nicht. Beide Nachteile werden durch die Strategie der geteilten Genome gemildert, bei denen die gesamte genetische Information auf zwei oder mehr eigenständige RNA-Segmente verteilt wird. Dies ist innerhalb der Potyviridae beim Genus *Bymovirus* und bei den Comoviridae realisiert. Des Weiteren wird der Translationsweg über monocistronische mRNAs zum Beispiel bei den **Nanoviridae** und den **dsRNA-Viren** umgesetzt, bei denen das Genom auf 10–12 Segmente verteilt ist. Jedes dieser ssDNA- oder dsRNA-Segmente wird in eine mRNA mit einem ORF transkribiert.

7.4.2 Bildung subgenomischer mRNAs

Die Synthese subgenomischer mRNA für alle ORFs, die dem ersten Leserahmen in 3'-Richtung folgen, ist die am häufigsten genutzte Methode bei den (+)Strang-Viren.

Bei den meisten der so hergestellten mRNAs ist eine vorgeschaltete **Promotorregion** an der Regulation der Transkription beteiligt. Die Synthese erfolgt entweder *de novo,* ausgehend von einem kompletten (–)Strang, oder über einen vorzeitigen Syntheseabbruch während der (+)Strang-Synthese mit anschließender Replikation der verkürzten (–)RNA. Am besten untersucht sind diese Vorgänge bei den **Bromoviridae** (s. Kap. 11).

Im Prinzip ähnlich ist das Vorgehen bei Viren mit ***ambisense*-RNAs**, den Genera **Tospo-** und **Tenuivirus** (s. Abb. 12.4). Hier dienen die identischen 5'-Enden jeweils als Initiationsort für die RdRp und es wird im Zuge der Transkription von der (+) und (–)viralen kompletten RNA jeweils ein ORF transkribiert, wobei der Stopp der Transkription vermutlich durch die Sekundärstruktur der jeweiligen *intergenic region* (**IGR**) bewirkt wird (Heinze et al. 2001).

7.4.3 Direkte Nutzung 3'-gelegener ORFs

Für eine direkte Nutzung von ORFs, die nicht am 5'-Ende der (+)RNA liegen, gibt es zwei unterschiedliche Strategien. Die eine funktioniert über eine intern gelegene Ribosomeninitiierungsstelle (**IRES,** *internal ribosome entry site*) an der die Initialisierung des Translationskomplexes erfolgt. Dafür scheinen mRNAs ohne Cap-Struktur mit langer 5' nicht translatierter Region (UTR, *untranslated region*) erforderlich zu sein. Nachgewiesen wurde dieser Weg *in vivo* für die subgenomischen mRNAs des Transportproteins und des Hüllproteins von einigen **TMV**-Isolaten (Skulachev et al. 1999).

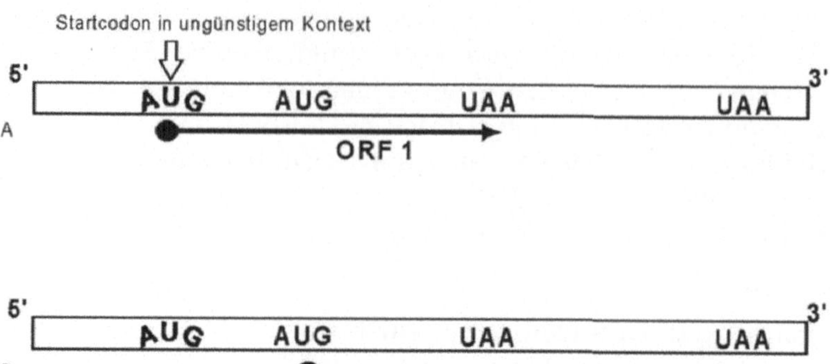

Abb. 7.2 a,b. Expression eines zweiten Leserasters durch Überlesen eines Starts. Das erste AUG befindet sich in einem ungünstigen Kontext. Der Initiationskomplex des Ribosoms wandert auf der RNA weiter, bis er auf ein zweites Startkodon trifft, an dem die Translation beginnt. Das *stop codon* des ORF 1 ist nicht im Leseraster des ORF 2 vorhanden; **a** zeigt die Expression des ORF 1, während bei **b** das 1. Startkodon zugunsten des zweiten nicht genutzt wird. Dadurch wird der ORF 2 translatiert

Dagegen wird beim *leaky-scanning*-Verfahren die 40S ribosomale Untereinheit am 5' distalen *start codon* gebunden; diese wandert jetzt jedoch auf dem viralen (+)Strang weiter, bis ein Startkodon in einem geeigneteren Kontext gefunden wird (Abb. 7.2).

Dabei kann es sich um zwei aufeinanderfolgende Starts im selben ORF handeln, wie zum Beispiel beim *Cowpea chlorotic mottle virus* (CCMV, Bromoviridae; Belsham u. Lomonossoff 1991), um nacheinander liegende separate ORFs wie beim *Peanut clump virus* (PCV, Furovirus; Herzog et al. 1995) oder gar um ineinander verschachtelte ORFs wie beim *Potato leafroll virus* (PLRV, Luteovirus), bei dem der ORF 4 innerhalb des ORF 3 jedoch in einem verschobenen Rasters liegt (Tacke et al. 1990).

Neben den Varianten, bei denen ribosomale Eigenschaften ausgenutzt werden, um interne *start codons* zu finden und zu nutzen, gibt es auch indirekte Möglichkeiten zur effizienten Nutzung polycistronischer mRNAs. Dies wurde von Fütterer u. Hohn (1991, 1992) für die 35S-RNA des *Cauliflower mosaic virus* (CaMV, Caulimoviridae) beschrieben (s. Kap.15.1.4). Hier wirkt ein virales Protein, der **Translationsaktivator** TAV, auf die Ribosomen ein. Gleichfalls für Caulimoviridae beschrieben ist die Überwindung von intermediären ORFs mittels Schleifenbildung, bei der ein ablesendes Ribosom die in der Schleife liegenden ORFs überspringt (Hemmings-Mieszczak et al. 1998; Hemmings-Mieszczak u. Hohn 1999).

7.4.4 Steigerung der Informationsdichte

Durch die Nichtbeachtung bzw. **Umgehung von *stop codons*** gelingt es Pflanzenviren, zusätzliche funktionelle Proteine zu generieren, ohne dafür die eigentlich notwendigen neuen ORFs zu besitzen. Dabei kommt es zur Bildung von **Fusionsproteine**n aus einem 5'-gelegenen ORF und dem Fusionsanteil nach dem Stopp. Dies kann auf zwei verschiedenen Wegen erreicht werden.

Es gibt drei *stop codons,* die eine unterschiedliche Stringenz aufweisen: *ochre* (UAA), *amber* (UAG) und *opal* (UGA). Die beiden letzten (*amber* und *opal*) werden relativ häufig überlesen, jedoch sind auch für das starke *stop codon* UAA Fälle von ***nonsense suppression*** bekannt. Der Erfolg des **Überlesens** hängt von der Umgebung des *stop codons* und von selten vorkommenden **Nonsense-Suppressor-tRNAs** ab (Beier u. Grimm 2001). Wie häufig das Fusionsprotein in Relation zum normalen ORF gebildet wird, hängt wiederum von der Umgebung und der Verfügbarkeit der Suppressor-tRNA ab. Umgesetzt wird diese Strategie bei der Translation der beiden ersten Proteine des TMV von ORF 1 und 2 und z. B. bei der Bildung der Übertragungshelferproteine von Penamoviren (Demler et al. 1996).

Ein *stop codon* kann auch umgangen werden, wenn das Ribosom an überlappenden ORFs aktiv ist, dabei kann es entweder um ein Nukleotid in 5' Richtung zurückrutschen (-1 *frameshift*), oder um ein Nukleotid in 3' Richtung vorspringen (+1 *frameshift*). Auch hierbei kommt es zu einem Fusionsprodukt entsprechend dem Leserahmen und dem verschobenen Leseraster (Abb. 7.3). Dabei wird stets mehr vom 1. Leserahmenanteil als vom Fusionsprotein translatiert (Farabaugh 1996).

Ein anderer Weg, die Informationsdichte zu steigern, wird bei den DNA-Viren umgesetzt. Hier wird durch **Spleißen** eine Fusions-mRNA erzeugt, die nicht der sequentiellen Abfolge der DNA entspricht. Beschrieben ist dies sowohl für CaMV (s. Kap. 15.1.4 und Fütterer et al. 1994) als auch für Monokotyle infizierende Geminiviren (s. Kap. 14.1.4 und Mullineaux et al. 1990). Ob ein vergleichbarer Mechanismus auch bei den (−)Strang-RNA-Viren zur Bildung funktioneller Proteine herangezogen wird, ist unklar. Jedenfalls berichten Inoue-Nagata et al. (1998) von **DI-RNAs**, die bei Tospoviren auftreten und als mRNAs auch translatiert werden können.

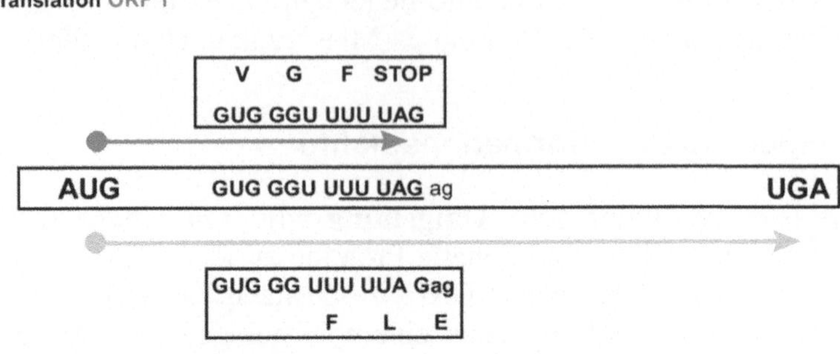

Abb. 7.3. Schematischer Ablauf des Überlesens eines Stoppkodons durch einen −1 *frameshift*. Im oberen Beispiel ist der normale Translationsvorgang dargestellt, darunter die Sequenz und daraus resultierende Aminosäuren nach einem −1-Shift des Leserasters

7.5 Bildung neuer Viruspartikel

Die Bildung neuer Viruspartikel wurde in den siebziger Jahren von verschiedenen Gruppen intensiv *in vitro* untersucht, wobei der Ausgangspunkt die erfolgreiche **Rekonstruktion von TMV**-Partikeln aus der isolierten RNA und dem Hüllprotein war (Fraenkel-Conrat u. Williams 1955). Buttler u. Klug (1971) konnten zeigen, dass für den Zusammenbau der TMV-Partikel 20S-Aggregate des Hüllproteins (**Scheibe**) notwendig waren, die aus zwei Ringen, gebildet von 17 Hüllproteinuntereinheiten, bestanden. Diese interagieren mit einer bestimmten RNA-Struktur, dem so genannten *origin of assembly*.

Nach Interaktion der 20S-Proteinaggregate mit der RNA erfolgt eine Konformationsänderung, die zur Bildung einer **Helix** führt. Der nächste Proteinring dockt von oben an, während die RNA aus dem Zentralkanal mit beiden Enden heraushängt. Es werden in 5'-Richtung weitere Proteinringe angefügt, so dass das 5'-RNA-Ende schrittweise durch den Zentralkanal in seine endgültige Position befördert wird. Erst wenn das 5'-Ende verpackt ist, erfolgt die schrittweise Verpackung des 3'-Endes. Diese *in vitro* aufgeklärten Schritte finden vermutlich auch *in vivo* statt, denn die *In-vitro*-Bedingungen sind durchaus physiologisch (Abb. 7.4).

Andere Viren mit gestreckter Morphologie sind wesentlich schlechter untersucht, man nimmt aber an, dass ihr geordneter Zusammenbau, das Assemblieren, in ähnlicher Weise erfolgt. Jedenfalls ist für die Genera *Poty*- und *Potexvirus* der *origin of assembly* nahe dem 5'-Ende beschrie-

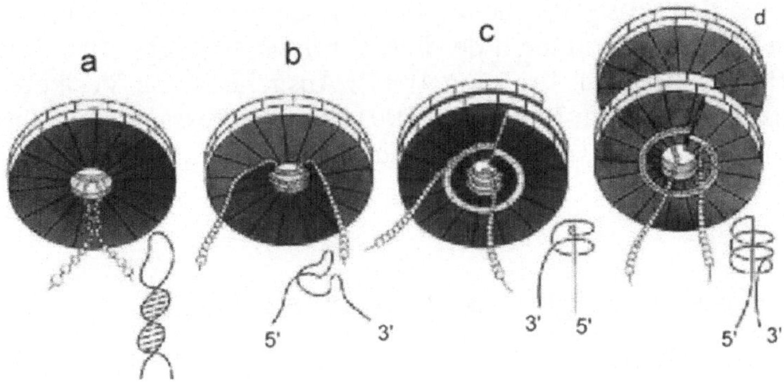

Abb. 7.4 a–d. Start der ersten Zyklen beim Zusammenbau von TMV-Partikeln: **a** 1. Schritt: Interaktion des 20-s-*stacked-disc*-CP-Aggregats mit dem *origin of assembly*; **b** Protein-RNA-Interaktion nach Umformung der RNA; **c** Übergang des *stacked disc* in eine helikale Anordnung; **d** Anfügung eines zweiten 20-s-Aggregats und Nachführung des 5'-Endes der RNA. (Aus Butler 1984)

ben (Sit et al. 1994, Wu u. Shaw 1998). Es ist auch bekannt, dass, ähnlich wie bei TMV, Hüllproteinaggregate für die schrittweise Verlängerung der Stäbchen dienen, allerdings nur in 5'→3'-Richtung.

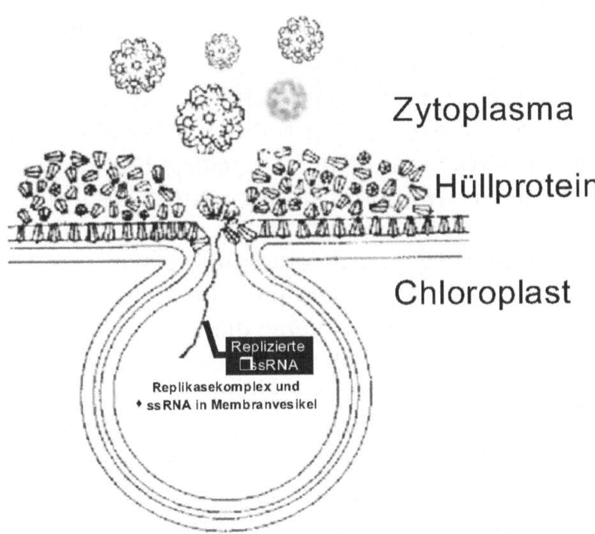

Abb. 7.5. Modell der Partikelbildung bei *Turnip yellow mosaic virus* (TYMV) an Chloroplastenvesikeln, in denen die Replikation erfolgt. (Nach Matthews 1991)

Auch bei den ikosaedrischen Viren wurden erfolgreiche Versuche zum Zerlegen und Rekonstituieren der Partikel *in vitro* beschrieben (Adolph u. Butler 1977; Savithri u. Erickson 1983). Ausgehend von Vesikeln als Ort der Virusreplikation hat Matthews (1991) eine interessante Hypothese zum Ablauf des *in vivo assemblies* des Turnip yellow mosaic virus (TYMV) vorgestellt (Abb. 7.5).

7.6 Ausbreitung der Viren von Zelle zu Zelle und in der Pflanze

Bei der Inokulation werden zunächst nur wenige Zellen infiziert. Wenn Virus und Wirt kompatibel sind, was eigentlich die Ausnahme darstellt, muss das Virus zunächst die Barriere Zellwand überwinden, um die benachbarten Zellen zu infizieren. Gelingt dies nicht, so bleibt die Infektion auf die inokulierte Zelle beschränkt, was als **subliminal** bezeichnet wird.

Als Pforten in die benachbarten Zellen stehen nur die natürlichen Kommunikationswege zur Verfügung, die **Plasmodesmata** (Waigmann et al. 1998). Diese haben einen begrenzten Durchmesser, der die Passage von viralem Nukleoprotein oder ganzen Viruspartikeln nicht gestattet. Ein erster Hinweis für eine virale Komponente, die diesen Weg öffnet, ergab sich aus Untersuchungen von temperatursensitiven Mutanten von *Tomato mosaic virus* (ToMV; Nishiguchi et al. 1978, 1985) und auch aus elektronenmikroskopischen Untersuchungen. Es gelang später, die Funktion des Bewegungsproteins oder *movement proteins* (MP) dem ORF 3 und damit einem 30K-Protein zuzuschreiben. Mittlerweile sind für alle Pflanzenviren, für die Sequenzdaten vorliegen, dem 30 K entsprechende Proteine nachgewiesen worden, die als Transportproteine (***movement proteins,* MP**) in die Literatur eingingen (Deom et al. 1992). Die enge Assoziation dieser Proteine mit den Plasmodesmata wurde durch mikroskopische Untersuchungen gezeigt (Tomenius et al. 1987). Die Injektion von fluoreszierenden Partikeln bewies, dass die Transportproteine die Plasmodesmata für wesentlich größere Partikel passierbar machen (Waigmann et al. 1994). Genetisch veränderte Pflanzen, die ein Transportprotein exprimieren, zeigten extreme Turgorprobleme, die auf den Zusammenbruch der regulierenden Funktion von Plasmodesmata zurückgeführt wurden (Prins et al. 1997).

Neuerdings wird zunehmend deutlich, dass Pflanzen, speziell Angiospermen, das Phloemsystem inklusive der Plasmodesmata sowohl als Übertrittspforten aus und in Zellen als auch als das **Transportsystem** für die Signalübertragung und Kommunikation zwischen verschiedenen Zellen und Geweben nutzen, durch das nicht nur Phytohormone und Peptide, sondern auch größere Proteine und Ribonukleoproteinkomplexe als Signale bewegt werden (Lucas et al. 2001). Wie bei der Rezeptornutzung durch tier- und humanpathogene Viren wird dieser Transport- und Kommunikationsweg der Pflanzenwirte offensichtlich von den Pflanzenviren als Weg zur systemischen Verbreitung ausgenutzt (Haywood et al. 2002).

7.6.1 Zell-zu-Zell-Transport

Beim Zell-zu-Zell-Transport werden zwei grundsätzlich verschiedene Mechanismen angewandt. Bei Tospoviren aggregieren Transportprotein (MP) und Wirtskomponenten zu **Röhrchen**, die durch die Plasmodesmata führen. In diesen wurden Viruspartikel bzw. Nukleoproteinkomplexe des *Tomato spotted wilt virus* (TSWV, *Tospovirus*) gefunden (van Lent et al. 1991; Kormelink et al. 1994).

Bei TMV und vielen anderen Viren (Melcher 2000) werden keine Röhren aus dem **MP**-Protein gebildet, sondern MP assoziiert mit der viralen RNA (Citovsky et al. 1990) und führen diese nach Interaktion mit dem Zytoskelett zu den Plasmodesmata. Der Komplex ermöglicht durch **Vergrö-**

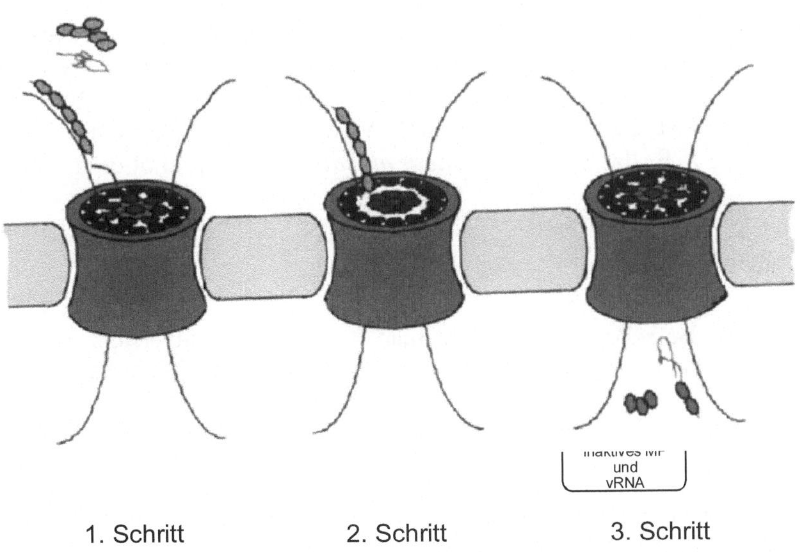

Abb. 7.6. Interaktion verschiedener Komponenten beim Transport von viraler RNA von Zelle zu Zelle. (Nach Citovsy 1999)

ßerung der Durchtrittsöffnung den Transport in die Nachbarzelle. Auf die Beteiligung des Zytoskeletts wiesen zumindest *in vitro* beobachtete Interaktionen mit Actin und Tubulin hin (Boyko et al. 2002). Es konnte gezeigt werden, dass bei diesem Transport keine Viruspartikel erforderlich sind (Xiong et al. 1993). Die Vergrößerung der Öffnungen von Plasmodesmata erfordert eine Wechselwirkung von Transportprotein, RNA und Wirtskomponenten (Abb. 7.6). Die Familien Bromo-, Como-, Caulimoviridae bilden, ähnlich wie TSWV, Röhrchen, die die Plasmodesmata durchdringen und den Viruspartikeln oder Nukleoproteinkomplexen einen Durchtritt ermöglichen. Die Interaktion von Hüllprotein und MP ist wahrscheinlich die treibende Kraft für den Transport (Kellman 2001).

7.6.2 Langstreckentransport

Beim Langstreckentransport von Viren werden die **Leitbündel** der Pflanzen benutzt, in den meisten Fällen das **Phloem**. Im Phloem wurden Viruspartikel, speziell phloembürtige Viren, elektronenmikroskopisch nachgewiesen (Raine et al. 1975). Es zeichnet sich zunehmend ab, dass Viren suprazelluläre Informations- und Signaltransportwege der Pflanzen ausnutzen (Haywood et al. 2002). Dabei ist sicher, dass beim Langstreckentransport von Pflanzenviren andere Mechanismen wirksam sind, als beim Zell-Zell-Transport. Das macht sich bei TMV und anderen Viren schon dadurch bemerkbar, dass hier das Hüllprotein notwendig ist (Fuentes u. Hamilton 1993). Es gibt jedoch auch Viren, die im **Xylem** transportiert werden, wie z. B. das *soilborne wheat mosaic virus* (Verchot et al. 2001).

Literatur

Acs G, Klett H, Schonberg M, Christman J, Levin DH, Silverstein SC (1971) Mechanism of reovirus double-stranded ribonucleic acid synthesis *in vivo* and *in vitro*. J Virol 8: 684–689

Adam G, Gaedigk K (1986) Inhibition of potato yellow dwarf virus infection in vector cell monolayers by lysosomotropric substances. J Gen Virol 67: 2763–2773

Adam G, Kegler H (1994) Tomato spotted wilt virus and related tospoviruses. Arch Phytopathol Pflanzenschutz 28: 483–504

Adolph KW, Butler PJG (1977) Studies on the assembly of a spherical plant virus: III. Reassembly of infectious virus under mild conditions. J Mol Biol 109: 345–357

Anzola JV, Xu Z, Asamizu T, Nuss DL (1987) Segment-specific inverted repeats found adjacent to conserved terminal sequences in wound tumor virus genome and defective interfering RNAs. Proc Natl Acad Sci USA 84: 8301–8305

Beier H, Grimm M (2001) Misreading of termination codons in eukaryotes by natural nonsense suppressor tRNAs. Nucleic Acids Res 29: 4767–4782

Belsham GJ, Lomonossoff GP (1991) The mechanism of translation of cowpea mosaic virus middle component RNA: no evidence for internal initiation from experiments in an animal cell transient expression system. J Gen Virol 72: 3109–3113

Best RJ (1936) The effect of light and temperature on the development of primary lesions of the virus of tomato spotted wilt and tobacco mosaic. Austral J Exp Bot 14: 223–239

Birch R, Franks T (1991) Development and optimisation of microprojectile systems for plant genetic transformation. Austral J Plant Physiol 18: 453–469

Bol JF (1999) Alfalfamosaic virus and ilarviruses: involvement of coat protein in steps of the replication cycle. J Gen Virol 80: 1089–1102

Boyko V, Ashby JA, Suslova E, Ferralli J, Sterthaus O, Deom CM, Heinlein M (2002) Intramolecular complementing mutations in tobacco mosaic virus movement protein confirm a role for microtubule association in viral RNA transport. J Virol 76: 3974–3980

Brisco MJ, Hull R, Wilson TMA (1986) Swelling of isometric and of bacilliform plant virus nucleocapsids is required for virus-specific protein synthesis in vitro. Virology 148: 210–217

Buck KW (1996) Comparison of the replication of positive-stranded RNA viruses of plants and animals. Adv Virus Res 47: 159–251

Buck KW (1999) Geminiviruses. In: Granoff A, Webster RG (eds) Encyclopedia of virology. Academic Press, San Diego, pp 597–606

Butler PJG, Klug A (1971) Assembly of the particle of tobacco mosaic virus from RNA and disks of protein. Nature 229: 47–50

Butler PJG (1984) The current picture of the structure and assembly of tobacco mosaic virus. J Gen Virol 65: 253–279

Citovsky V, Knorr D, Schuster G, Zambryski P (1990) The P30 movement protein of tobacco mosaic virus is a single-strand nucleic acid binding protein. Cell 60: 637–647

Citovsky V (1999) Tobacco mosaic virus: a pioneer of cell-to-cell movement. Philos Trans R Soc Lond B 354: 637–643

Dawson WO (1978) Time course of actinomycine D inhibition of tobacco mosaic virus multiplication relative to the rate of spread of the infection. Intervirology 9: 304–309

Demler SA, de Zoeten GA, Adam G, Harris KF (1996) Pea enation mosaic enamovirus: Properties and aphid transmission. In: Harrison BD, Murant AF (eds) The Viruses: The plant viruses. Polyhedral virions and bipartite RNA genomes. Plenum Press, New York London, pp 303–344

Deom CM, Lapidot M, Beachy RN (1992) Plant virus movement proteins. Cell 69: 221–224

Derrick PM, Barker H, Oparka KJ (1992) Increase in plasmodesmatal permeability during cell-to-cell spread of tobacco rattle virus from individually inoculated cells. Plant Cell 4: 1405–1412

Dreher TW (1999) Functions of the 3'-untranslated regions of positive strand RNA viral genomes. Annu Rev Phytopathol 37: 151–174

Dugdale B, Beethan PR, Becker DK, Harding RM, Dale JL (1998) Promotor activity associated with the intergenic region of banana bunchy top virus DNA-1 to -6 in transgenic tobacco and banana cells. J Gen Virol 79: 2301–2311

Duijsings D, Kormelink R, Goldbach R (2001) In vivo analysis of the TSWV cap-snatching mechanism: single base complementarity and primer length requirements. EMBO J 20: 2545–2552

Estabrook EM, Suyenaga K, Tsai JH, Falk BW (1996) Maize stripe tenuivirus RNA2 transcripts in plant and insect hosts and analysis of pvc2, a protein similar to the phlebovirus virion membrane glycoproteins. Virus Genes 12: 239–247

Farabaugh PJ (1996) Programmed translational frameshifting. Annu Rev Genetics 30: 507–528

Fraenkel-Conrat H, Williams RC (1955) Reconstitution of active tobacco mosaic virus from its inactive protein and nucleic acid components. Proc Natl Acad Sci USA 41: 690–698

Franz AWE, van der Wilk F, Verbeek M, Dullemans AM, van den Heuvel JFJM (1999) Faba bean necrotic yellows virus (genus Nanovirus) requires a helper factor for its aphid transmission. Virology 262: 210–219

Fuentes AL, Hamilton RI (1993) Failure of long-distance movement of southern bean mosaic virus in a resistant host is correlated with lack of normal virion formation. J Gen Virol 74: 1903–1910

Fütterer J, Hohn T (1991) Translation of a polycistronic mRNA in the presence of the cauliflower mosaic virus transactivator protein. EMBO J 10: 3887–3896

Fütterer J, Hohn T (1992) Role of an upstream open reading frame in the translation of polycistronic mRNAs in plant cells. Nucleic Acids Res 20: 3851–3857

Fütterer J, Potrykus I, Brau MPV, Dasgupta I, Hull R, Hohn T (1994) Splicing in a pararetrovirus. Virology 198: 663–670

German TL, Ullman DE, Moyer JW (1992) Tospoviruses: diagnosis, molecular biology, phylogeny and vector relationships. Annu Rev Phytopathol 30: 315–348

Gutierrez C (1999) Geminivirus DNA replication. Cell Mol Life Sci 56: 313–329

Gutierrez C (2000) Geminiviruses and the plant cell cycle. Plant Mol Biol 43: 763–772

Hanley-Bowdoin L, Settlage SB, Orozco BM, Nagar S, Robertson D (1999) Geminiviruses: models for plant DNA replication, transcription, and cell cycle regulation. Crit Rev Plant Sci18: 71–106

Hausmann S, Garcin D, Delenda C, Kolakofsky D (1999) The versatility of paramyxovirus RNA polymerase stuttering. J Virol 73: 5568–5576

Haywood V, Kragler F, Lucas WJ (2002) Plasmodesmata: Pathways for protein and ribonucleoprotein signaling. Plant Cell Suppl 2002: 303–325

Heinze C, Letschert B, Hristova D, Yankulova M, Willingmann P, Karadjova O, Atanassov A, Adam G (2001) Variability of the N-protein and the intergenic region of the S RNA of tomato spotted wilt tospovirus (TSWV). New Microbiologica 24: 175–187

Hemmings-Mieszczak M, Hohn T (1999) A stable hairpin preceded by a short open reading frame promotes nonlinear ribosome migration on a synthetic mRNA leader. RNA 5: 1149–1157

Hemmings-Mieszczak MW, Steger G, Hohn T (1998) Regulation of CaMV translation is mediated by a stable hairpin in the leader. RNA 4: 101–111

Herzog E, Guilley H, Fritsch C (1995) Translation of the second gene of peanut clump virus RNA 2 occurs by leaky scanning in vitro. Virology 208: 215–225

Hohn T, Fütterer J (1997) The proteins and functions of plant pararetroviruses: known and unknowns. Critic Rev Plant Sci 16: 133–161

Holmes FO (1929) Local lesions in tobacco mosaic. Botan Gazette 87: 39–55

Inoue-Nagata AK, Kormelink R, Sgro JY, Nagata T, Kitajima EW, Goldbach R, Peters D (1998) Molecular characterization of tomato spotted wilt virus defective interfering RNAs and detection of truncated L proteins. Virology 248: 342–356

Jackson AO, Goodin M, Moreno I, Johnson J, Lawrence DM (1999) Rhabdoviruses (*Rhabdoviridae*: plant rhabdoviruses). In: Granoff A, Webster RG (eds) Encyclopedia of virology. Academic Press, San Diego, pp 1531–1541

Kellman JW (2001) Identification of plant virus movement-host protein interactions. Zeitschr Naturforschg 56: 669–679

Kormelink R, Storms M, van Lent J, Peters D, Goldbach RW (1994) Expression and subcellular location of the NSm protein of tomato spotted wilt virus (TSWV), a putativ viral movement protein. Virology 200: 56–65

van Lent J, Storms M, van der Meer F, Wellink J, Goldbach RW (1991) Tubular structures involved in movement of cowpea mosaic virus are also formed in infected cowpea protoplasts. J Gen Virol 72: 2615–2623

Lucas WJ, Yoo B-C, Kragler F (2001) RNA as long distance information macromolecule in plants. Nat Rev Mol Cell Biol 2: 849–857

Matthews REF (1953) Factors affecting the production of local lesions by plant viruses. I. Effect of time of day of inoculation. Ann Appl Biol 40: 377–383

Matthews REF (1991) Plant virology, 3rd ed. Academic Press, London

Melcher U (2000) The "30k" superfamily of viral movement proteins. J Gen Virol 81: 257–266

Mullineaux PM, Guerineau F, Accotto GP (1990) Processing of complementary sense RNAs of digitaria streak virus in its host and in transgenic tobacco. Nucleic Acids Res 18: 7259–7265

Mundry KW, Watkins PAC, Ashfield T, Plaskitt KA, Eisele-Walter S, Wilson TMA (1991) Complete uncoating of the 5' leader sequence of tobacco mosaic virus RNA occurs rapidly and is required to initiate cotranslational disassembly *in vitro*. J Gen Virol 72: 769–777

Nguyen M, Ramirez B-C, Goldbach R, Haenni A-L (1997) Characterization of the in vitro activity of the RNA-dependent RNA polymerase associated with the ribonucleoproteins of Rice Hoja Blanca Tenuivirus. J Virol 71: 2621–2627

Nishiguchi M, Motoyoshi F, Oshima N (1978) Behaviour of a temperature-sensitive strain of tobacco mosaic virus in tomato leaves and protoplasts. J Gen Virol 39: 53–61

Nishiguchi M, Kikuchi S, Kihu Y, Ohno T, Meshi T, Okada Y (1985) Molecular basis of plant viral virulence: the complete nucleotide sequence of an attenuated strain of tobacco mosaic virus. Nucleic Acids Res 13: 5585–5590

Novik RP (1998) Contrasting lifestyles of rolling-circle phages and plasmids. Trends Biochem Sci 23: 434–438

Nuss D, Peterson AJ (1981) Resolution and genome assignment of mRNA transcripts synthesized in vitro by wound tumor virus. Virology 114: 399–404

Perham RN, Wilson TMA (1976) The polarity of stripping of coat protein subunits from the RNA of tobacco mosaic virus under alkaline conditions. FEBS Lett 62: 11–15

Plotch SJ, Bouloy M, Ulmanen I, Krug RM (1981) A unique cap (m7GpppXm)-dependent influenza virion endonuclease cleaves capped RNAs to generate the primers that initiate viral RNA transcription. Cell 23: 847–858

Prins M, Storms MMH, Kormelink R, de Haan P, Goldbach RW (1997) Transgenic tobacco plants expressing the putative movement protein of tomato spotted wilt tospovirus exhibit aberrations in growth and appearance. Transgenic Research 6: 245–251

Raine J, Weintraub.M, Schroeder BK (1975) Flexous rods and vesicles in leaf and petiole phloem of little cherry diseased *Prunus* spp. Phytopathology 65: 1181–1186

Rao ALN, Dreher TW, Marsh LE, Hall TC (1989) Telomeric function of the tRNA-like structure of brome mosaic virus RNA. Proc Natl Acad Sci USA 86: 5335–5339

Rohde W, Gramstat A, Schmitz J, Tacke E, Prüfer D (1994) Plant viruses as model systems for the study of non-canonical translation mechanisms in higher plants. J Gen Virol 75: 2141–2149

Rothnie HM, Chapdelaine Y, Hohn T (1994) Pararetroviruses and retroviruses: a comparative review of viral structure and gene expression strategies. Adv Virus Res 44: 1–67

Savithri HS, Erickson JW (1983) The self-assembly of the cowpea strain of southern bean mosaic virus: formation of T=1 and T=3 nucleoprotein particles. Virology 126: 328–335

Shaw JG (1999) Tobacco mosaic virus and the study of early events in virus infection. Phil Trans R Soc Lond B 354: 603–611

Sit TL, Leclerc D, AbouHaidar MG (1994) The minimal 5' sequence for *in vitro* initiation of papaya mosaic potexvirus assembly. Virology 199: 238–242

Skulachev MV, Ivanov PA, Karpova OV (1999) Internal initiation of translation directed by the 5'-untranslated region of the tobamovirus subgenomic RNA I (2). Virology 263: 139–154

Tacke E, Prüfer D, Salamini F, Rhode W (1990) Characterization of a potato leafroll luteovirus subgenomic RNA: differential expression by internal translation initiation and UAG suppression. J Gen Virol 71: 2265–2272

Teycheney P-Y, Aaziz R, Dinant S, Salanki K, Tourneur C, Balazs E, Jacquemond M, Tepfer M. (2000) Synthesis of (-)-strand RNA from the 3' untranslated region of plant viral genomes expressed in transgenic plants upon infection with related viruses. J Gen Virol 81: 1121–1126

Tomenius K, Clapham D, Meshi T (1987) Localization by immunogold cytochemistry of the virus-coded 30K protein in plasmodesmata of leaves infected with Tobacco Mosaic Virus. Virology 160: 363–371

Verchot J, Driskel BA, Zhu Y, Hunger RM, Littlefield LJ (2001) Evidence that soilborne wheat mosaic virus moves long distance through the xylem in wheat. Protoplasma 218: 57–66

Wagner JDO, Jackson AO (1997) Characterization of the components and activity of sonchus yellow net rhabdovirus polymerase. J Virol 71: 2371–2382

Waigmann E, Lucas WJ, Citovsky V, Zambryski P (1994) Direct functional assay for tobacco mosaic virus cell-to-cell movement protein and identification of a domain involved in increasing plasmodesmal permeability. Proc Natl Acad Sci USA 91: 1433–1437

Waigmann E, Cohen Y, McLean G, Zambryski P (1998) Plasmodesmata: gateways for information transfer. Symp Soc Exp Biol 51: 43–49

Walker HL, Pirone TP (1972) Number of TMV particles required to infect locally or systemically susceptible tobacco cultivars. J Gen Virol 17: 241–243

Wilson TMA (1984a) Cotranslational disassembly increases the efficiency of expression of TMV RNA in wheat germ cell-free extracts. Virology 138: 353-356

Wilson TMA (1984b) Cotranslational disassembly of Tobacco Mosaic Virus *in vitro*. Virology 137: 255–265

Wilson TMA (1985) Nucleocapsid disassembly and early gene expression by positive-strand RNA viruses. J Gen Virol 66: 1201–1207

Wu X, Shaw JG (1996) Bidirectional uncoating of the genomic RNA of a helical virus. Proc Natl Acad Sci USA 93: 2981–2984

Wu X, Shaw JG (1998) Evidence that assembly of a potyvirus begins near the 5' terminus of the viral RNA. J Gen Virol 79: 1525–1529

Wu X, Xu Z, Shaw JG (1994) Uncoating of tobacco mosaic virus RNA in protoplasts. Virology 200: 256–262

Xiong Z, Kim KH, Giesmann-Cookmeyer D, Lommel SA (1993) The role of red clover necrotic mottle virus capsid and cell-to-cell movement proteins in systemic infection. Virology 192: 27–32

Yarwood CE (1973) Quick drying versus washing in virus inoculations. Phytopathology 63: 72–76

8 Übertragung von Viren

Viren sind obligate Parasiten und deshalb für ihre Vermehrung auf die lebenden Zellen ihres Wirtes angewiesen. Bevor dieser stirbt, müssen die Viren einen neuen Wirt infiziert haben, damit sie überleben können.

Pflanzenviren müssen für die Infektion eines neuen Wirtes zwei Probleme lösen: (1) Pflanzen sind stationäre Organismen, die sich nicht zu einem neuen Wirt hinbewegen können und (2) Pflanzen besitzen eine Zellwand, die für Viren undurchlässig ist.

8.1 Typen der Übertragung von Pflanzenviren

Damit trotzdem ein neuer Wirt infiziert werden kann, haben Pflanzenviren verschiedene Strategien entwickelt. Beispielsweise kann die Notwendigkeit des Eindringens durch die Zellwand (und Kutikula) umgangen werden. So gibt es Viren, die durch Samen übertragen werden. Bei dieser Art des Übertrittes in den neuen Wirt muss weder die Kutikula noch die Zellwand durchdrungen werden, da der Viruseintritt in die Samen bereits mit der Ausbreitung von Zelle zu Zelle über die Plasmodesmata erfolgt ist. Zudem erlaubt diese Übertragung durch den Samen eine räumliche Ausbreitung des Virus. Eine ähnliche Strategie liegt bei der Verbreitung durch vegetative Vermehrung vor. Bereits infiziertes Gewebe des bisherigen Wirtes bildet den neuen Wirtsorganismus. Auch hier wird die Notwendigkeit des Eindringens durch Kutikula und Zellwand umgangen.

Neben einer Übertragung durch Samen oder Pollen können grundsätzlich die **vektorielle** und die **nichtvektorielle** Übertragungsweise unterschieden werden.

Eine nichtvektorielle Form der Virusübertragung ist beispielsweise die mechanische Übertragung. Vektorielle Formen der Virusausbreitung benutzen einen Virusüberträger, der als **Vektor** bezeichnet wird (s. 8.2). Vektoren können verschiedene Organismen wie Insekten, Fadenwürmer oder Pilze sein. Allen tierischen Vektoren ist gemeinsam, dass sie von einer virusinfizierten Pflanze das Virus mit der Nahrung aufnehmen und nach Wirtswechsel einer anderen Pflanze diese Viren wieder abgeben. Während der Nahrungsaufnahme werden Kutikula und Zellwand verletzt, so dass das Virus in die Zelle eindringen kann. Über den Vektor wird das Virus zwischen den stationären Wirten transportiert, in speziellen Fällen jedoch indirekt. Schmier- und Wollläuse sind wenig mobil und nutzen ihrerseits Transportmittel. Zum Beispiel werden Milben, die Vektoren der Badnaviren, von Ameisen von Pflanze zu Pflanze transportiert. Nicht jeder Vektor kann aber einen Wirt mit jedem Virus infizieren. Vielmehr setzt der Prozess der vektoriellen Übertragung neben der mechanischen Verletzung eine spezifische Virus-Vektor-Interaktion voraus.

Das Wissen um die Mechanismen der Übertragung von Pflanzenviren ist aufgrund mehrerer Aspekte interessant:

Ein Pflanzenvirus hat nur dann eine ökonomische Bedeutung, wenn es sich effektiv von Pflanze zu Pflanze ausbreiten kann. Sind die Vektoren bekannt, können sie bekämpft und dadurch die Ausbreitung des Virus unterbunden bzw. behindert werden. Nicht zuletzt ist die spezifische Interaktion von Virus und Vektor von wissenschaftlichem Interesse, insbesondere bei solchen Viren, die sich nicht nur im pflanzlichen Wirt, sondern auch im tierischen Vektor vermehren.

Die weitaus wichtigsten Vektoren sind die pflanzenfressenden Insekten, Nematoden und Milben. Ihre spezielle Vorgehensweise bei der Nahrungsaufnahme und die Anpassung an ihre Wirte garantieren einen effektiven Transfer der Viren vom infizierten zum nichtinfizierten Wirt, sei es auf begrenztem Raum oder über größere Distanzen hinweg. Innerhalb der tierischen Vektoren machen die Gliederfüßler (Arthropoda) etwa 95% und die Fadenwürmer (Nematoda) lediglich etwa 5% aus. Innerhalb der Gruppe der Gliederfüßler sind 99% Insekten (Insecta) und 1% Milben (Acari) vertreten. Von der Gruppe der Insekten sind 75% Pflanzensauger (Harris 1981). Eine Korrelation zwischen der Virusmorphologie und der Art der Übertragung gibt es nicht. Für einige Viren ist der Überträger unbekannt. Möglicherweise findet bei diesen Viren eine vektorlose Übertragung statt. Im Folgenden werden verschiedene Übertragungsmöglichkeiten vorgestellt.

8.2 Übertragung durch tierische Vektoren

Zu den **tierischen Vektoren** zählen unter anderem Blatt-, Schmier-, Woll- und Mottenschildläuse (Weiße Fliege) sowie Zikaden und Nematoden.

Früher wurde die Art der Übertragung nach der Dauer der Infektiosität des Vektors bestimmt und die Begriffe *persistent* und *nichtpersistent* geprägt (Watson u. Roberts 1939). Heute wird die Art der Übertragung auch danach unterschieden, wo das zu übertragende Virus im Vektor zu finden ist. Beide Einteilungen korrelieren aber im Wesentlichen miteinander. Ist ein Virus im vorderen Teil des Verdauungstraktes zu finden, ist die Phase der Infektiosität kurz, zirkuliert dagegen das Virus im Vektor, ist die Phase der Infektiosität lang. Die **Virusübertragung** mittels Vektoren kann in drei Phasen eingeteilt werden:

In der **Aquisitionsphase** wird das Virus vom Vektor aufgenommen. In der **Latenzphase** ist das Virus im Vektor vorhanden, eine Übertragung ist jedoch noch nicht möglich. In der **Retentionsphase** kann der Vektor einen neuen Wirt infizieren. In dieser Phase werden infektiöse Viren wieder vom Vektor gelöst.

Der Mechanismus der Ablösung der Viren vom Vektor ist nicht geklärt, es bestehen jedoch dazu mehrere Theorien (Gray u. Banerjee 1999). Die älteste Theorie nimmt an, dass der Infektionsprozess eine mechanische Inokulation darstellt (Kennedy et al. 1962). Harris postulierte 1977 eine Kombination von mechanischer Inokulation mit der Beteiligung von Speichel, während Martin et al. (1997) davon ausgehen, dass der Speichel alleine zur Ablösung des Virus vom Vektor ausreicht. Eine mögliche Erklärung für die Beteiligung von Speichel könnte in einer Veränderung der Ionenkonzentration oder des pH-Wertes der Umgebung sein, die die Bindung des Virus vom Vektor löst. Möglicherweise sind auch im Speichel befindliche Proteasen an diesem Prozess beteiligt.

8.2.1 Beteiligung viraler Komponenten an der Übertragung

Direkte Interaktion

Von einer **direkten Interaktion** wird gesprochen, wenn Viruspartikel und Vektor ohne eine weitere Komponente Wechselwirkungen miteinander eingehen. Perry et al. (1998) zeigten im folgenden Experiment, dass die Sequenz des Hüllproteins für eine effektive Übertragung von entscheidender Bedeutung ist:

Das *Cucumber-mosaic-virus*-Isolat Fny-CMV wird von den Blattläusen *Myzus persicae* und *Aphis gossypii* gut übertragen, während die Effizienz der Übertragung des Isolates M-CMV schlecht ist. Fünf Aminosäureaustausche wurden mit gentechnischen Methoden in das Hüllproteingen des Isolates M-CMV eingeführt und die Übertragbarkeit der mutierten Viren getestet. Mit Austauschen der Aminosäuren auf den Positionen 25, 129, 162, 168 und 214 konnte eine gute Übertragbarkeit mit *Myzus persicae* erreicht werden, während Austausche auf den Positionen 129, 162 und 168 für eine gute Übertragbarkeit mit *Aphis gossypii* ausreichend waren. Darüber hinaus konnte gezeigt werden, dass einzelne Austausche die Übertragbarkeit von *Myzus persicae* stark beeinflussten, die von *Aphis gossypii* jedoch nicht.

Einige Spezies weisen im Partikel zwei verschiedene Hüllproteine auf. Diese werden beispielsweise bei den Luteoviridae und im Genus *Furovirus* durch Überlesen des *stop codon* (UAG) des eigentlichen Hüllproteingens gebildet. Das Hüllproteingen wird bis zum nächsten Stopp translatiert und weist dadurch zusätzliche Aminosäuren auf, die mit Komponenten des Vektors interagieren, das eigentliche Hüllprotein aber nicht.

Bei Arten der Closteroviridae werden zwei verschiedene Hüllproteine von unterschiedlichen Leserahmen translatiert. Das fädige Partikel ist mit dem Haupthüllprotein verpackt. An einem der beiden Enden ist das Genom jedoch von einem zweiten Hüllprotein umgeben (Agranovsky et al. 1995). Dieses zweite Hüllprotein ist für die Übertragung entscheidend.

Indirekte Interaktion

Von einer **indirekten Interaktion** spricht man, wenn zwischen Vektorkomponente und Viruspartikel eine weitere virale Komponente für eine Wechselwirkung vorhanden sein muss. Eine solche Beteiligung eines viralen Proteins an einer Virus-Vektor-Wechselwirkung wurde aus folgenden Beobachtungen geschlossen:

Einige Vektoren können Viren übertragen, nachdem sie von einer infizierten Pflanze ihre Nahrung bezogen haben. Wird das gleiche Virus diesem Vektor jedoch in isolierter Form angeboten, sind diese Vektoren nicht in der Lage, einen Wirt zu infizieren. Lässt man den Vektor an einer Pflanze saugen, die mit einem kompatiblen, aber anderen Virus infiziert ist und bietet anschließend gereinigtes Virus an, so kann dieses letztere Virus übertragen werden.

Für diesen Übertragungsmechanismus ist ein sog. **Helferfaktor**, der viruskodiert, aber nicht Bestandteil des Partikels ist, notwendig. Am besten sind die Helferfaktoren von Potyviren untersucht, die gemeinsame Eigenschaften aufweisen und als **HC-Pro** (*helper component-proteinase*) bezeichnet werden:

- HC-Pro von verschiedenen Spezies sind austauschbar und damit komplementierungsfähig.
- HC-Pro müssen vor oder während der Aufnahme des Virus aufgenommen werden.
- HC-Pro haben ein Molekulargewicht zwischen 53 und 58 kDa, weisen eine Proteaseaktivität auf und sind als Dimere aktiv.
- HC-Pro weisen zwei Nukleinsäurebindungsstellen auf und binden an einzelsträngige Nukleinsäure, bevorzugt jedoch an RNA.

Der genaue Mechanismus des HC-Pro oder von Helferfaktoren anderer Viren ist unbekannt. Raccah et al. (2001) schlagen vor, dass das HC-Pro als Bindeglied zwischen Vektor und Virus fungiert. Dabei interagiert ein PKT (Pro-Lys-Tyr)-Motiv des HC-Pro mit dem DAG(Asp-Ala-Gly)-Motiv des Potyvirushüllproteins. Das HC-Pro mit dem Viruspartikel bindet wiederum an einen Rezeptor im vorderen Teil des Verdauungstraktes des Vektors (Abb. 8.1). Ist eine der beiden Komponenten mutiert, so verliert das Virus seine Fähigkeit, von Vektoren übertragen zu werden. Eine mechanische Übertragung kann dagegen weiterhin erfolgreich verlaufen. Maiss et al. (1995) fanden beispielsweise bei dem Isolat eines Scharkavirus (*Plum pox virus*, Potyviridae) ein mutiertes DAG-Motiv im Hüllproteingen. Dieses Isolat war nicht mehr durch Blattläuse übertragbar. Wurde jedoch der entsprechende Teil im Hüllproteingen ausgetauscht, so wurde die Übertragungsfähigkeit durch die Vektoren wieder hergestellt.

Neben den Potyviren benötigen auch **Nanoviren** ein Helferprotein. Bei **Caulimoviren** sind sogar zwei verschiedene Helferkomponenten für die Übertragung notwendig. Das 18 kDa große Genprodukt P2 von Leserahmen II und das 15 kDa große Genprodukt P3 von Leserahmen III bilden einen Komplex (s. Kap. 15.1.5).

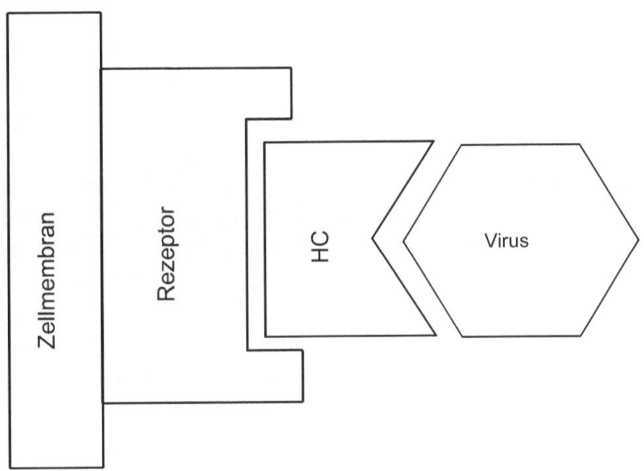

Abb. 8.1. Indirekte Interaktion von Virus und Vektor am Beispiel von Potyviren. Das virale Protein HC-Pro (*HC*) fungiert als Bindeglied zwischen Vektor und Virus. Dabei interagiert ein Pro-Lys-Tyr(PKT)-Motiv des HC-Pro mit dem Asp-Ala-Gly(DAG)-Motiv des Potyvirushüllproteins. Das HC-Pro mit dem Viruspartikel bindet wiederum an einen Rezeptor auf der Stilettoberfläche des Vektors

Die direkten und indirekten Interaktionen hängen stark von den jeweiligen Sequenzen der Hüllproteine, den vektoriellen Rezeptoren und von den Sequenzen der Helferfaktoren ab. Sie bilden die Grundlage für die biologische Aktivität der Übertragungsfähigkeit. Neben diesen Interaktionen sind aber auch die Konzentration des Virus und seine Verteilung in der Pflanze für der Wirksamkeit einer Übertragung von Bedeutung.

8.2.2 Übertragungsmechanismen bei Insekten

Wichtige tierische Vektoren mit **stechend-saugenden Mundwerkzeugen** sind Blattläuse, Zikaden, Weiße Fliege, Schmier- und Wollläuse sowie Wanzen und Fransenflügler. Wichtige Vektoren mit **beißenden** Mundwerkzeugen sind neben den Milben die Gruppe der Käfer.

Die Möglichkeiten der Übertragung sind vielfältig. Man unterscheidet die nichtpersistente, semipersistente und die zirkulative sowie die zirkulativ-propagative Übertragung.

Bei der **nichtpersistenten** Übertragung wird das Virus im Bereich des vorderen Verdauungsapparates gebunden. Die Aquisitionszeit, also die Zeit, die notwendig ist, Virus von einer infizierten Pflanze aufzunehmen, dauert in der Regel Sekunden bis Minuten und die Retentionszeit, also die Zeit, in der der Vektor potentiell infektiös ist, dauert nur Minuten. Direkt nach der Virusaufnahme ist der Vektor potentiell infektiös, eine Latenzphase ist also nicht vorhanden. Ein (oder zwei) Hüllproteine oder/und ein Helferfaktor sind für diese Art der Übertragung notwendig. Viren, die auf diese Weise übertragen werden, sind nicht auf bestimmte Gewebe der Wirtspflanze beschränkt.

Die Viren, die **semipersistent** übertragen werden, sind auf das Phloem beschränkt. Bei der semipersistenten Übertragung ist die notwendige Zeit der Virusaufnahme länger als bei der nichtpersistenten Übertragung. Dies erklärt sich aus der Art der Nahrungsaufnahme des Vektors, der ja bis zu den Phloemzellen vordringen muss. Die Dauer kann von wenigen Minuten bis zu Stunden variieren. Es gibt wiederum keine Latenzphase und der Vektor ist mehrere Stunden, also länger als bei der nichtpersistenten Übertragung, infektiös.

Ein (oder zwei) Hüllproteine oder/und ein Helferfaktor sind für diese Art der Übertragung notwendig.

Bei der zirkulativen Übertragung unterscheidet man die **zirkulative** von der **zirkulativ-propagativen** Form. Beide Formen weisen eine höhere Vektorspezifität auf als die nichtpersistente oder semipersistente Übertragungsweise. Sowohl bei der zirkulativen als auch bei der zirkulativ-propagativen Form muss das aufgenommene Virus zuerst die Darmwand des Vektors überwinden. Ist dies erfolgt, zirkuliert das Virus im Vektor, bevor es in die Speicheldrüsen gelangt. Das Eindringen in die Speicheldrüsen stellt die zweite Barriere dar. In der Darmwand, die zum Darmlumen zeigt, und auf der Membran der Speicheldrüsenzellen sind wahrscheinlich Rezeptoren angeordnet, die mit den Viren interagieren und für das Durchschleusen verantwortlich sind.

Eine **zirkulative nichtpropagative** Übertragungsweise findet sich z. B. bei Luteoviren, Nanoviren und Geminiviren, die von Blattläusen oder Weißer Fliege übertragen werden. Die Phase der Virusaufnahme ist hier recht lang und kann bei Luteoviren einige Stunden betragen. Die Latenzphase, das heißt, die Zeit, die das Virus braucht, um vom Darm in die Speicheldrüsen zu gelangen, beträgt etwa 12 h. Dieselben Viruspartikel, die aus der Pflanze aufgenommen wurden, werden auch wieder in die Pflanze abgegeben, da zwischenzeitlich keine Vermehrung stattgefunden hat.

Im Falle der **Luteoviren** ist keine virale Helferkomponente für die Übertragung notwendig. Isoliertes Virus kann von Vektoren übertragen werden. Jedoch bilden Luteoviren durch ein schwaches *stop codon* neben dem hauptsächlich gebildeten Hüllprotein ein **Durchleseprotein**, das für eine erfolgreiche Übertragung notwendig ist. Luteoviren, die dieses zweite Hüllprotein nicht mehr bilden können, werden zwar durch den Darm in das Hämocöl geschleust, erreichen aber nicht die Speicheldrüsenzellen.

Die Durchleseproteine verschiedener Viren binden an ein weiteres Protein, das von dem Endosymbionten *Buchneria* synthetisiert wird und als **Symbionin** oder **GroEL** bezeichnet wird. Diese Interaktion ist entscheidend für die Stabilität des Virus während der Retentionszeit, wenn sich das Virus im Hämocöl befindet (van den Heuvel et al. 1999).

Umbraviren bilden kein eigenes Hüllprotein und sind zwar mechanisch, jedoch nicht vektoriell übertragbar. Wenn Umbraviren in einer Mischinfektion mit Luteoviren vorliegen, werden sie jedoch zirkulativ übertragen. Dies geschieht, indem das Genom des Umbravirus durch die Hüllproteine des Luteovirus verpackt wird und dann mit der Maske des fremden Hüllproteins die Interaktionen mit dem Vektor eingeht (Robinson u. Murrant 1999).

Eine ähnliche Abhängigkeit gibt es für das *Potato spindle tuber viroid* (PSTVd), das für die Übertragung das *Potato leafroll virus* (PLRV, Luteoviridae) als Helfer benötigt. Hier ist allerdings unklar, ob das Viroid von den Hüllproteinen des Luteovirus eingepackt wird.

Bei der **zirkulativ-propagativen** Übertragung wird das von der Pflanze aufgenommene Virus im Vektor vermehrt, bevor es wieder auf andere Pflanzen übertragen wird. Neben den Rhabdoviren replizieren Reoviren, Marafiviren, Tenuiviren und Tospoviren im Vektor. Das bedeutet, dass diese Viren neben dem pflanzlichen Wirt einen weiteren Wirt, nämlich ein Insekt, aufweisen, was zuerst bei Reoviren nachgewiesen wurde.

Reoviren werden über die Eier auf die nächste Generation **transovarial** weitergegeben. Nach vielen Passagen wurden immer noch Viren trotz der erfolgten Verdünnung serologisch nachgewiesen. Auch wenn den Zikaden hohe Verdünnungen von Reoviren injiziert wurden, konnte nach einer gewissen Inkubationszeit ein Nachweis der Viren erbracht werden. Neben der Lokalisierung von Viruspartikeln in Geweben mit elektronenmikroskopischen Methoden (s. Kap. 3.4) wurden auch Wachstumskurven von Virus oder viralen Antigenen zum Nachweis der Virusreplikation herangezogen.

Von 5000 **Thripsarten** sind nur etwa zehn als Vektoren bekannt, sieben davon übertragen Tospoviren. Ein sehr effektiver Vektor für vier Spezies der Tospoviren ist *Frankliniella occidentalis*. Die Viren müssen im ersten oder zweiten Larvenstadium aufgenommen werden und dringen dann über die Darmwand in das Insekt ein. Nehmen spätere Stadien die Viren während der Nahrungsaufnahme auf, so reicht die verbleibende Lebenszeit nicht, um die Speicheldrüsen zu erreichen. Dies ist aber eine Voraussetzung für die Infektiosität. Wurde Virus dagegen im Larvenstadium aufgenommen, kann sich das Virus im Vektor ausreichend vermehren und die Speicheldrüsen erreichen. Ein Beweis der Replikation von Tospoviren im Vektor wurde über den Nachweis der Expression von Nichtstrukturproteinen erbracht (Wijkamp et al. 1993). Eine transovariale Übertragung wurde bei Tospoviren und Thripsen nicht beobachtet, ist aber bei anderen Virus-Vektor-Kombinationen möglich.

Werden Thripse von Tospoviren infiziert, zeigen diese keine Krankheitssymptome oder eine höhere Sterblichkeit. Bei anderen Virus-Vektor-Kombinationen, bei denen das Virus repliziert, beobachtet man teilweise jedoch eine erhöhte Sterblichkeit. Eine Voraussetzung für die Übertragung von Tospoviren ist eine Interaktion der viralen Glykoproteine mit den membranständigen Rezeptoren des Vektors. Bei mechanischer Übertragung fehlt der Selektionsdruck und die Viren verlieren durch Punktmutationen in dem Glykoproteingen die Fähigkeit, vektorübertragbare Partikel auszubilden.

8.2.3 Übertragung durch Fadenwürmer (Nematoden)

Fadenwürmer, die Viren übertragen können, parasitieren die Wurzeln ihrer Wirte, leben ektoparasitisch und wandern. Das Virus wird mit der Nahrung in den Nahrungsapparat aufgenommen und dort spezifisch gebunden, bevor es durch Änderung äußerer Faktoren, wie dem pH-Wert des Speichelflusses, wieder abgegeben wird. Die Viren können über Monate im Vektor verbleiben, es findet jedoch keine Vermehrung statt. Viren wurden auch nie innerhalb von Zellen, sondern immer nur gebunden an spezifische Bereiche des Nahrungsaufnahmetraktes gefunden.

Fadenwürmer aus zwei Familien sind bisher als Virusüberträger identifiziert worden. Von der Familie der Longidoridae übertragen die Genera *Xiphinema*, *Longidorus* und *Paralongidorus* Viren aus dem Genus *Nepovirus*, während aus der Familie der Trichodoridae die Genera *Trichodorus* und *Paratrichodorus* Vertreter des Genus *Tobravirus* übertragen. Die Art der Übertragung wird als **pseudopersistent** bezeichnet.

8.3 Weitere Möglichkeiten der Virusübertragung

8.3.1 Virusübertragung durch Pilze

Pilze, die Viren übertragen, sind Bodenbewohner, leben endoparasitisch und besiedeln die Wurzeln der Wirtspflanze. Die Viren können sich innerhalb der Pilze befinden oder außen an der Oberfläche adsorbiert sein.

Die **Schleimpilze** (Plasmodiophorales) *Polymyxa* und *Spongospora* übertragen einige filamentöse oder stäbchenförmige Viren, während der **Chytridiomycet** *Olpidium brassicae* einige isometrische Viren überträgt. Das Hüllprotein des Virus ist für die Übertragbarkeit von Bedeutung. So konnte für das *Cucumber necrosis virus* (CNV, *Tombusvirus*) gezeigt werden, dass der Austausch einer Aminosäure innerhalb des Hüllproteins eine Übertragung verhindern kann (Robbins et al. 1997). Durch Pilze werden Furoviren, Pecluviren, Pomoviren, Benyviren, Bymoviren (Potyviridae), Necroviren (Tombusviridae) und Varicosaviren übertragen.

8.3.2 Übertragung durch Samen und Pollen

Man bezeichnet Viren als samenübertragbar, wenn sich aus dem **Samen** eine virusinfizierte Pflanze entwickelt und sich ein Virus auf diesem Wege von einer zur nächsten Generation ausbreitet. Dabei können die Viruspartikel als Kontamination dem Samen außen anhaften, sich im Nährgewebe des Samens oder im Embryo befinden. Der Embryo kann vor oder nach der Befruchtung infiziert worden sein. Da keine symplastische Verbindung zwischen Embryo und übrigem Gewebe besteht, muss das Virus auf anderem Weg in den Embryo eindringen. Der Mechanismus ist nicht geklärt, jedoch scheint es eine Abhängigkeit von Infizierbarkeit und Samenalter zu geben. Die Samenübertragung stellt für einige Viren eine gute Möglichkeit zur **Überwinterung** dar. Ein Siebtel der Pflanzenviren werden so übertragen, jedoch nur in bestimmten Virus-Wirt-Kombinationen. Die Effektivität der Übertragbarkeit schwankt und hängt unter anderem vom Virusisolat, dem Wirt und auch äußeren Faktoren wie der Temperatur ab.

Viren können auch über **Pollen** übertragen werden. Der Pollen wird entweder über die Mutterpflanze infiziert oder es werden beim Auskeimen des Keimschlauches Viren aufgesammelt und haften dann dem Pollen außen an. Oftmals ist virsusinfizierter Pollen weniger vital und es treten Störungen der Entwicklung auf, so dass die Effektivität der Pollenübertragbarkeit begrenzt ist. Der Pollen kann von Wind, durch Transport von Pflanzenmaterial und Insekten, wie z. B. Thripsen, zur nächsten Pflanze transportiert werden. So können die Ilarviren indirekt durch Thripse über den Transport von infiziertem Pollen übertragen werden. Alle Viren, die durch Pollen übertragbar sind, sind auch samenübertragbar, aber nur einige samenübertragbare Viren sind auch pollenübertragbar.

Ilarviren, Kryptoviren (Partitiviridae), Carlaviren, Capilloviren, Trichoviren, Pecluviren, Hordeiviren, Sobemoviren und Ideaoviren werden teilweise durch Samen und teilweise auch über Pollen übertragen.

8.3.3 Mechanische Übertragung im Feld

Die **mechanische Übertragung** hat in der Praxis nur in wenigen Fällen eine Bedeutung. Besonders die stabilen Tobamoviren können über Hände und Kleidungsstücke auf diese Weise übertragen werden. Die Infektion gelingt über kleinste Wunden an der Pflanzenoberfläche. Eine große Bedeutung haben kontaminierte Geräte, die bei Kulturmaßnahmen eingesetzt werden. Zigaretten können infektiöses Virus enthalten und über die Hände des Rauchers bei Pflanzenkontakt eine Infektion verursachen.

Eine weitere Möglichkeit der mechanischen Übertragung ist die Übertragung durch **Bodenwasser**. Viren aus kontaminierter Erde können in kleinste Verletzungen der Wurzel eindringen. Des Weiteren können Viren durch den Kontakt von oberirdischen Pflanzenteilen übertragen werden. Neben Tobamoviren und Potexviren werden auch Carlaviren und Hordeiviren in der Natur mechanisch übertragen.

8.3.4 Übertragung durch vegetative Vermehrung

Eine weit verbreitete Praxis in der Pflanzenproduktion ist die **vegetative Vermehrung**. Viren, die bei systemischer Infektion in allen Geweben enthalten sind, werden auf die Nachkommen übertragen. Diese Pflanzenteile können beispielsweise Stecklinge, Knollen, Zwiebeln oder Ausläufer sein. Auch Ausgangsmaterial, das zur Vermehrung in *In-vitro*-Kulturen verwendet wird, kann mit Viren infiziert sein und sollte deswegen vor der Vermehrungsphase unbedingt auf Virusfreiheit getestet werden. Die Ausbreitung über die vegetative Vermehrung gewinnt an wirtschaftlicher Bedeutung, da heutzutage mehr und mehr Nutzpflanzen über Mikropropagation vermehrt werden.

8.3.5 Übertragung durch Veredelung

Besonders im Obst- und Weinanbau ist das Veredeln (**Pfropfen**) wichtig. Beim Veredeln kommt eine symplastische Verbindung zwischen Unterlage und Reiser zustande, die zu einer Virusinfektion einer der beiden Komponenten führen kann. Oftmals reicht auch schon eine längere Kontaktzeit zwischen beiden Komponenten für eine solche Infektion aus. Da bei holzigen Pflanzen die Verteilung des Virus in der Pflanze nicht homogen ist, kann die Unterlage bzw. der Reiser virusfrei sein, obwohl er von einer infizierten Pflanze abstammt. Die Pfropfung stellt für die experimentelle Pflanzenvirologie eine interessante Möglichkeit dar, mechanisch schwer oder nicht übertragbare Viruspopulationen zu erhalten und zu vermehren.

8.3.6 Übertragung durch Kleeseide

Wirtschaftlich geringe Bedeutung hat die Übertragung von Viren durch **Kleeseide** (*Cuscuta* spp.). Kleeseide ist ein Parasit an höheren Pflanzen und bildet Haustorien, die sich mit dem Leitgefäßsystem ihres Wirtes verbinden und Viren transportieren können. Im Gegensatz zum Veredeln, bei dem die Wirte eng verwandt sein müssen, um eine symplastische Verbindung einzugehen, können über die „Brücke" Kleeseide zwei weniger eng verwandte Pflanzenarten verbunden werden.

8.4 Kontrolle der Ausbreitung von Viren

Viren werden durch den Menschen selbst, durch vegetative Vermehrung, Samen, Pollen oder durch Vektoren von Pflanze zu Pflanze weitergegeben. Das Problem der Übertragung durch den Menschen kann durch Hygiene-, Kulturmaßnahmen und Quarantäne minimiert werden. Werden Viren durch Vektoren übertragen, sollten die Pflanzen zur Minimierung der Schäden unter kontrollierten Bedingungen wie in Gewächshäusern mit Einsatz von **Insektiziden** oder in **isolierten Lagen** mit keinem oder geringem Vektorvorkommen angebaut werden. So werden Kartoffeln für die

Saatgutproduktion in Gebieten angebaut, in denen Vektoren erst zu einem späten Zeitpunkt innerhalb der Saison auftreten. Dadurch wird die Wahrscheinlichkeit einer Infektion vermindert. Oberirdische Pflanzenteile sollten so früh als möglich vernichtet werden, um eine chemische Bekämpfung von Vektoren durch Insektizide zu reduzieren. Solche Maßnahmen sind aber nur für wertvolle Kulturen lohnenswert. Ein weiterer Ausweg ist die Züchtung von vektorresistenten Varietäten. So wurden beispielsweise Unterlagen für Wein gezüchtet, die resistent sind gegen Nepoviren-übertragende Fadenwürmer. Bei der Anlage von langjährigen Kulturen ist die Prüfung des Bodens von besonderer Bedeutung, da heutzutage in Deutschland keine Bekämpfungsmittel zur Vernichtung von virusübertragenden Fadenwürmern oder Pilzen zur Verfügung stehen.

Literatur

Agranovsky AA, Lesemann DE, Maiss E, Hull R, Atabekov JG (1995) „Rattlesnake" structure of a filamentous plant RNA virus built of two capsid proteins. Proc Natl Acad Sci USA 92: 2470–2473

Gray SM, Banerjee N (1999) Mechanism of arthropod transmission of plant and animal viruses. Microbiol Mol Biol Rev 63: 128–148

Harris KF (1977) An ingestion-egestion hypothesis of non-circulative virus transmission. In: Harris KF, Maramorosch K (eds) Aphids as virus vectors. Academic Press, New York, pp 166–208

Harris KF (1981) Arthropod and nematode vectors of plant viruses. Annu Rev Phytopathol 19: 391–426

Kennedy JS, Day MF, Eastop VF (1962) A conspectus of aphids as vectors of plant viruses. Commonwealth Institute of Entomology, London

Maiss E, Casper R, Deborré G, Jelkmann W (1995) Complete nucleotide sequence of a plum pox potyvirus isolate (PPV-Sc) deriving from sour cherries and influence of a coat protein sequence motif on aphid transmission. Acta Hort 386: 340–345

Martin B, Collar LJ, Tjallingii WF, Fereres A (1997) Intracellular ingestion and salivation by aphids may cause the acquisition and inoculation of non-persistently transmitted plant viruses. J Gen Virol 78: 2701–2705

Perry KL, Zhang L, Palukaitis P (1998) Amino acid changes in the coat protein of cucumber mosaic virus differentially affect transmission by the aphids Myzus persicae and Aphis gossypii. Virology 242: 204–210

Raccah B, Blanc S, Huet H (2001) Molecular basis of vector transmission: Potyviruses. In: Harris K, Duffus JE, Smith OP (eds) Virus-insect-plant interactions. Academic Press, San Diego, pp 181–206

Robbins MA, Reade RD, Rochon DM (1997) A cucumber necrosis virus variant deficient in fungal transmissibility contains an altered coat protein shell domain. Virology 234: 138–146

Robinson DJ, Murrant AF (1999) Umbraviruses. In: Granoff A, Webster RG (eds) Encyclopedia of virology, 2nd edn. Academic Press, San Diego, pp 1855–1859

Van den Heuvel JFJM, Bruyere A, Hogenhaut SA, Ziegler-Graff V, Brault V, Verbeek M, van der Wilk F, Richards K (1997) The N-terminal region of the luteovirus readthrough domain determines virus binding to *Buchneria* GroEL and is essential for virus persistence in aphids. J Virol 71: 7258–7265

Van den Heuvel JFJM, Hogenhaut SA, van der Wilk F (1999) Recognition and receptors in virus transmission by arthropods. Trends Microbiol 7: 71–76

Watson MA, Roberts FM (1939) A comparative study of the transmission of *Hyocamus* virus 3, potato virus Y and cucumber mosaic virus by the vector Mycus persicae (Sulz), M. circumflexus (Buckton) and Makrosiphon gei (Koch). Proc R Soc London B 127: 543–576

Wijkamp I, van Lent J, Kormelink R, Goldbach R, Peters D (1993) Multiplication of tomato spotted wilt virus in its insect vektor. J Gen Virol 74: 341–349

Molekularbiologie
einzelner Virusgruppen

9 Starre Stäbchen mit (+)ssRNA-Genom

Zu den ssRNA-Viren, deren Partikelmorphologie mit „**starre Stäbchen**" beschrieben wird, zählt der Genus *Tobamovirus* (monopartite) und die Genera *Benyvirus, Furovirus, Hordeivirus, Pecluvirus, Pomovirus,* und *Tobravirus (bi- oder multipartite;* van Regenmortel et al. 2000). In diesem Kapitel wird primär auf die Eigenschaften von Mitgliedern der Genera *Tobamo-* und *Tobravirus* eingegangen, da diese sowohl in Bezug auf die Funktion ihrer Proteine als auch deren Interaktion mit den Wirtsproteinen am besten untersucht sind. Speziell interessierte Leser werden auf die systematischen Kapitel in diesem Buch (s. Kap. 6) oder auf die Arbeiten des ICTV und seiner Mitglieder verwiesen (Martelli 1997; van Regenmortel et al. 2000; Tidona u. Darai 2001).

9.1 Genus Tobamovirus

Eine historische Übersicht der über hundertjährigen Forschungsgeschichte des *Tobacco mosaic virus* (TMV) findet man bei Bos (1999) und in Kap. 1. **Tobamoviruspartikel** (18×300 nm) bestehen aus einem linearen **RNA**-Molekül mit **positiver Polarität** und einer Länge von ca. 6400 Nukleotiden, das von ca. 2130 **helikal angeordneten** identischen **Hüllproteinmolekülen** umschlossen ist (s. Kap. 4.3). Jedes der Hüllproteine besteht bei TMV aus 158 Aminosäuren mit einem Molekulargewicht von jeweils 17,5 kDa. Bei anderen Tobamovirusspezies findet man bis zu 163 Aminosäuren und damit geringfügig höhere Molekulargewichte. Die außerordentliche Stabilität der Viruspartikel beruht auf starken Protein-Protein-Wechselwirkungen, die dazu führen, dass *in vitro* auch in Abwesenheit von RNA stäbchenförmige Strukturen gebildet werden. Eine weitere Stabilisierung wird durch RNA-Protein-Wechselwirkungen (s. Abb. 4.8) erreicht. Dabei schließt sich eine axiale Spalte nach Umstrukturierung der Hüllproteine, wodurch die RNA in dieser Spalte fixiert wird (s. Abb. 7.4).

9.1.2 Genomaufbau und Expressionsstrategien

Alle komplett sequenzierten Tobamovirusgenome enthalten **vier ORFs**, die in drei Nicht- und ein Strukturprotein translatiert werden (Okada 1999). Alle viralen RNAs starten am 5'-Ende mit einem m^7-Gppp-**Cap**, gefolgt von einer 60–70 nt langen 5'-untranslatierten Region und enden am 3'-Ende mit einem gleichfalls untranslatierten Bereich (Abb. 9.1). Dieser 3'-untranslatierte Bereich kann sich aufgrund von Basenpaarung zu einer **tRNA**-ähnlichen Struktur falten und auch wie eine tRNA am 3'-Ende mit Histidin aminoacyliert werden.

Zwischen den untranslatierten Bereichen liegen die vier ORFs (s. Abb. 9.1). Der erste und zweite ORF werden direkt von der viralen RNA translatiert, das Produkt des ORF1 führt zu einem 126/130-kDa-Protein, das im Verhältnis 10:1 aufgrund eines *leaky stop* zu einem Fusionsprotein mit dem ORF2 verlängert wird und so zum 180/183-kDa-Protein wird (s. Abb. 9.1).

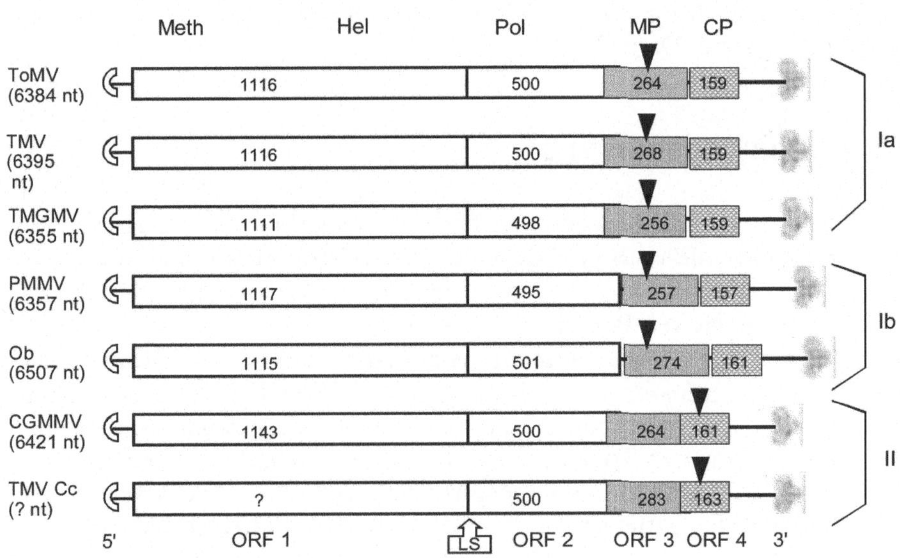

Abb. 9.1. Genomstrukturen bei Tobamoviren (mod. nach Okada 1999). Die *Rechtecke* markieren die 4 ORFs mit Angabe der Zahl der kodierten Aminosäuren. Die *Zahlen in Klammern* unter den Virusspezies geben die Gesamtzahl der Nukleotide an. Die Symbole am 5'- und 3'-Ende stehen für die Cap- und tRNA-Struktur. Die Position des *origin of assembly* ist durch ein ▼ markiert. Die Gruppen Ia und Ib sowie II gemäß der Anordnung der ORFs sind am rechten Rand gekennzeichnet. Die Lage der funktionellen Domänen bzw. Bezeichnung der Proteine sind oberhalb der Grafik markiert durch: *Meth* Methyltransferase; *Hel* Helikase; *Pol* RNA Polymerase; *MP* Transportprotein; *CP* Hüllprotein. In der untersten Zeile sind die ORFs und die Lage des *leaky stop* (*LS*) markiert

Abb. 9.2. Faltung der TMV-RNA im Bereich des *origin of assembly*. Essentiell für die Initiierung der Stäbchenbildung ist der mit einem *Pfeil* gekennzeichnete *Loop* 3. (Mod. nach Zimmern 1983)

Für das Durchlesen des UAG-Stoppkodons ist eine spezielle Suppressor-tRNA mit dem Anti-Kodon GΨA erforderlich (Beier et al. 1984). Die beiden Translationsprodukte fungieren als Replikasekomplex und enthalten im ORF1 eine **Methyltransferase-** und eine **Helikase**domäne. Diesen wird im 180-kDa-Fusionsprotein noch die eigentlich **Polymerasedomäne** zugefügt (s. Abb. 9.1).

Die nachfolgenden zwei ORFs (Transportproteingen, Hüllproteingen) werden zunächst zu subgenomischen mRNAs transkribiert. Allerdings wird für die Translation des Transportproteins auch die direkte Translation der viralen RNA aufgrund einer vorliegenden internen Ribosomen Eintrittsstelle (IRES-Element, s. Kap. 7) diskutiert (Ivanov et al. 1997, Skulachev et al. 1999).

Neben den ORFs befinden sich auf der viralen RNA wichtige strukturelle Bereiche, die zum Teil nicht translatiert werden, aber **regulierende Funktionen** haben (s. Abb. 9.1). Dies sind zum einen der als Ω bezeichneten G-freie Bereich vor dem ersten Startkodon, der eine *poly*-CAA-Sequenz beinhaltet. Dieser Bereich wurde durch Mutationen an infektiösen Klonen und durch Integration vor Markergenen als Translationsverstärker identifiziert. Es folgt im 3'-Bereich, entweder innerhalb des ORF3 oder 4, ein Bereich der insgesamt drei Schleifen (*loops*) formen kann (Abb. 9.2) und der bei allen Tobamoviren für die Initiierung der Stäbchenbildung verantwortlich ist, der sog. *origin of assembly* (**OA**).

Die Schleife 3 ist für die **Initiierung der Stäbchenbildung** essentiell; besonders scheint die Sequenz AACAAG im oberen ungepaarten Bereich (*loop*) wichtig zu sein. Aber nicht nur diese Sequenz, sondern auch die Länge des Stamms der gepaarten Basen, die in diesem *loop* endet, scheint für die Effizienz der Struktur bei der Initiierung der Partikelbildung eine Rolle zu spielen (s. Abb. 7.4).

Je nachdem, ob der OA im Bereich des Transportproteins liegt oder in den nachfolgenden ORF des Hüllproteins verschoben ist, kommt es *in vivo* zur Entstehung von einem oder zwei Stäbchen mit definierter Länge. Das 300-nm-Stäbchen enthält die virale RNA, während die kurzen Stäbchen die subgenomische mRNA für das Hüllprotein enthalten. Ikeda et al. (1993) haben die verschiedenen Tobamoviren nach der Position des OA (ORF3 oder ORF4) sowie nach der Überlappung ihrer ORFs in drei Untergruppen eingeteilt (s. Abb. 9.1). Im 3'-untranslatierten Bereich der TMV-RNA liegt ein Bereich, der fünf *pseudoknots* ausbildet, wovon die letzten zwei aufgrund der eingenommenen Struktur und Aminoacylierung mit Aminosäuren als tRNA-ähnliche Struktur bezeichnet werden. Diese Strukturen sind vermutlich an der Replikation beteiligt, da hier durch *Primer* die (−) Strangsynthese initiiert wird (s. Kap. 7), während die vorgeschalteten drei *pseudoknots* möglicherweise mit einem 102-kDA-Wirtsprotein interagieren, das den 5'- und 3'-Bereich einer viralen RNA zusammenbringt und so für die Bildung von Translationskomplexen verantwortlich gemacht wird (Zeyenko et al. 1994).

9.1.3 Verbreitung und wirtschaftliche Bedeutung

Tobamoviren sind weltweit verbreitet. Die Hauptwirte sind die **Nachtschattengewächse** und die **Kreuzblütler** (Lartey et al. 1996). Da Tobamoviren keine Vektoren haben, erfolgt die **Verbreitung** innerhalb der Kulturpflanzen entweder über virushaltige Pflanzenbestandteile im Boden, durch **Kulturmaßnahmen,** bei denen es zu Verwundungen in den Beständen kommt, oder durch *In-vitro*-Vermehrung von Pflanzen aus unerkannt infiziertem Material. Auch die Verbreitung mit **Saatgut** ist bekannt. Das Virus haftet allerdings nur außen dem Samen an, bei Tomatensamen in der Gleba. Durch Warmwasserbehandlung und Entfernung der Gleba wird die Gefährdung der Keimlinge behoben. In neuerer Zeit hat die zunehmende Verbreitung durch TMV über kontaminierte Nährlösung zur Ausbreitung geführt. Dabei geben infizierte Pflanzen Viren in die Nährlösung ab, die durch Zirkulation zur Ausbreitung im Bestand führt. So kommt es zur Infektion neuer Pflanzen über die Wurzeln. Die wirtschaftlichen Schäden, insbesondere in gärtnerischen Kulturen, können beträchtlich sein, einerseits durch reduzierte Ernteerträge, andererseits durch Handelsbeschränkungen, die sich aus virusinfiziertem Pflanzenmaterial ergeben (Alonso et al. 1989).

9.1.4 Virus-Wirt-Interaktionen

Die Zuordnung von Funktionen zu den vier viral kodierten Proteinen wurde zum Teil aus Arbeiten mit Mutanten und Sequenzdaten möglich (Siegel et al. 1962; Ohno et al. 1983). Erst die Herstellung infektiöser Klone (s. Kap. 3.6.3) und damit die Möglichkeiten zur reversen Genetik erlaubte die Aufklärung der Funktionen der ORFs 1 und 2 und die Bestätigung der experimentellen Daten für ORF 3 und 4 sowie Hinweise auf die zusätzlichen Funktionen bestimmter Sequenzabschnitte (Dawson et al. 1986; Okada 1999). Teile dieser so erzielten Ergebnisse sind in Tabelle 9.1 zusammengefasst. Danach sind **ORF 1** und **2** für die **Replikation** und **Transkription** erforderlich, **ORF 3** zeichnet für den **Zell-zu-Zell-Transport** verantwortlich, das **Hüllprotein** aus **ORF 4** ist für den Langstreckentransport im Gefäßsystem notwendig.

Tabelle 9.1. Eigenschaften von gentechnologisch hergestellten TMV-Mutanten mit Deletionen der vier verschiedenen viralen Proteine und daraus resultierenden Eigenschaften (nach Okada 1999). Künstlich hergestellte TMV-Mutanten von Ishikawa et al. 1986, Meshi et al. 1987, Watanabe et al. 1987

Künstlich hergestellte TMV-Mutanten	Replikation	Transport	
		Zell-Zell	Gefäße
TMV-Wildtyp-Klon	++	+	+
Mutante ohne 180-, aber mit 130-k-Protein	−		
Mutante ohne 130-, aber mit 180-k-Protein	+	+	+
Mutante ohne 30-k-Protein	++	−	
Mutante ohne Hüllprotein	++	+	−

Erst nachdem alle Funktionen der viralen Genprodukte bekannt waren, konnte mit Erfolg nach kooperierenden Wirtsproteinen gesucht werden. So berichten Osman u. Buck (1997) von einem **56-kDa-Protein,** das mit dem 130- und 180-kDa-Protein einen funktionsfähigen RdRp-Komplex formt. Analysen ergaben eine Verwandtschaft mit der RNA-bindenden Untereinheit des Hefe-eIF-3-Faktors. Für das Transportprotein (**MP**) wird eine Interaktion mit dem zellwandspezifischen Rezeptorprotein p38 beschrieben, das als Kinase das MP phosphoryliert und so den Durchtritt durch Plasmodesmata regelt (Citovsky 1999, s. Kap. 7).

9.2 Genus Tobravirus

Tobraviren sind stäbchenförmige Viren mit einem zweigeteilten Genom. Der Name des Genus leitet sich vom Typstamm, dem *Tobacco rattle virus* (TRV), ab. Neben TRV sind im Genus die beiden Spezies *Pepper ringspot virus* (PepRSV) und *Pea early browning virus* (PEBV) vertreten.

9.2.1 Struktur

Tobraviren ähneln in ihrem Aufbau den Tobamoviren. Die Stäbchen sind mit 21 bis 23 nm aber etwas breiter und besitzen aufgrund ihres zweigeteilten Genoms zwei Längen. Die längeren Stäbchen sind 180 bis 250 nm lang, die kürzeren variieren zwischen 50 und 120 nm. Wie bei den Tobamoviren sind die Wechselwirkungen der Hüllproteine so stark, dass sog. **Doppelscheiben** auch ohne die Beteiligung von Nukleinsäure entstehen können (vgl. Kap. 9.1).

9.2.2 Replikation, Genexpression und Morphogenese

In den längeren Stäbchen ist die **RNA1** (6800 nts) und in den kürzeren die **RNA2** (1800–4500 nts) verpackt.

Wie bei den Tobamoviren weisen die Tobraviren am 5'-Terminus beider viraler RNAs eine **Cap-Struktur** auf und das 3'-Ende besitzt ebenfalls eine **tRNA-ähnliche Struktur** (van Belkum et al. 1987). Im Gegensatz zu den Tobamoviren wird diese tRNA-ähnliche Struktur aber nicht aminoacyliert (Abb. 9.3).

Auch die Genomorganisation ähnelt stark den monopartiten Tobamoviren. Der 5'-proximale ORF1 kodiert als Durchleseprotein P1 für zwei

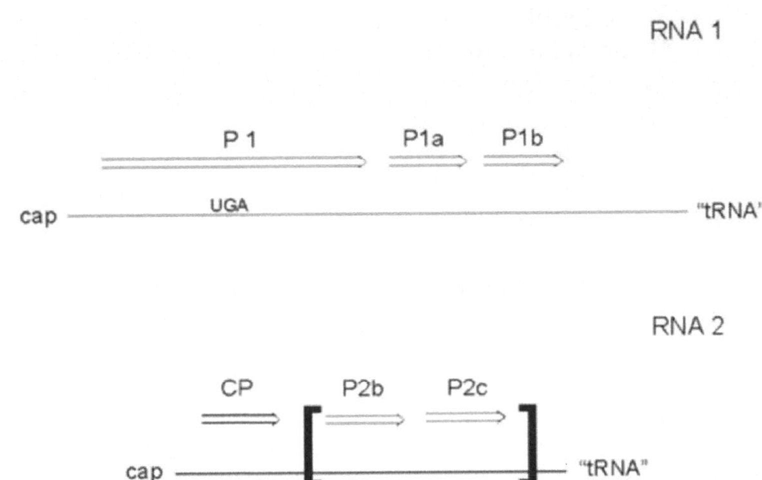

Abb. 9.3. Genom von Tobraviren. Die RNA1 kodiert am 5'-proximalen Ende (ORF1) für das Durchleseprotein P1 mit Polymerasefunktion. Dieses wird direkt von der viralen RNA translatiert. Die Proteine P1a (Transportprotein, MP) und P1b (Beteiligung bei der Samenübertragung) werden dagegen von subgenomischen RNAs translatiert. Die RNA2 kodiert für das Hüllprotein (CP) und die Proteine P2b und P2c, die für die Vektorübertragung essentiell sind. Die 5'-Enden weisen eine Cap-Struktur, die 3'-Enden eine tRNA-ähnliche Struktur („tRNA"), die nicht aminoacyliert wird, auf

Proteine mit einer Größe von 134 bzw. 194 kDa (Harrison et al. 1986). Diese weisen Sequenzhomologien mit den analogen Polymeraseproteinen von Tobamoviren und anderen stäbchenförmigen Viren wie den Furoviren auf (Boccara et al. 1986; König et al. 1997). Alle diese Gene werden direkt von der viralen RNA translatiert, wobei das 194 kDa große Protein über einen Durchlesemechanismus exprimiert wird. Im Gegensatz zu dem Durchlesemechanismus bei den Tobamoviren mit dem Stoppkodon UAG wird als Stoppkodon bei den Tobraviren UGA benutzt. Die beiden distalen Gene der RNA 1 werden von subgenomischen RNAs translatiert. Der ORF 1a entspricht dem Transportprotein der Tobamoviren und weist Homologien zu diesem auf. Der ORF, der für das Protein P1b kodiert, entspricht jedoch nicht dem Hüllprotein der Tobamoviren. Vielmehr weist dieses Protein (TRV: 16 kDa, PEBV: 12 kDa) ein **Zinkfingermotiv** auf und ist wahrscheinlich an der Samenübertragung beteiligt (Wang et al. 1997). Die RNA1 kann sich unabhängig von der RNA2 im Wirt vermehren und sich dort, wenn auch langsamer, ausbreiten. Jedoch werden bei einer Infektion nur mit RNA1 keine Partikel ausgebildet, da kein Gen für ein Hüllprotein vorhanden ist. Wenn keine Viruspartikel ausgebildet werden, spricht man von einer **NM-Typ**-Infektion. Im Gegensatz dazu werden die partikel-produzierenden Isolate als **M-Typen** bezeichnet.

Die Genomorganisation der **RNA2** ist sehr variabel. Alle RNA2 enthalten mindestens den ORF, der für das Hüllprotein kodiert (Angenent et al. 1989). Daneben sind ORFs für bis zu drei weitere Nichtstrukturproteine vorhanden. Das Protein 2b und möglicherweise auch 2c ist für die Übertragung mit Nematoden verantwortlich. Eines oder beide ORFs können aber fehlen.

Die RNA1 und RNA2 der Tobraviren enthalten einen konservierten 3'-Terminus, der auf der RNA2 verkürzt sein kann. Bei einigen Isolaten ist das ORF 1b der RNA1 vollständig auf der RNA2 als Duplikat enthalten, bei anderen Isolaten aber nur teilweise oder nicht vorhanden.

Als Besonderheit treten bei Tobraviren natürlich **rekombinante Isolate** auf, deren RNA1 von TRV abgeleitet ist, während zumindest große Teile der RNA2, in der Regel der 3'-Terminus und die hüllproteinkodierende Sequenz, von PEBV abstammen (Mc Farlane 1997). Solche Isolate werden als anormale TRV-Isolate bezeichnet (Goulden et al. 1991).

9.2.3 Übertragung von Tobraviren durch Nematoden

Im Gegensatz zu den vektorlos übertragenen Tobamoviren werden Tobraviren durch tierische Vektoren, und zwar von **Fadenwürmern** (Nematoden) innerhalb der Familie der *Trichodoridae*, semipersistent übertragen. *Paratrichodorus pachydermus* und *Trichodorus primitivus* wurden am häufigsten als Vektor nachgewiesen. Diese beiden Arten sind auch in Deutschland weit verbreitet (Ploeg et al. 1997). Die Virus-Vektor-Interaktionen sind spezifisch für bestimmte Virusisolate und Nematodenarten (Ploeg et al. 1997). Sowohl adulte als auch juvenile Nematoden können Viren übertragen, allerdings bleibt die Übertragungsfähigkeit nach erfolgter Häutung nicht erhalten. Die Akquisition des Virus erfolgt durch Anstechen infizierter Zellen der Wurzelspitze und längerer Saugtätigkeit. Für die Anlagerung der Viruspartikel ist wahrscheinlich das **Helferprotein** P2b notwendig, das als Brücke zwischen Vektor und Virushüllprotein agiert (Vellios et al. 2002, s. Kap. 8.2.1).

9.2.4 Pathogenese und wirtschaftliche Bedeutung

Aufgrund des großen Wirtspflanzenkreises – Tobraviren können fast 1000 Spezies aus 80 Familien infizieren – verursachen Viren aus diesem Genus eine Vielzahl von Erkrankungen. Wirtschaftlich bedeutende Wirte sind **Kartoffeln** und zwiebelbildende **Zierpflanzen** wie Tulpen, Gladiolen und Hyazinthen. Die von TRV verursachte Krankheit an Kartoffel wird als **Stengelbuntkrankheit** und als **Eisenfleckigkeit** bezeichnet. Die Symptome an oberirdischen Pflanzenteilen sind bei dieser Krankheit oft weniger gravierend als die Symptome der Knollen, die eine erhebliche Qualitätsminderung darstellen. Ein Befall zwischen 5% und 10% führt in vielen Fällen zur Unverkäuflichkeit des Erntegutes (Williams et al. 1996). Die Symptome können mit den Symptomen des *Potato mop-top virus* (Pomovirus) oder mit physiologischen Störungen verwechselt werden.

TRV wurde in weiten Teilen Europas sowie Japan, Neuseeland und Nordamerika gefunden. PEBV kommt in Europa und Nordamerika vor, das PepRSV wurde bisher nur in Südamerika beschrieben.

9.2.5 Diagnose und Bekämpfung

Die **Differenzierung** der drei Spezies innerhalb des Genus *Tobravirus* erfolgt auf der Grundlage der **RNA1-Sequenz**. Diese RNA weist innerhalb der Spezies extensive Sequenzhomologien auf, weicht aber zwischen den Spezies voneinander ab. Daneben werden die Tobraviren aufgrund der serologischen Reaktionen der Hüllproteine in verschiedene Serogruppen eingeteilt. Serologische Methoden für den Nachweis sind jedoch wegen einer antigenen Variabilität (van der Vlugt 1988) problematisch. Außerdem können rekombinante Isolate, die sich serologisch wie PEBV verhalten, jedoch aufgrund der RNA1 als TRV bezeichnet werden müssen (vgl. Kap. 9.2.1), zweifelhafte Ergebnisse liefern. NM-Isolate ohne Partikelbildung, also auch ohne Hüllprotein, können serologisch überhaupt nicht detektiert werden.

Die Bekämpfungsmöglichkeiten beschränken sich im Wesentlichen auf phytosanitäre Maßnahmen zur Beseitigung von Infektionsquellen. Eine Bekämpfung der Vektoren mit Nematiziden ist wegen der Zulassungsbeschränkungen solcher Mittel heute kaum mehr möglich. Das Spektrum zwischen Anfälligkeit und Resistenz bei verschiedenen Kulturpflanzen ist oftmals abhängig von den jeweiligen Serotypen der Virusisolate.

Literatur

Angenent GC, Verbeek HBM, Bol JF (1989) Expression of the 16K cistron *of Tobacco rattle virus* in protoplasts. Virology 169: 305–311

Alonso E, Garcia-Luque I, Avila-Rincon MJ, Wicke B, Serra MT, Diaz-Ruiz JR (1989) A tobamovirus causing heavy losses in protected pepper crops in Spain. J Phytopathol 125: 67–76

Beier H, Barciszewska M, Krupp G, Mitnacht R, Gross HJ (1984) UAG readthrough during TMV RNA translation; Isolation and sequence of two tRNAs^{tyr} with suppressor activity from tobacco plants. EMBO J 3: 351–356

Boccara M, Hamilton WDO, Baulcombe DC (1986) The organisation and interviral homologies of genes at the 3'end of *Tobacco rattle virus* RNA1. EMBO J 5: 223–229

Bos L (1999) Beijerinck's work on tobacco mosaic virus: historical context and legacy. Phil Trans RSoc Lond B 354: 675–685

Citovsky V (1999) Tobacco mosaic virus: a pioneer of cell-to-cell movement. Phil Trans R Soc Lond B 354: 637–643

Dawson WO, Beck DL, Knorr DA, Grantham GL (1986) cDNA cloning of the complete genome of tobacco mosaic virus and production of infectious transcripts. Proc Natl Acad Sci USA 83: 1832–1836

Goulden MG, Lomonossoff GP, Wood KR, Davies JW (1991) A model for the generation of *Tobacco rattle virus* (TRV) anomalous isolates: Pea early browning virus RNA-2 acquires TRV sequences from both RNA-1 and RNA-2. J Gen Virol 72: 1751–1754

Harrison BD, Robinson DJ (1986) Tobraviruses. In: van Regenmortel MHV, Fraenkel-Conrat H (eds) The plant viruses – The rod-shaped plant viruses, vol 2. Plenum Press, New York, pp 339–369

Ikeda R, Watanabe E, Watanabe Y, Okada Y (1993) Nucleotide sequence of tobamovirus Ob which can spread systemically in N gene tobacco. J Gen Virol 74: 1939–1944

Ishikawa M, Meshi T, Motoyoshi F, Takamatsu N, Okada Y (1986) *In vitro* mutagenesis of the putative replicase genes of tobacco mosaic virus. Nucleic Acids Res 14: 8291–8305

Ivanov PA, Karpova OV, Skulachev MV, Tomashevskaya OL, Rodionova NP, Dorokhov YL, Atabekov JG (1997) A tobamovirus genome that contains an internal ribosome entry site functional *in vitro*. Virology 232: 32–43

König R, Loss S (1997) Beet soil-borne virus RNA1: genetic analysis enabled by a starting sequence generated with primers to highly conserved helicase-encoding domains. J Gen Virol 78: 3161–3165

Lartey RT, Voss TC, Melcher U (1996) Tobamovirus evolution: Gene overlaps, recombination, and taxonomic implications. Mol Biol Evol 13: 1327–1338

MacFarlane SA (1997) Natural recombination among plant virus genomes: evidence from tobraviruses. Semin Virol 8: 25–31

Martelli GP (1997) Plant virus taxa: Properties and epidemiological characteristics. J Plant Pathol 79: 151–171

Meshi T, Watanabe Y, Saito T, Sugimoto A, Maeda T, Okada Y (1987) Function of the 30kd protein of tobacco mosaic virus: involvement in cell-to-cell movement and dispensability for replication. EMBO J 6: 2557–2563

Murphy FA, Fauquet CM, Bishop DHL, Ghabrial SA., Jarvis AW, Martelli GP, Mayo M A, Summers MD (eds) (1995) Virus taxonomy: Sixth report of the International Committee on Taxonomy of viruses. Springer, Wien

Ohno T, Takamatsu N, Meshi T, Okada Y, Nishiguchi M, Kiho Y (1983) Single amino acid substitution in 30K protein of TMV defective in virus transport function. Virology 131: 255–258

Okada Y (1999) Historical overview of research on the tobacco mosaic virus: genome organization, infectivity and gene manipulation. Phil Trans R Soc Lond B 354: 569–582

Osman TAM, Buck KW (1997) The tobacco mosaic virus RNA polymerase complex contains a plant protein related to the RNA-binding subunit of yeast eIF-3. J Virol 71: 6075–6082

Ploeg AT, Decraemer W (1997) The occurence and distribution of trichodorid nematodes and their associated tobraviruses in Europe and the former Soviet Union. Nematologica 43: 228–251

Siegel A, Zaitlin M, Sehgal OP (1962) The isolation of defective tobacco mosaic virus strains. Proc Natl Acad Sci USA 48: 1845–1851

Skulachev MV, Ivanov PA, Karpova OV (1999) Internal initiation of translation directed by the 5'-untranslated region of the tobamovirus subgenomic RNA I_2. Virology 263: 139–154

Tidona CA, Darai G (2001) The Springer index of viruses. Springer, Berlin, pp 1328–1338

van Regenmortel MHV, Fauquet CM, Bishop DHL et al. (eds) (2000) Virus taxonomy. Seventh report of the International Committee on Taxonomy of Viruses. Academic Press, London

van Belkum A, Cornelissen BJC, Linthorst HJM, Bol JF, Pleij CWA, Bosch L (1987) tRNA-like properties of Tobacco rattle virus RNA. Nucleic Acids Res 15: 2837–2850

van der Vlugt CIM, Lindhorst HJM, Asjes CJ, van Schadewijk AR, Bol JF (1988) Detection of *Tobacco rattle virus* in different parts of tulip by ELISA and cDNA hybridisation assays. Neth J Plant Pathol 94: 149–160

Vellios E, Duncan G, Brown D, MacFarlane S (2002) Immunogold localization of tobravirus 2b nematode transmission helper protein associated with virus particles. Virology 300: 118–124

Wang D, MacFarlane SA, Maule AJ (1997) Viral determinants of pea early browning virus seed transmission in pea. Virology 234: 112–117

Watanabe Y, Morita N, Nishiguchi M, Okada Y (1987) Attenuated strains of tobacco mosaic virus: reduced synthesis of a viral protein with a cell-to-cell movement function. J Mol Biol 194: 699–704

Williams, RE, Ingham RE, Rykbost KA (1996) Control of corky ring-spot disease in potatoes with telone in the Pacific Northwest: 1990-1994. Down to Earth (Midland) 51: 25–29

Zeyenko VV, Ryabova LA, Gallie DR, Spirin AS (1994) Enhancing effect of the 3'-untranslated region of tobacco mosaic virus RNA on protein synthesis *in vitro*. FEBS Lett 354: 271–273

Zimmern D (1983) An extended secondary structure model for the TMV assembly origin, and its correlation with protection studies and an assembly defective mutant. EMBO J 2: 1901–1907

10 Flexible Stäbchen mit (+)ssRNA-Genom

10.1 Potyviridae

Pflanzenviren mit flexiblen Stäbchen als Partikelmorphologie sind nur bei den (+)ssRNA-Viren vertreten. Sie sind typisch für folgende Taxa: *Potyviridae*, *Closteroviridae*, *Capillovirus*, *Trichovirus*, *Vitivirus*, *Carlavirus*, *Potexvirus*, *Allexivirus* und *Foveavirus*. Zu den taxonomischen Eigenschaften der einzelnen Taxa s. Kap. 6. Die *Potyviridae* stellen mit 198 Spezies die bei weitem größte Gruppe von allen Pflanzenviren dar. Allein das Genus **Potyvirus** besteht aus 180 Arten. Da von diesen Erregern bedeutende Kulturpflanzen befallen werden, wurden sie sehr früh untersucht und eine Fülle von Informationen zusammengetragen. Deshalb soll diese Gruppe stellvertretend für andere Taxa mit gleicher Struktur in diesem Kapitel abgehandelt werden. Weitergehende Informationen zur Familie der Potyviridae sind in Shukla et al. (1994) und Tidona u. Darai (2001) zu finden.

10.2 Capsidstruktur

Die **Viruspartikel** der *Potyviridae* haben Längen von 900–650 nm, wobei *Ipomoviren* die längsten und *Macluraviren* die kürzesten Partikel haben. Der Durchmesser der Partikel beträgt 11–15 nm. Bei dem bipartiten Genus *Bymovirus* haben die Partikel Längen von 200–300 bzw. 550–650 nm und Durchmesser von 12–14 nm. Im Elektronenmikroskop (Abb.10.1) erkennt man eine **helikale** Anordnung der Proteinuntereinheiten, wobei die Steigung mit 3,3–3,4 nm größer ist als bei den starren Stäbchen, was ihre Flexibilität mit erklärt. Außerdem ist kein Zentralkanal zu erkennen (Veerisetty 1979). Auf einer Windung der Helix sind ca. 7,7 Hüllproteinuntereinheiten angeordnet, so dass ein Viruspartikel aus einer RNA und rund 2000 Hüllproteinuntereinheiten zusammengesetzt ist.

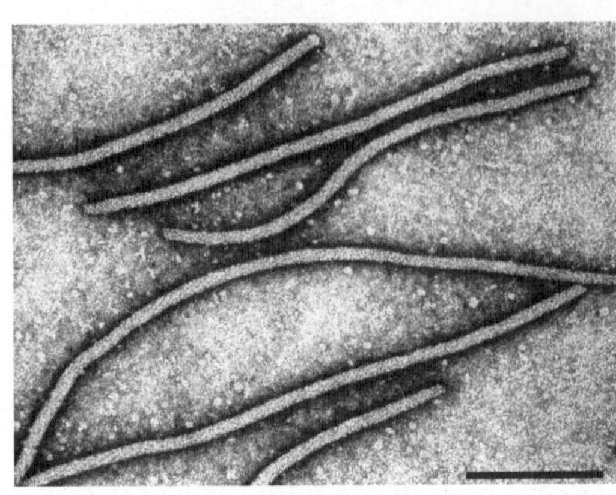

Abb. 10.1. Potyviruspartikel nach Negativkontrastierung mit Uranylacetat. Maßstab: 200 nm (Lesemann, BBA)

10.3 Virusvermehrung, Genexpression

Alle Genera der Potyviren haben **monocistronische RNAs**, die mit dem **VPg-Protein** am 5'-Ende beginnt. Vor dem Startkodon zur Translation des Polyproteins liegt eine *Enhancer*-Region und nach dem einzigen Stopp am 3'-Ende noch ein untranslatierter Bereich, gefolgt von einem *poly*A-Schwanz. RNA-Transkripte von kompletten DNA-Klonen sind infektiös, womit gezeigt wird, dass VPg nicht für die Translation erforderlich ist. Der Start der Translation erfolgt nach einem *Leaky-scanning*-Mechanismus (Riechmann et al. 1991, 1992 und Kap. 7.4).

Eingehende Untersuchungen am *Tobacco etch virus* (TEV) und am *Plum pox virus* (PPV) über die posttranslationale Bildung der funktionellen Proteine aus dem **Polyprotein** (Dougherty u. Carrington 1988; Dougherty et al. 1989 a,b; Garcia et al. 1989a, b, c) führten zu dem Ablauf, der in Abb. 10.2 dargestellt ist.

Insgesamt bedarf es **neun proteolytischer Spaltungen** durch drei verschiedene viral kodierte Proteasen – teils in cis und teils in trans – bis alle erforderlichen funktionellen viralen Proteine gebildet sind (s. Abb. 10.2). Die unterschiedliche Aktivitäten der drei verschiedenen Proteasen sind sicher an der geregelten Herstellung der erforderlichen Mengen an Proteinen beteiligt (Dougherty u. Parks 1989, Verchot et al. 1991). Die proteolytische Spaltung des Polyproteins startet mit der **autokatalytischen Freisetzung der NIa-Protease**, die in nachfolgenden cis- und trans-Reaktionen die am 3'-Ende gelegenen Proteine generiert (s. Abb. 10.2). Die Abtrennung der am C-Terminus liegenden Proteine P1 und HC-Pro erfolgt zunächst durch eine Papain-ähnliche Cysteinproteinase, die zwischen HC-Pro und P3 spaltet (Carrington et al. 1989). Verchot et al. (1991) konnten

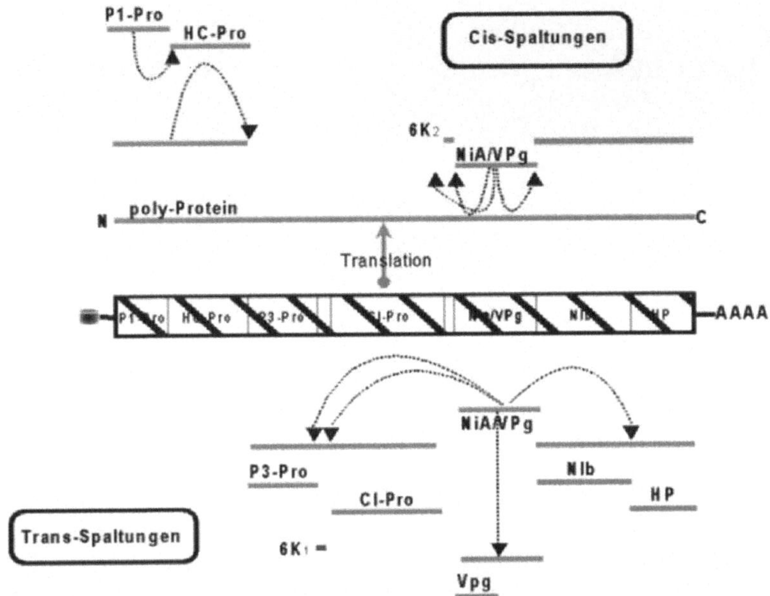

Abb. 10.2. Proteolytische Prozessierung eines Potyvirus-Polyproteins zu funktionellen Proteinen. In der Mitte wird die Abfolge der Proteine auf der viralen RNA und damit ihre Position nach Translation auf dem Polyprotein dargestellt. (Nach Riechmann et al. 1992)

dann zeigen, dass P1 eine Serin-Proteinase-Domäne besitzt, die HC-Pro und P1 trennt (s. Abb.10.2).

Überschüssige Proteine, die bei dieser Form der Genexpression entstehen, können zu Einschlusskörpern aggregieren, von denen einer, der sog. **zylindrische Einschlussköper** (Abb. 10.3), ein typisches Familienmerkmal darstellt (Edwardson et al. 1968). Es sind für fast alle nichtstrukturellen Proteine der Potyviren Einschlusskörper beschrieben worden (Lesemann 1988).

Der **Replikationsort** ist nicht genau bekannt, er wird jedoch im Zytoplasma vermutet, wobei ein Komplex aus den Proteinen CI, NIb und VPg (NIa) gebildet wird, der wahrscheinlich membranständig ist. Dies belegen auch *In-situ*-Hybridisierungen, bei denen Markierungen an vesikelähnlichen Strukturen gefunden wurden (Abb. 10.4; Riedel 1997). Der Replikationskomplex ist identisch mit denen anderer Viren mit gleicher Genomexpressionsstrategie (Como-, Nepo- und selbst Picornaviren). Das **VPg** ist kovalent durch eine Phosphatesterbindung mit dem 5'-Ende der viralen RNA verknüpft (Murphy et al. 1991). Die Funktion(en) der einzelnen Proteine sind in Tabelle 10.1 zusammengefasst.

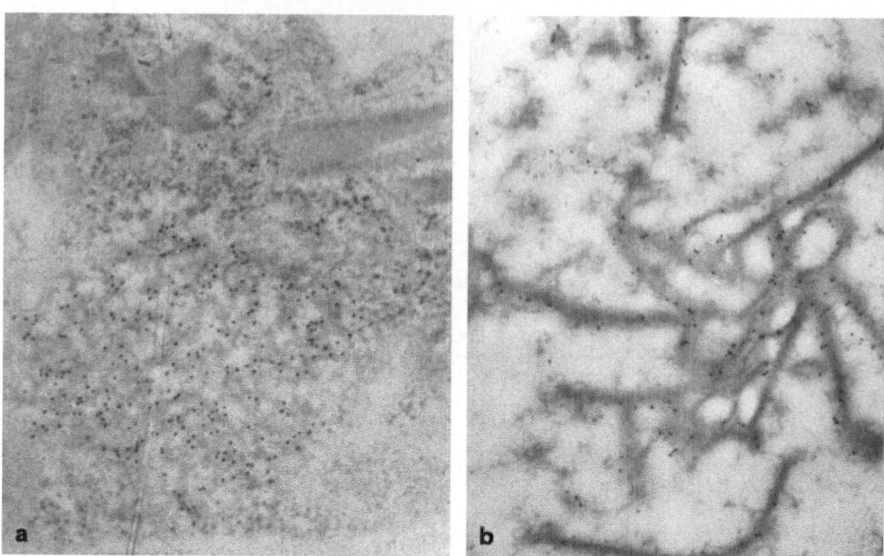

Abb.10.3 a,b. *Plum Pox Virus* Einschlusskörper. **a** Amorpher Einschlusskörper markiert mit HC-Pro Antikörpern; **b** CI-Einschlusskörper (***pinwheels***) markiert mit CI-Antikörpern. Nachweis gebundener Antikörper mit goldmarkierten Anti-Kaninchen IgG. (Aus Riedel 1997)

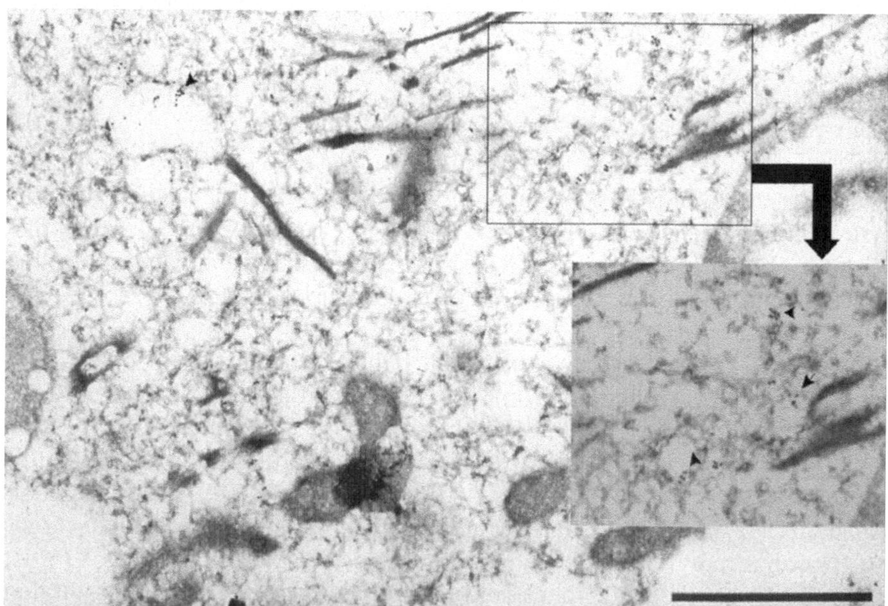

Abb. 10.4. *In-situ*-Hybridisierung zum Nachweis von (+)RNA des PPV mit goldmarkierten Nukleinsäuresonden. Maßstab: 1000 nm. Im Insert sind Anhäufungen von Goldpartikeln in der Nähe von vesikulären Strukturen mit *Pfeilspitzen* markiert. Im *großen Bild* erkennt man typische virusinduzierte Strukturen. (Aus Riedel 1997)

Tabelle 10.1. Funktion potyviraler Proteine und ihre Einschlusskörper

Protein	Funktion(en)	Einschlusskörper
P1	Serintypproteinase; von Sequenz her Zell-Zell-Transport	
HC-Protein	Helferkomponente für Blattlausübertragung; Papain-ähnliche Cysteinproteinase; Zell-Zell-Transport?	Amorpher zytoplasmatischer
P3	Unbekannt	
$6K_1$	Unbekannt, eventuell Replikation	
CI	Replikation; RNA-Helikase; Membranbindung des Replikationskomplexes; Zell-Zell-Transport?	„pinwheels"
$6K_2$	Unbekannt, eventuell Replikation	
NIa-VPG	Genomreplikation; Primerfunktion;	
NIa-Proteinase	Erste aktive Protease; prozessiert 2/3 des Polyproteins vom 3'-Ende	Nukleare Einschlusskörper
NIb	Replikation; RdRp	Nukleare Einschlusskörper
CP	Partikelbildung; Blattlausübertragung; Zell-Zell-Transport	

10.4 Pathogenese, Wirtskreis, wirtschaftliche Bedeutung

Infektionen mit Potyviren gehen in der freien Natur bevorzugt von Wildpflanzen aus, die manchmal symptomlos bleiben und daher als Virusquelle häufig übersehen werden. Da die meisten Potyviren durch **Blattläuse übertragen** werden, ist es verständlich, dass die Übertragungshäufigkeit mit der Entfernung abnimmt und in Windrichtung einen Gradienten bildet. Für die ausschließlich durch Wind verfrachteten **Milben** gilt Letzteres besonders. Bei den bodenbürtigen Viren, die durch *Polymyxa* übertragen werden, ist Bodenwasser für die Zoosporen das Verbreitungsmedium, ansonsten kann durch Bodenverfrachtung eine Verbreitung erfolgen.

Typische Symptome für Potyviren gibt es nicht. Potyviren infizieren alle ihre natürlichen Wirte **systemisch**. Betrachtet man die wirtschaftliche Bedeutung der bekannten Vertreter, so stellt man fest, dass die meisten einen kleinen (n #10) bzw. normalen (n #100) **Wirtskreis** haben. Fasst man die von Edwardson u. Christie (1991) zusammengestellten Daten bezüglich Wirtskreisen größer 100 Spezies zusammen, so ergibt sich Tabelle 10.2.

Die **wirtschaftliche Bedeutung** könnte man nach der Zahl der bekannten Wirtsspezies bestimmen. Besser ist es jedoch, wenn man zusätzlich die Verteilung der Virusspezies auf Wirtsgattungen und Wirtsfamilien mit bewertet (s. Tabelle 10.2). Diese Zusammenstellung ergibt eine wesentlich exaktere Bewertung der möglichen Bedeutung der einzelnen Viren, die auch der Praxisbeurteilung entspricht. Das mag damit zusammenhängen, dass die Vektoren der nun an erster Stelle platzierten Viren äußerst polyphag sind und somit zu einer schnellen und effizienten Verbreitung in klein- und großflächigen Anbauregionen beitragen.

Die **Saatgutübertragung** der Potyviren wird besonders bei Leguminosen beobachtet. Zwölf der achtzehn an Samen haftenden oder im Innern von Samen vorkommenden Potyviren haben Leguminosen als Wirte. Diese Übertragungsform spielt in der Praxis beim Eigennachbau und bei der Saatgutanzucht ohne entsprechende Kontrollen auf Virusfreiheit eine Rolle.

Tabelle 10.2. Wirtschaftliche Bedeutung von Mitgliedern der *Potyviridae*

Virus	Spezies	Genera	Genus/Familie	Familie
TuMV	318	156	3,6	43
BtMV	162	95	3,0	32
PVY	342	69	2,6	27
WMV2	178	79	2,9	27
BYMV	233	71	3,4	21
TEV	149	63	3,3	19
LMV	120	60	3,8	16
PPV	134	38	2,4	16
PMV	119	40	3,6	11
BCMV	100	44	4,9	9
SCMV	298	109	36,3	3
MDMV	297	93	93,0	1
WsMV	116	34	34,0	1

Literatur

Carrington JC, Cary SM, Parks TD, Dougherty WG (1989) A second proteinase encoded by a plant potyvirus genome. EMBO J 8: 365–370

Dougherty WG, Carrington JC (1988) Expression and function of potyviral gene products. Annu Rev Phytopathol 26: 123–143

Dougherty WG, Parks TD (1989) Molecular genetic and biochemical evidence for the involvement of the heptapeptide cleavage sequence in determining the reaction profile at two TEV cleavage site. Virology 172: 145–155

Dougherty WG, Cary SM, Parks TD (1989a) Molecular genetic analysis of a plant virus polyprotein cleavage site: a model. Virology 171: 356–364

Dougherty WG, Parks TD, Cary SM, Bazan JF, Fletterick RJ (1989b) Characterization of the catalytic residues of the tobacco etch virus 49-kDa proteinase. Virology 172: 302–310

Edwardson JR, Christie RG (1991) The Potyvirus group, vol 1–4. Florida Agricultural Experimental Station, Monograph 16

Edwardson JR, Purcifull DE, Christie RG (1968) Structure of cytoplasmic inclusions in plants infected with rod-shaped viruses. Virology 34: 250–263

Garcia JA, Riechmann JL, Lain S (1989a) Artificial cleavage site recognized by *plum pox potyvirus* protease in *Escherichia coli*. J Virol 63: 2457–2460

Garcia,JA, Riechmann JL, Lain S. (1989b) Proteolytic activity of the *plum pox potyvirus* NIa-like protein in *Escherichia coli*. Virology 170: 362–369

Garcia JA, Riechmann JL, Martin MT, Lain S (1989c) Proteolytic activity of the *plum pox potyvirus* NIa-protein on excess of natural and artificial substrates in *Escherichia coli*. FEBS Lett 257: 269–273

Lesemann DE (1988) Cytopathology. In: Milne RG (ed) The plant viruses – The filamentous plant viruses, vol 4. Plenum Press, New York, pp 179–235

Murphy JF, Rychlik W, Rhoads RE, Hunt AG, Shaw JG. (1991) A tyrosine residue in the small nuclear inclusion protein of *tobacco vein mottling virus* links the VPG to the viral RNA. J Virol 65: 511–513

Riechmann JL, Lain S, Garcia JA (1991) Identification of the initiation codon of *plum pox potyvirus* genomic RNA. Virology 185: 544–552

Riechmann JL, Lain S, Garcia JA (1992) Highlights and prospects of potyvirus molecular biology. J Gen Virol 73: 1–16

Riedel D (1997) Immunelektronenmikroskopische Untersuchungen zur Lokalisierung des Akkumulations- und Funktionsortes von Genprodukten des *Plum Pox Virus* und anderer Potyviren. Dissertation, Universität Hamburg 1997

Shukla DD, Ward CW, Brunt AA (1994) The potyviridae. CAB International, Wallingford

Tidona CA, Darai G (2001) The Springer index of viruses. Springer, Berlin, pp 831-862

Veerisetty V (1979) Suggestions for the classification and nomenclature of helical plant viruses. Intervirology 11: 167–173

Verchot J, Koonin EV, Carrington JC (1991) The 35-kDa from the N-terminus of the potyviral polyprotein functions as the third virus-encoded proteinase. Virology 185: 527–535

11 Viren mit Ikosaederstruktur und (+)ssRNA-Genom

Die Pflanzenviren mit isometrischen Partikeln und einer ss(+)RNA als Genom werden größtenteils **sechs Familien**, nämlich den Bromoviridae, Comoviridae, Luteoviridae, Sequiviridae, Tombusviridae und Tymoviridae, zugeordnet. Daneben gibt es noch einige nicht zugeordnete **freie Genera**, wie z. B. *Marafivirus*, *Sobemovirus* und *Umbravirus* (s. Kap. 6.5). Die Genome sind entweder ungeteilt oder bestehen aus zwei (Comoviridae) bzw. drei RNA-Segmenten (Bromoviridae). Unabhängig von der zum Teil sehr ähnlichen Partikelmorphologie und der Verteilung der genetischen Information auf ein bis mehrere RNA-Segmente können die Taxa drei verschiedenen Superfamilien zugeordnet werden. Zur **picornaähnlichen Supergruppe**, die sich durch posttranslationales Prozessieren der Translationsprodukte der monocistronischen RNA-Segmente, 5'-ständige VPgs und polyA-Sequenzen am 3'-Ende auszeichnet, gehören die Sequi- und die Comoviridae. Dagegen können die Bromo- und Tombusviridae zur **alphaähnlichen Supergruppe** gerechnet werden, die sich durch gemeinsame Sequenzmotive im Bereich der replikationsbeteiligten Proteine auszeichnen. Eine eigene Stellung nehmen die *Luteoviridae* ein, die aufgrund von Ähnlichkeiten der replikativen Proteine entweder mit den Tombusviridae (*Luteovirus*) oder dem Genus *Sobemovirus* (*Polerovirus*) verwandt sind (Goldbach u. Wellink 1988).

Detaillierte Übersichten liefern die drei Bücher der Serie „The Plant Viruses" (Francki 1985; Koenig 1988; Harrison u. Murrant 1996). Um den Rahmen dieses Buches nicht zu sprengen, beschränken wir uns im Weiteren auf die Beschreibung von Eigenschaften und Vertretern der zwei großen Familien Luteoviridae und Bromoviridae.

11.1 Luteoviridae

In der Familie Luteoviridae werden drei Genera zusammengefasst, die alle **persistent-zirkulativ** von **Blattläusen** übertragen werden. Für die **Über-**

Luteovirus

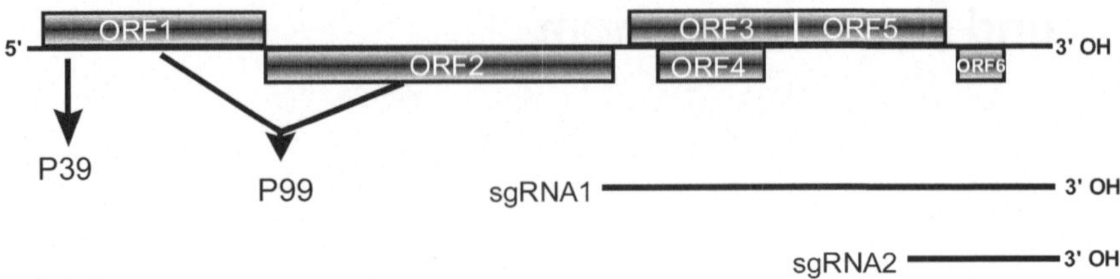

Polero- und Enamovirus

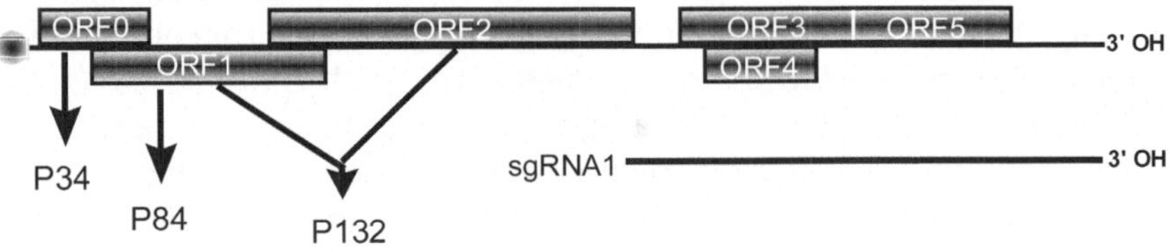

Abb. 11.1. Genomorganisation und Expressionsstrategien bei den Luteoviridae. Auf der viralen (+)ssRNA ist die Lage der offenen Leserahmen eingezeichnet. Unter der viralen RNA sind entweder die direkt translatierbaren Proteine oder die subgenomische(n) RNA(s) angegeben, die die 3'-ständigen ORFs translatieren. Polero- und Enamoviren tragen am 5'-Ende der viralen RNA ein VPg, was durch das Symbol angedeutet wird

tragung wird möglicherweise bei allen Vertretern ein Durchleseprodukt (s. Kap. 7.4) des Hüllproteins mit einem sich anschließenden Fusionsanteil gebildet, das als zweites Strukturprotein zu einem geringen Anteil in die Proteinhülle eingebaut wird. Vertreter der beiden Genera *Luteo-* und *Polerovirus* sind in den infizierten Wirten auf das **Phloem** limitiert. Im monotypischen Genus *Enamovirus* ist die Komponente 1 des *pea enation mosaic virus* 1 (PEMV-1) untergebracht. PEMV wurde bislang als bipartites Virus eigenständig geführt, musste dann aber nach den Nukleinsäuredaten eindeutig als Genus den Luteoviridae zugeordnet werden (s. Abb. 11.1). Allerdings fehlt PEMV-1 der ORF 4.

11.1.1 Genomaufbau und Expression

Das Genom der Luteoviridae hat eine Größe von 5,3–5,9 kb. Die **RNA** des Genus *Luteovirus* hat weder eine Cap-Struktur noch ein modifiziertes 3'-Ende. Die RNA der Polero- und Enamoviren hat am 5'-Ende ein **VPg**, das dem C-terminalen Ende des Translationsproduktes von ORF 1 entspricht und durch die proteolytische Spaltung einer Serinprotease gebildet wird. Den ORF 0 findet man nur bei den Genera *Polero-* und *Enamovirus*. Wo vorhanden, werden ORF 0 sowie die ORFs 1 und 2 von den viralen RNAs translatiert. Das Fusionsprodukt aus ORF 1 und 2 entsteht durch einen (–1) ribosomalen *frameshift* und bildet den Replikationskomplex. ORF 0 scheint für die Akkumulation des *Potato leafroll virus* (PLRV) wichtig zu sein.

Alle nach dem ORF 2 und einer nicht translatierten Region von ca. 200 nt gelegenen Leserahmen werden von einer oder im Falle der Luteoviren zwei subgenomischen mRNAs translatiert. Hierbei erfolgt die Translation des ORF 4, wenn vorhanden, nach einem *leaky scanning* (s. Kap. 7.4), während die gelegentliche Fusion des Haupthüllproteins (ORF 3) mit dem ORF 5 durch Durchlesen eines schwachen *stop codons* realisiert wird (Tidona u. Darai 2001). Das Translationsprodukt von ORF 5 ist an der Blattlausübertragung beteiligt. Partikel, denen dieses Fusionsprotein fehlt, können nicht von der Hämolymphe in die Speicheldrüsen übertreten.

11.1.2 Verbreitung und Bedeutung

Einige Vertreter der Genera *Luteovirus* und *Polerovirus* sind wichtige Pathogene von bedeutenden Kulturpflanzen und können insbesondere in Jahren mit hohem Blattlausvorkommen zu erheblichen Ertragsverlusten führen. Sie kommen weltweit vor und spielen daher auch für den Handel mit Pflanzgut eine wichtige Rolle. Resistenzgene für züchterische Zwecke sind in den betroffenen Kulturpflanzen (Kartoffel und Gerste) nicht vorhanden, so dass man sich bei der Gerste auf tolerante Wirtsarten beschränken muss.

11.1.3 Vektorielle Verbreitung

Für die Verbreitung kommen verschiedene Blattlausarten in Frage, wobei die Virus-Vektor-Spezifität relativ gering sein kann, wie bei PLRV und *Beet western yellow virus* (BWYV). Es gibt bei den Luteoviren auch sehr hohe Spezifitäten, die eine Differenzierung von *Barley yellow dwarf virus* (BYDV)-Isolaten mit Hilfe von Blattlausarten erlauben (Rochow u. Müller 1975). Die **persistent-zirkulative Übertragung** aller Vertreter dieser Familie durch Blattläuse und die dabei notwendige Interaktion mit einem bakteriellen Symbiontenprotein aus den Vektoren wird in Kap. 8.2.2 beschrieben.

Einige Luteoviren fungieren als Helferviren für Arten des Genus *Umbravirus*. Das am besten untersuchte Beispiel ist der Komplex vom Enamovirus PEMV-1 und dem *Umbravirus Pea enation mosaic virus* 2 (PEMV-2).

Dieser Komplex, der bis vor kurzem als bipartites Virus geführt wurde, zeichnet sich dadurch aus, dass PEMV-1 durch seine Hüllproteinkomponente für die Blattlausübertragbarkeit sorgt und somit das Helfervirus darstellt, wohingegen PEMV-2 mit seinem Transportprotein die Phloembeschränkung des *Enamovirus* aufhebt und somit auch die mechanische Inokulation von Wirtspflanzen ermöglicht (Demler et al. 1994, 1996).

11.1.4 Virus-Wirt-Interaktion

Während alle Vertreter der Genera *Luteo-* und *Polerovirus* sich im Zytoplasma der Wirtszellen vermehren, ist zumindest der Komplex PEMV-1 und 2 dafür bekannt, eines der wenigen ssRNA-Viren zu sein, die sich im Kern replizieren (de Zoeten et al. 1976).

11.2 Bromoviridae

Zur Familie der Bromoviridae, für die ursprünglich der Name Tricornaviridae vorgeschlagen wurde, gehören die fünf Genera: *Bromovirus*, *Cucumovirus*, *Ilarvirus*, *Alfamovirus* und *Oleavirus*, die sich alle durch ein **dreigeteiltes RNA-Genom** auszeichnen. Es kommt zwar auch bei den Viren mit helikaler Morphologie beim Genus *Hordeivirus* ein dreigeteiltes Genom vor, jedoch gibt es neben der Morphologie noch andere wesentliche Abweichungen. Deswegen reicht hier das Kriterium der Anzahl der RNA-Segmente für eine zusammenfassende Gruppierung nicht aus. Die Partikel haben ikosaedrische T=3-Symmetrie oder sind bacilliform mit ikosaedrischer Symmetrie (s. Abb. 4.1, 4.4 und 4.7, Tidona u. Darai 2001).

11.2.1 Genomaufbau und Expression

Nach Infektion werden die Partikel durch pH-induzierte Modifikation kotranslational zerlegt (s. Kap. 7.2.2). Bei allen Genera ist das 5'-Ende aller linearen RNAs mit einer **Cap-Struktur** versehen. Bei den 3'-Enden ähneln sich die Genome von Bromoviren und Cucumoviren, die beide **tRNA-ähnliche Strukturen** haben und mit Tyrosin aminoacyliert werden können. Vertreter der Alfamoviren und des Genus *Ilarvirus* haben ebenfalls komplex strukturierte 3'-RNA-Enden, die jedoch nicht aminoacylierbar sind. Allen Vertretern der Familie ist gemeinsam, dass ihre **RNA 1** und **2** jeweils **monocistronisch** für ein Protein kodieren, das an der Replikation und Transkription der RNAs beteiligt ist (Abb. 11.2). Dies ergaben

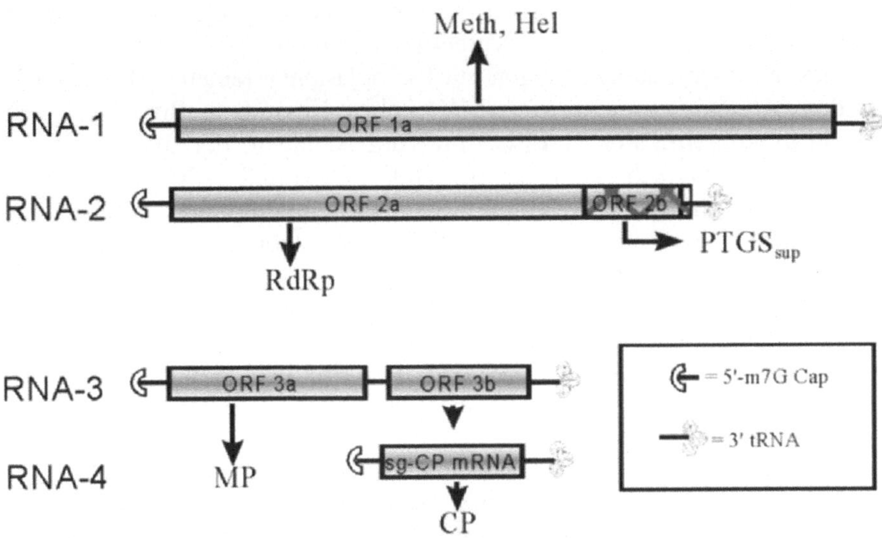

Abb. 11.2. Genomorganisation und Expressionsstrategien der Bromoviridae. *Meth* Methyltransferase; *Hel* Helicase; *RdRp* RNA-abhängige RNA-Polymerase; *MP* Bewegungsprotein; *CP* Hüllprotein; *PTGS* Inaktivator der Genstummschaltung

Experimente mit Protoplasten sowie mit temperatursensitiven Mutanten. Im ersten Fall konnte die Replikation der beiden RNAs in inokulierten Zellen nachgewiesen werden (Nassuth u. Bol 1983), wohingegen im zweiten Fall die Temperaturempfindlichkeit durch Komplementation mit der entsprechenden RNA des Wildtyps aufgehoben werden konnte (van Vloten-Doting et al. 1980). Bis zur Entwicklung von infektiösen Klonen der RNA-Segmente und der Realisierung von reverser Genetik waren hauptsächlich Vertreter der Bromo- und Comoviridae die Untersuchungsobjekte der molekularbiologisch orientierten Pflanzenvirologen, da es hier nach ersten Befunden von Sänger (1968), allerdings an *Tobacco rattle virus* (TRV, Tobravirus), möglich war, aus isolierten RNAs oder Viruspartikeln künstlich **„Pseudorekombinanten"** zu erzeugen. Dieses erlaubte eine Funktionszuordnung zu den monocistronischen RNAs. In Zusammenhang mit serologischen Verfahren gelang es so auch, die Bedeutung des Hüllproteins (CP) für die Blattlausübertragung bei Cucumoviren nachzuweisen (Mossop u. Francki 1977). Die **RNA 3** kodiert für Transportprotein (**MP**) und **CP**, das CP wird von einer subgenomischen RNA translatiert.

Die **Replikation** der RNA beginnt mit der Bildung des (–)Stranges am (+)Strang als Matrize. Danach können die (+)Stränge, beginnend am 3'-

Ende des (–)Stranges, mit Hilfe des Polymerasekomplexes (Genprodukten von RNA 1 und 2, s. Abb.11.2) synthetisiert werden.

Aufgrund ihrer Untersuchungen mit Protoplastensystemen (s. Kap. 3.6.2) mit dem *Alfalfa mosaic virus* (AMV) haben Nassuth u. Bol (1983) ein **Regulationsschema der Replikation** vorgeschlagen, der die von ihnen beobachteten Unterschiede in der Bildung von (+) und (–)RNA unter Einbeziehung der Interaktion mit den viralen Proteinen erklärt. Dabei ist das Hüllprotein für die Initiierung der (–)RNA verantwortlich, regelt aber diesen Schritt in negativem Sinn. Für die Bildung der viralen (+)RNA scheint das MP als Translationsprodukt von RNA 3 verantwortlich zu sein und zwar in positivem Sinn. Durch Verwendung der (+)RNAs und des Hüllproteins bei der Partikelbildung werden diese Produkte dem intrazellulären Pool entzogen, so dass auf diese Weise die Bildung von neuen Viruspartikeln gefördert wird.

Die Aufteilung der viralen genetischen Information auf drei unabhängige RNA-Segmente, die erst zusammen eine erfolgreiche Infektion möglich machen, erlaubt in der Natur die freie Kombination dieser Komponenten im infizierten Wirt und ist damit zumindest im Fall der Cucumoviren ein zusätzlicher Faktor, der die hohe genetische Heterogenität und die extrem gute Anpassung an einen sehr weiten Wirtskreis erklärt.

11.2.2 Verbreitung und Bedeutung

Die zum Genus *Bromovirus* und *Oleavirus* gehörigen Viren haben einen engen oder sogar sehr engen Wirtskreis und nur geringe wirtschaftliche Bedeutung. Die wissenschaftliche Bedeutung, vor allem von *Brome mosaic virus* (BMV), kann allerdings kaum unterschätzt werden, zumal es Ahlquist und Mitarbeitern gelang, Hefen als zelluläres Replikationssystem zu etablieren (Janda u. Ahlquist 1993). **Ilarviren** sind moderat heterogen und haben sich hauptsächlich auf **holzige Wirte** spezialisiert. Das Genus *Ilarvirus* beinhaltet neben dem Typstamm *Tobacco streak virus* (TSV) weitere 16 Spezies, die serologisch in 7 Subgruppen unterteilt werden. Sie haben eine wirtschaftliche Bedeutung bei langjährig ausdauernden Pflanzen.

Die beiden Genera *Cucumovirus* (ikosaedrisch) und *Alfamovirus* (bacilliform) umfassen drei bzw. nur eine Spezies, zeichnen sich jedoch beide durch extreme genetische, serologische und phänotypische Vielfalt aus. Dies gilt besonders für den Typstamm *Cucumber mosaic virus* (CMV), das weltweit verbreitet vorkommt. CMV ist neben dem *Tomato spotted wilt virus* (TSWV) das Pflanzenvirus mit dem größten Wirtskreis und somit von herausragender wirtschaftlicher Bedeutung.

Bromovirus

Das Genus Bromovirus beinhaltet neben dem Typstamm *Brome mosaic virus* (BMV) die folgenden Virusspezies: *Cowpea chlorotic mottle virus* (CCMV), *Broad bean mottle virus* (BBMV), *Melandrium yellow fleck virus* (MYFV), *Spring beauty latent virus* (SBLV) und *Cassia Yellow blotch virus* (CYBV). Die Verpackung der drei genomischen und der subgenomischen RNA in die pH-labilen Partikel erfolgt so, dass alle Partikel nahezu identische Sedimentationskonstanten, aber unterschiedliche Dichten haben. Die ikosaedrischen Partikel haben Durchmesser von 25–28 nm. Die 3 Segmente der ss(+)RNA sind 8,2–9,5 kb groß.

BMV hat einen breiten natürlichen **Wirtskreis**, der sich auf Graminaeen beschränkt. Die anderen Vertreter haben einen sehr eingeschränkten Wirtskreis. Alle Vertreter des Genus sind sehr gut **mechanisch übertragbar**. Als natürliche Vektoren dienen Käfer, wobei für BMV auch eine schlechte Übertragbarkeit durch Blattläuse auf nichtpersistente Weise beschrieben wurde.

Cucumovirus

Das Genus *Cucumovirus* umfasst neben dem Typstamm *Cucumber mosaic virus* (CMV) zwei weitere Spezies: *Tomato aspermy virus* (TAV) und *Peanut stunt virus* (PSV). Die ikosaedrischen Partikel haben Durchmesser von 25–30 nm und enthalten drei Segmente einer ss(+)RNA mit insgesamt 8,6–8,8 kb. Auffällig für CMV und TAV ist der zweite ORF im 3'-Bereich der RNA 2 (s. Abb. 11.2), der in beiden Fällen *in vivo* exprimiert wird und für die Unterdrückung der „PTGS"-Abwehrreaktion von Wirtspflanzen verantwortlich ist (s. Kap. 17).

Die beiden Spezies CMV und PSV kommen in mehreren serologischen Varianten vor, die allerdings nur durch monoklonale Antikörper (s. Kap. 3.3.2) differenziert werden können. Daneben ist eine entsprechende Differenzierung auch durch RFLP-Analysen eines das Hüllprotein umfassenden PCR-Produktes (s. Kap. 3.5.1) auf Nukleinsäureebene möglich (Anonymous 1998). Die Übertragung der Viren dieses Genus erfolgt sehr effektiv auf nichtpersistente Weise durch diverse Blattlausarten.

Der Wirtskreis von CMV ist extrem breit und umfasst ca. 85 Familien, PSV infiziert hauptsächlich Leguminosen, während das TAV bevorzugt Kompositen, aber auch Nachtschattengewächse befällt.

Ilarvirus

Im Genus *Ilarvirus* mit dem Typstamm *Tobacco streak virus* (TSV) sind in 7 Untergruppen weitere 16 hauptsächlich holzige perennierende Pflanzen befallende Spezies zusammengefasst. Alle Spezies zeichnen sich durch eine hohe Sequenzidentität im 3'-Bereich ihrer jeweils drei RNAs (8,6 kb) aus. Hier werden komplexe sekundäre Strukturen durch Basenpaarung ausgebildet, die spezifisch mit dem Hüllprotein reagieren, wobei das Hüllprotein zwischen verschiedenen Ilarviren, aber auch mit dem des AMV austauschbar sind. Diese Interaktion ist für die Replikation der viralen RNAs unabdingbar (Gonsalves u. Fulton 1977). Einige Arten haben einen zweiten ORF auf der RNA 2. Die Übertragung in der Natur erfolgt hauptsächlich durch Pollen und Saatgut. Mechanisch sind Ilarviren besonders von holzigen auf krautige Wirte nur schwierig zu übertragen. Die quasi-isometrischen Partikel haben einen Durchmesser von 30 nm. Einzelne Partikel sind bacilliform.

Alfamovirus

Die Partikel dieses monotypischen Genus mit der Spezies *Alfalfa mosaic virus* (AMV) sind bacilliform (s. Abb. 4.7) und treten in vier verschieden Partikelformen mit unterschiedlicher Länge (30–56 nm) und identischem Durchmesser (19 nm) auf, die vier unterschiedliche RNAs enthalten. Auch hier sind die 3'-Enden aller drei viralen RNAs identisch und bilden komplexe Strukturen, die mit dem Hüllprotein zunächst interagieren und erst danach repliziert werden können.

Der Wirtskreis der einzigen Spezies ist sehr breit und die Übertragung erfolgt durch Blattläuse auf nicht persistente Weise. Luzerne (Alfalfa), Klee, Erbsen und andere Leguminosen sind die Hauptwirte.

Oleavirus

Dieses Genus ist bisher monotypisch und beinhaltet nur das *Olive latent virus 2* (OLV-2). Die Partikel sind bacilliform bis pleomorph mit einem Durchmesser von 18 nm und einer Länge von 37–55 nm. Es wurde als Genus abgegrenzt, weil im Gegensatz zu allen anderen Genera die subgenomische mRNA für das Hüllprotein nicht enkapsidiert und stattdessen eine RNA von ca. 2 kb verpackt wird, die nicht translatierbar ist. Die 3'-Enden ähneln denen der Ilar- und Alfamovirus-RNAs, interagieren jedoch nicht mit dem Hüllprotein. Die Gesamtgröße der RNA beträgt 8,3 kb. Ein Vektor ist nicht bekannt, das Virus kann jedoch auf den bisher einzigen Wirt, *Olea europaea*, durch Pfropfung übertragen werden.

11.2.3 Virus-Wirt-Interaktion

Die Virus-Wirt-Interaktionen bei den verschiedenen Genera der Bromoviridae weisen zwei unterschiedliche Anpassungs- und Überlebenstrategien auf. Während Bromoviren offensichtlich unterschiedlichste **Übertragungswege** – Samen, Käfer, Blattläuse und effiziente mechanische Wege in dichten Kulturpflanzenbeständen – nutzen, haben sich Cucumo- und Alfamoviren die sehr effektive Übertragung durch Blattläuse, speziell polyphager Arten, zu Nutze gemacht. Ilarviren dagegen haben zumeist ausdauernde holzige Wirte, so dass für ihr Überleben die relativ ineffiziente Pollenübertragung hinreicht. Hinzu kommt hier die sehr wirksame Verbreitung durch die Veredelungstechniken bei der Produktion von Pflanzgut. Letzteres scheint auch der Verbreitungsweg des *Oleavirus* OLV-2 zu sein.

Welche Auswirkungen der unbemerkte Import von Viren in eine neue Umgebung haben kann, wurde durch Mitarbeiter des IFA in Turin gezeigt, die eine neue Viruserkrankung an Feldtomaten in Norditalien auf eine unbemerkte Einfuhr von mit *Spinach latent virus* (SpLV, Ilarvirus) kontaminiertem Saatgut und dessen Anbau in unmittelbarer Nachbarschaft zu Tomatenkulturen zurückführen konnten (Roggero, pers. com.). Dieses, für Spinat latente Virus führte in Tomaten zu massiven Symptomen und Ernteverlusten.

Literatur

Anonymous (1998) Detection and biodiversity of cucumber mosaic cucumovirus. Conclusions from a ringtest of European Union COST 823 (New Technologies to Improve Phytodiagnosis). J Plant Pathol 80: 133–149

Demler SA, Borkhsenious ON, Rucker DG, de Zoeten GA (1994) Assessment of the autonomy of replicative and structural functions encoded by the luteophase of pea enation mosaic virus. J Gen Virol 75: 997–1007

Demler SA, de Zoeten GA, Adam G Harris KF (1996) Pea enation mosaic enamovirus: Properties and aphid transmission. In: Harrison BD, Murrant AF (eds) The viruses: The plant viruses. Polyhedral virions and bipartite RNA genomes. Plenum Press, New York London, pp 303–344

de Zoeten GA, Powell CA, Gaard G, German TL (1976) *In situ* localization of pea enation mosaic virus double-stranded ribonucleic acid. Virology 70: 459–469

Francki RIB (1985) The viruses: The plant viruses. Polyhedral virions with tripartite genomes, vol 1. Plenum Press, New York London

Goldbach R, Wellink J (1988) Evolution of plus strand RNA viruses. Intervirology 29: 260–267

Gonsalves D, Fulton RW (1977) Activation of prunus necrotic ringspot virus and rose mosaic virus by RNA 4 components of some ilar viruses. Virology 81: 398–407

Harrison BD, Murant AF (1996) The viruses: The plant viruses. Polyhedral virions and bipartite RNA genomes vol 5. Plenum Press, New York London

Janda M, Ahlquist P (1993) RNA-dependent replication, transcription and persistence of brome mosaic virus RNA replicons in *S. cerevisiae*. Cell 72: 961–970

Koenig R (1988) The viruses: The plant viruses. Polyhedral virions with monopartite RNA genomes, vol 3. Plenum Press, New York London

Mossop DW, Francki RIB (1977) Association of RNA 3 with aphid transmission of cucumber mosaic virus. Virology 81: 177–181

Nassuth A, Bol JF (1983) Altered balance of the synthesis of plus- and minus-strand RNAs induced by RNAs 1 and 2 of alfalfa mosaic virus in the absence of RNA 3. Virology 124: 75–84

Rochow WF, Müller I (1975) Use of aphids injected with virus-specific antiserum for study of plant viruses that circulate in vectors. Virology 63: 282–286

Sänger HL (1968) Characteristics of tobacco rattle virus: I. Evidence that its two particles are functionally defective and mutually complementing. Mol Gen Genet 101: 346–367

Tidona CA, Darai G (2001) The Springer index of viruses. Bromoviridae. Luteoviridae. Springer, Berlin, pp 115–140, 505–516

van Vloten-Doting L, Hasrat JA, Oosterwijk E, van't San P, Schoen MA, Roosien J (1980) Description and complementation analysis of 13 temperature-sensitive mutants of alfalfa mosaic virus. J Gen Virol 46: 415–426

12 Viren mit (-)Einzelstrang-RNA-Genom

Zu den Pflanzenviren mit einzelsträngigem negativem Sinn RNA-Genom (–ssRNA) gehören mittlerweile fünf Genera: *Nucleo-* und *Cytorhabdovirus* (Familie Rhabdoviridae), mit ungeteiltem Genom; *Tospovirus* (Familie Bunyaviridae), *Tenuivirus* und *Ophiovirus* mit drei- bzw. viergeteiltem Genom. Da das Genus *Ophiovirus* nur wenig untersucht ist, beschränken wir uns auf die Familie der Rhabdoviridae und die Genera *Tospo-* und *Tenuivirus*.

12.1 Viren mit ungeteiltem Genom und Lipidhülle –Rhabdoviridae

Rhabdoviren gehören zu einer der ersten akzeptierten Familien der Viren. Zu ihnen zählen Vertreter mit Wirten im Pflanzen- und Tierreich. Bei den tierischen Vertretern wurde das Spezieskonzept lange vor 1990 akzeptiert (s. Kap. 6.1). Rhabdoviren weisen innerhalb der Familie sehr geringe Unterschiede zwischen Vertretern der beiden Wirtskreise auf, so dass die Zusammenfassung in einem höheren Taxon keine Probleme bereitete. Allen Vertretern mit Pflanzenwirten und vielen tier- und humanpathogenen Rhabdoviren ist gemeinsam, dass sie **vektoriell übertragen** werden und zwar in allen Fällen **zirkulativ propagativ**. Bei den Pflanzenviren sind die Vektoren hauptsächlich Insekten aus der Gruppe der Homoptera, jedoch ist jeweils eine Spezies mit einem Milben- bzw. Netz- und Gitterwanzen-Vektor beschrieben.

Aufgrund der sehr großen Einheitlichkeit innerhalb der Familie der Rhabdoviridae werden viele Ergebnisse, die mit tier- und humanpathogenen Vertretern erzielt wurden, auf pflanzenpathogene Rhabdoviren übertragen, wobei der Schwerpunkt der Forschung eindeutig beim Genus *Vesiculovirus* und hier beim Typstamm *Vesicular stomatitis virus* (VSV) liegt. Fraglich ist, ob alle mit VSV gewonnenen Daten auf Vertreter anderer Genera und besonders die der Phytorhabdoviren übertragbar sind. Trotzdem wird das Buch „The Rhabdoviruses"als generelle Quelle für weitergehende Informationen empfohlen (Wagner 1987). Aktuelle Zusammenfassungen zu den Phytorhabdoviren findet man bei Jackson et al. (1999), Dietzgen (2001) und Goodin u. Jackson (2001).

12.1.1 Organisation und Zusammensetzung der Viruspartikel

Partikel pflanzlicher Rhabdoviren bestehen aus ca. 70% Protein, 20–25% Fett, 2–3% RNA und 2–6% Zucker, wobei nur die Nukleinsäure und die Proteine viruskodiert sind. Die anderen Komponenten stammen vom Wirt. Bei den Rhabdoviren sind alle viral kodierten Proteine auch Bestandteil des Viruspartikels. Allerdings wurden bei den drei bisher sequenzierten Phytorhabdoviren zusätzliche ORFs identifiziert, die möglicherweise für bisher nicht bekannte Nichtstrukturproteine kodieren (Wetzel et al. 1994). Die **Struktur** der Phytorhabdoviren ist in Kap. 4.4 beschrieben. Die Partikel sind **bacilliform**. Cytorhabdoviren haben einen Durchmesser von 60 bis 75 nm und eine Länge von 200 bis 350 nm. Nukleorhabdoviren haben einen Durchmesser von 45 bis 100 nm und eine Länge von 130–300 nm. Das **Nukleocapsid** hat eine **helikale** Symmetrie. Die Glykoproteinfortsätze (*spikes*) ragen über die Lipidhülle (*envelope*) hinaus. Alle Phytorhabdoviren haben eine **Einzelstrang-RNA mit negativer Polarität** als Genom.

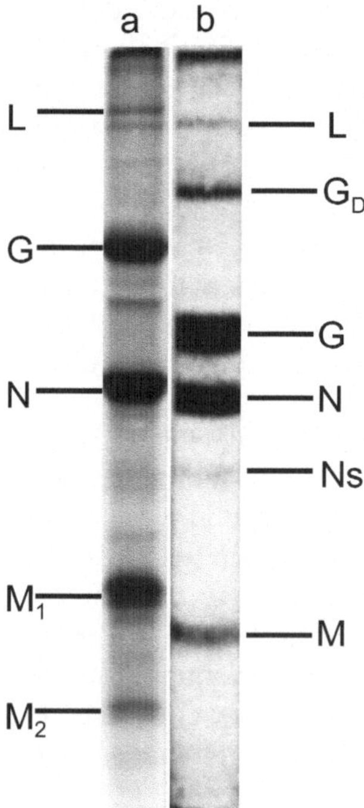

Abb. 12.1 a,b. Proteinmuster von Nukleorhabdoviren (a) und Cytorhabdoviren (b) aufgetrennt in der SDS-Polyacrylamid-Gel-Elektrophorese. *Links* und *rechts* sind die Proteine nach der alten Terminologie bezeichnet. G_D = Dimere von *G*. In (a) wurde EMDV und in (b) LNYV aufgetrennt

Die Größe der RNAs scheint innerhalb der Phytorhabdoviren wenig zu differieren und beträgt etwa **13 kb** mit Ausnahme des *Wheat american striate mosaic virus* (WASMV), für das nur die Hälfte an Nukleotiden beschrieben wurde.

Nur wenige der publizierten Daten zu Phytorhabdoviren beruhen auf molekularbiologischen Untersuchungen und damit Sequenzdaten. Stattdessen sind viele Ergebnisse mit klassischen Methoden der Ultrazentrifugation und Gelelektrophorese gewonnen worden. Insofern sind diese Daten bezüglich ihrer Vergleichbarkeit mit Vorsicht zu interpretieren, jedoch sind die Größenordnungen, die mit den verschiedenen Methoden erzielt wurden, durchaus vergleichbar. Einige Unterschiede lassen sich auch durch die Modifizierung der Proteine erklären, die in den sequenzbasierten Daten natürlich nicht erfasst werden. So führt die Glykosilierung der G-Proteine zu größeren Molekulargewichten in der Gelelektrophorese und ebenso täuscht die Phosphorylierung des NS-Proteins ein drastisch erhöhtes Molekulargewicht in der Gelelektrophorese vor. Vergleicht man die Elektrophoresemuster von Proteinen verschiedener Phytorhabdoviren, so kann man zwei grundsätzlich verschiedene Muster finden, die den Lyssa- bzw. den Rabiesviren, die beide Tiere infizieren, entsprechen (s. Abb. 12.1). Die Benennung der Proteine erfolgte nach einer Terminologie, die ursprünglich für tierische Rhabdoviren aufgestellt und bei der die Proteine nur nach ihrem Laufverhalten in der Gelelektrophorese benannt wurden (s. Abb. 12.1).

Eine funktionelle Zuordnung, insbesondere der Proteine NS und M im Vergleich mit M_1 und M_2, war lange Zeit nicht einwandfrei möglich. Erst mit der Verfügbarkeit von Sequenzdaten und damit Kenntnis der Genomorganisation konnten Korrelationen zwischen diesen Proteinen sicher hergestellt werden. Demnach bestätigten sich die Daten aus Detergenzbehandlungen, wonach das M_2-Protein der rabiesähnlichen Viren dem NS-Protein der Vesiculoviren entspricht und damit in seiner Masse mit dem detergensunlöslichen Nukleoprotein assoziiert bleibt. Aus dieser Erkenntnis ergab sich eine neue einheitliche **Terminologie für die Proteine** aller Rhabdoviren, die sich einzig an ihrer Funktion und der Position ihres Genortes auf der viralen RNA orientiert. Sie lautet **N**, **P**, **M**, **G** und **L**. Die Lokalisierung der Strukturproteine im Partikel und deren Zuordnung zu Banden im Elektrophoresemuster ist in Abb. 12.2 zusammengefasst.

N steht für das Nukleoprotein, das mit der RNA assoziiert ist, **P** ist der Kofaktor der RNA-Polymerase und scheint für die Transkription erforderlich zu sein. Das **P** wurde als Abkürzung gewählt, da dieses Protein in aktivem Zustand phosphoryliert ist. **M** ist ein basisches Matrixprotein, das wahrscheinlich den Kontakt zwischen der Lipidhülle und dem aggregierten Nukleoproteinkomplex im Viruspartikel vermittelt. **G** ist das Glykoprotein,

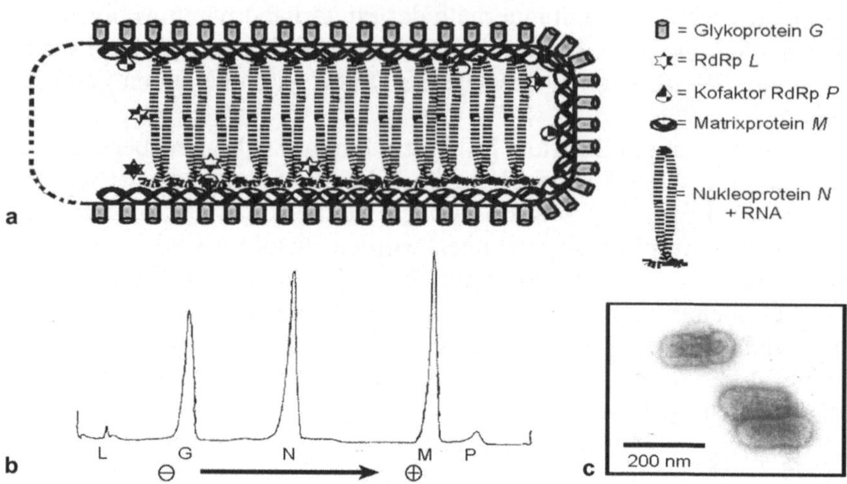

Abb. 12.2 a–c. Elektrophoresemuster und Lokalisierung der Strukturproteine im Viruspartikel bei einem Cytorhabdovirus nach neuer Terminologie. *L* RdRp, *G* Glykoprotein, *N* Nukleoprotein; *M* Matrixprotein, *P* Phosphoprotein. **a** Lokalisierung der Proteine im Partikel. **b** Elektropherogramm nach SDS-Gelelektrophorese und Färbung mit Coomassieblau. **c** Elektronenmikroskopie von gereinigtem Virus nach Negativkontrastierung mit Uranylacetat. Alle Daten beziehen sich auf EMDV

ein Transmembranprotein, das in die Lipidhülle integriert ist und die Bindung und Aufnahme in Wirtszellen über spezifische Rezeptoren ermöglicht. Dieses ist allerdings nicht in Pflanzenzellen der Fall, die auch mit Partikeln ohne G-Protein mechanisch infiziert werden können (Gaedigk et al. 1986). Das **L**-Protein ist die RNA-abhängige RNA-Polymerase mit zusätzlicher *capping*-, Adenosylpolymerase- und Proteinkinasefunktion.

Es ist bisher ungeklärt, warum es relativ problemlos gelang, für die Vesiculoviren *In-vitro*-Transkriptions- und später auch gekoppelte Transkriptions-Translations-Systeme zu entwickeln und zwar sowohl für tierische als auch vesiculoähnliche Pflanzenviren, während dies für die Lyssa- und rabiesähnlichen Pflanzenviren nicht oder nur sehr unvollkommen gelang. Die beiden unterschiedlichen Gruppen haben bei den Pflanzenviren außerdem grundsätzlich verschiedene Orte der Virusmorphogenese: Während die lyssaähnlichen im Zytoplasma am endoplasmatischen Retikulum zu Rhabdoviren assemblieren, findet das *budding* der rabiesähnlichen Vertreter an der Kernmembran statt. Daraus hat sich die taxonomische Einteilung in **Cyto-** und **Nukleorhabdoviren** entwickelt.

12.1.2 Strategien der Virusvermehrung

Die meisten Informationen zur Transkription und Replikation von Rhabdoviren stammen aus den detaillierten Untersuchungen an VSV und wurden bzw. werden auf andere Vertreter der Familie übertragen. Teile davon sind schon in Kap. 7 dargestellt worden. Nachzutragen gilt, dass es kürzlich gelungen ist, mit dem Rabiesvirus ein System zu entwickeln, das auch Negativstrangviren der **reversen Genetik** (s. Kap. 3.6.3) zugänglich macht (Conzelmann 1996).

Hierzu wurden zunächst Wirtszellen nacheinander mit dem L-, N- und M_2- (heute P-) Gen transformiert, um die für eine Transkription und Replikation der viralen RNA notwendigen Proteine in der Zelle konstitutiv zur Verfügung zu haben. Wenn diese so vorbereiteten Zellen nun mit einem Transkript der Rabiesvirus-RNA, das aus einem gentechnisch veränderten Bakterium gewonnen wurde, transfiziert wurden, kam es zur Bildung neuer Viruspartikel. Diese Experimente bestätigen in eindrucksvoller Weise die funktionelle Homologie von M_2 und Ns, und die Beteiligung von L und M_2 an der Replikation und Transkription, wobei der Nukleoproteinkomplex aus RNA- und N-Protein das Substrat darstellt. Für pflanzliche Rhabdoviren gibt es bisher keine vergleichbaren Untersuchungssysteme. Es wird lediglich in zwei Fällen über eine erfolgreiche Infektion von Protoplastensystemen berichtet, wobei als herausragendes Ergebnis der Verlust der Wirtsspezifität zu erwähnen ist (van Beek et al.1985), da hier Protoplasten dikotyler Nichtwirtspflanzen mit Rhabdoviren aus monokotylen Wirten erfolgreich inokuliert wurden.

Mittlerweile stehen die kompletten **Nukleinsäuresequenzen** für drei Spezies der Phytorhabdoviren zur Verfügung: *Sonchus yellow net virus* (SYNV, Nucleorhabdovirus), *Lettuce necrotic yellows virus* (LNYV) und *Strawberry crinkle virus* (SCV). Die beiden Letzteren sind Cytorhabdoviren. Alle drei Sequenzdaten weisen nach dem P-ORF einen zusätzlichen ORF auf, wobei bisher unklar ist, ob das aus diesem ORF translatierte Protein ein Strukturprotein darstellt oder nicht. Denkbar wäre, dass es sich bei diesem Protein um das Bewegungsprotein (MP) als Anpassung an die Pflanzenwirte handelt.

12.1.3 Genexpression und Morphogenese

Auf der viralen RNA sind, beginnend vom 3'-Ende die folgenden ORFs für die fünf viralen Proteine lokalisiert, in der Reihenfolge **N**, **P** (= Ns oder M_2), **M** oder M_1, **G** und **L**. Nach der Infektion werden in einer **primären**

Transkription zunächst sequentiell in der Reihenfolge der Anordnung auf der RNA die 5 ORFs transkribiert. Alle Transkripte sind polyadenyliert. Die relative Menge der gebildeten mRNA nimmt vom 3'- zum 5'-Ende kontinuierlich ab. Wie für VSV mit *In-vitro*-Systemen gezeigt werden konnte, ist der erste Schritt die Transkription der fünf mRNAs von der viralen RNA. Dabei scheint sowohl die Generierung der **Cap**-Struktur als auch die **Polyadenylierung** von dem aktiven Polymerasekomplex durchgeführt zu werden. Erst mit Einsetzen der Translation und hier speziell des N-Proteins scheint dann die **Replikation** der viralen RNA stattzufinden, wobei alle bei der Transkription wirksamen Steuersequenzen unbeachtet bleiben. Ob dies mit einer Veränderung des Polymerasekomplexes bzw. der daran beteiligten Proteine einhergeht ist unbekannt. Man weiß jedoch, dass das Ns Protein in unterschiedlich phosphorylierter Form in infizierten Zellen vorkommen kann.

Die **Replikation** und **Transkription** der **Nukleorhabdoviren** erfolgt **im Kern** (Martins et al. 1998; Goodin et al. 2001). Die für die RNA-Synthese absolut notwendigen viralen Proteine haben C-terminale Signalsequenzen, die für ihren Transport in den Kern sorgen. Dagegen werden die **Cytorhabdoviren** im **Virioplasma des Cytoplasmas** repliziert.

12.1.4 Pathogenese, Wirtskreis und wirtschaftliche Bedeutung

Bei den Nukleorhabdoviren ist mit der Infektion von Pflanzenzellen auch eine mikroskopisch sichtbare Hypertrophie der Zellkerne verbunden, die nicht nur mit der Ablagerung von Viruspartikeln zwischen die beiden Kernmembranen erklärt werden kann. Bei den Cytorhabdoviren bilden sich im Zytoplasma Virioplasmen, an denen die RNA-Synthese erfolgt. Das **Virioplasma** zeichnet sich durch granulär-fibrilläre Strukturen aus und kann zur Zerstörung der Chloroplasten führen. Chlorosen, Nekrosen und Sprossstauchung sind die häufigsten Symptome.

Der **Wirtskreis**, zumindest einiger Rhabdoviren, scheint breiter zu sein, als ursprünglich vermutet. Elektronenmikroskopisch festgestellte Rhabdoviruspartikel in Pflanzen führten früher oft zu einer neuen Namensgebung wie z. B. im Falle des im mediterranen Raum sehr weit verbreiteten *Eggplant mottled dwarf virus* (EMDV), für das viele verschiedene Namen vorgeschlagen wurden (Adam et al. 1987). In der Regel sind die Wirtskreise eher eng, was sicher auch mit der hohen Virus-Vektor-Spezifität zusammenhängt. Die Phytorhabdoviren werden durch *Jassidae* (**Zwergzikaden**) und *Delphacidae* (**Spornzikaden**) **zirkulativ propagativ** übertragen (s. Kap. 8.2.2). Die G-Proteine sind für die Vektor- und Wirtsspezifität mit verantwortlich. Bei der Vermehrung in den **Vektoren** kommt es nicht

zu einer virusbedingten Erkrankung. Auch in den Kulturen von Vektor-
zellen kam es nach Infektion in keinem Fall zu zytotoxischen Effekten
(Adam 1984).

12.2 Viren mit mehrteiligem (+/–)Genom und Lipidhülle (Tospoviren)

Die **Bunyaviridae** bilden eine große Familie mit fünf Genera, die Vertebraten, Invertebraten und Pflanzen infizieren. Sie haben pleomorphe,
meist sphärische Partikel mit segmentierter, einzelsträngiger RNA von negativer (–)ssRNA oder *ambisense* (+/–)ssRNA-Polarität. Tospoviren inifi-
zieren sowohl Pflanzen als auch ihre Vektoren.

12.2.1 Tospovirus

Zum Genus *Tospovirus* (Moyer 1999; Goldbach u. Kormelink 2001) gehören nach dem heutigen Stand neun Arten. Sechs weitere Arten wurden vorläufig zugeordnet. Die Typspezies ist das *Tomato spotted wilt virus*
(TSWV, Goldbach u. Kormelink 2001). Die durch TSWV an Tomaten
hervorgerufene Krankheit wurde 1919 zum ersten mal beschrieben und
1927 als Vektor ein Fransenflügler nachgewiesen. 1964 erfolgte die Dar-

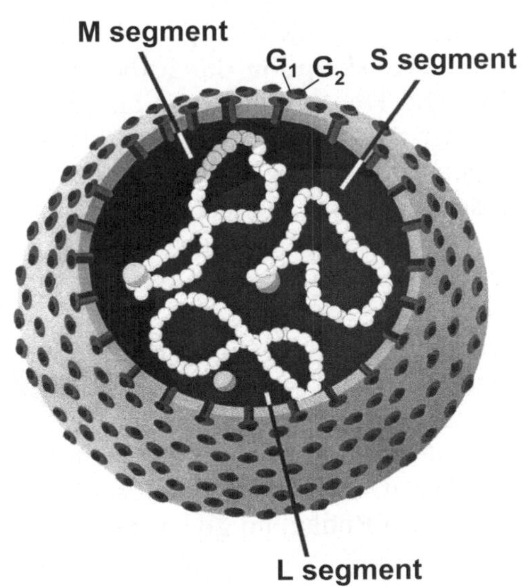

Abb. 12.3. Struktur des *Tomato spotted wilt virus* (TSWV). In der Lipidhülle befinden sich *spikes* aus den Glykoproteinen *G1* and *G2*. Das Virusgenom ist auf drei Nukleoproteine L (–), M (+/–) und S (+/–) verteilt. Eine RNA-Polymerase ist im Virion enthalten (Symbol *graue Kugel*). (Aus Prins u. Goldbach 1998)

stellung der Partikel im Elektronenmikroskop und 1990 bis 1992 die Sequenzierung des Genoms.

12.2.2 Struktur

Die instabilen TSWV-Partikel haben einen Durchmesser von 80–120 nm und sind von einer **Lipidhülle** umgeben, in die die **Glykoproteinfortsätze** (*spikes*) G1 und G2 inseriert sind (Abb. 12.3). Die Lipidhülle umschließt das dreiteilige aus dem Genom und N-Protein bestehende Ribonukleoprotein mit insgesamt 16,6 kb **ssRNA**. Die **L** (*large*) Komponente der (–)ssRNA besteht aus 8897 nt und kodiert für ein 331-kDa-Protein, das als RNA-abhängige RNA-Polymerase (RdRp) fungiert. Die **M** (*medium*) (4821 nt) und **S** (*small*) (2916 nt) RNAs haben *ambisense*-Polarität (+/–) und kodieren für je zwei Proteine. Die RdRp ist im Virion enthalten und ist sowohl für die Replikation als auch für die Transkription zuständig. Die **intergenischen Regionen** (*intergenic region*) zwischen den ORFs sind AU-reich und bilden durch Basenpaarungen Haarschleifenstrukturen. Die genomischen RNAs haben terminale komplementäre Sequenzen von ungefähr 65 nt, die eine Voraussetzung für die Ausbildung der pseudozirkulären Struktur (*panhandle*) der eigentlich linearen TSWV-Ribonukleoproeine ist.

12.2.3 Replikation, Genexpression und Morphogenese

Die Replikation der Tospoviren findet im Zytoplasma am Golgi-Apparat statt (Elliot 1999). Nach Freisetzung der Nukleoproteine beginnt bei niedriger Konzentration des N-Proteins die **Transkription** durch die in den Partikeln enthaltene RdRp (Abb. 12.4). Die Transkription wird eingeleitet durch das „Stehlen" (***cap snatching***) der *cap*-Struktur von einer Wirts-mRNA. Es werden 12 bis 20 5'-Nukleotide von einer Wirts-mRNA durch eine viruskodierte Endonuklease abgespalten. Diese Nukleotide werden als *primer* für die Transkription benutzt. Nach Anstieg der Konzentration an N-Protein schaltet die Polymerase auf **Replikation** um und es wird anstatt verkürzter Transkripte das vollständige Genom synthetisiert.

Die **M**-RNA kodiert in der Virus-Sinn-Orientierung (+) für ein 34-kDa-NS_M-Protein, das für den **Zell-zu-Zell-Transport** verantwortlich ist. Die mRNA wird von einer komplementären RNA transkribiert (Abb. 12.4). Die (–)Sinn-RNA wird direkt in eine mRNA transkribiert. Das Translationsprodukt ist ein 127-kDa-Protein, das in zwei Polypeptide gespalten wird, die anschließend am endoplasmatischen Retikulum glykosidiert wer-

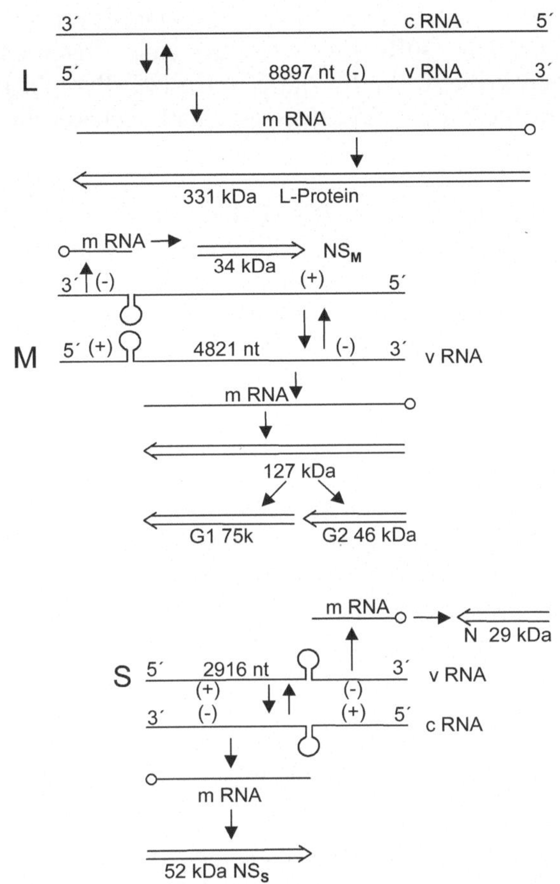

Abb. 12.4. Genomexpression des TSWV. Der L- ssRNA(–)Virus(v)-Strang wird für die Replikation in den komplementären (c) Strang transkribiert, der als Matrize für die vRNA-Synthese dient. Nach *cap snatching* (•—) wird vom (–)Strang die mRNA für das L-Protein transkribiert. Der **M**(v)RNA-Strang hat *ambisense*-Orientierung. Für die Replikation wird der komplementäre Strang gebildet und dieser dient wieder als Matrize für die Synthese des v-Stranges (↑↓). Die (+)Sinn-Region des vRNA-Stranges wird über eine cRNA in mRNA transkribiert, der (–)Sinn-Anteil nach *cap*-Bildung direkt in mRNA transkribiert. Entsprechendes gilt für das **S**-Segment. Die Genprodukte sind im Text erklärt. (Nach Prins u. Goldbach 1998, Abb.1)

den (**G1**, 75 kDa und **G2**, 46 kDa). Sie bilden die *spike*-**Proteine**, die für die Insektenübertragung notwendig sind. Zwischen den beiden ORFs liegt eine AU-reiche Region, die Haarschleifen bildet. Die (–)Sinn-Region der S-RNA wird in eine mRNA transkribiert, die in das 29-kDa-**Nukleo-**

protein (N) übersetzt wird. Dieses bindet und stabilisiert die drei Virus-RNA-Komponenten. Die (+)Region wird über eine subgenomische RNA in eine mRNA transkribiert, die für ein 52-kDa-**NS$_S$-Protein** kodiert. Das NSs-Protein unterdrückt die pflanzeneigene Pathogenabwehr (Takeda et al. 2002; Bucher et al. 2003).

Beide Enden der viralen RNAs scheinen für die Capsidbildung erforderlich zu sein. Die subgenomischen RNAs, die nur ein vollständiges Ende aufweisen, werden nicht mit N enkapsidiert und sind damit nicht Bestandteil des Partikels. Bedingt durch einen hohen Gehalt an den basischen Aminosäuren Lysin und Arginin besitzt das **N-Protein** einen isoelektrischen Punkt von 9,8 und bindet ssRNA. Die 5'- und 3'-Enden der (+) und (–)S-RNA bilden *panhandle*-Strukturen und binden an die N- und C-Termini des N-Proteins. Das N-Protein ist auch an der Regulation von Replikation und Transkription beteiligt.

Tubuläre Strukturen, die von der Plasmamembran der Wirtszellen durch die Plasmodesmata reichen, dienen dem Zell-zu-Zell-Transport. Die Virus-RNA-Stränge L, M und S wandern nach Bindung des N-Proteins als Nukleoprotein mit Hilfe des **NS$_M$**-Proteins in Nachbarzellen (Storms et al. 1998). Das NS$_M$-Protein wurde auch in den Insekten nachgewiesen, seine Funktion scheint aber auf die Zell-zu-Zell-Bewegung in Pflanzen beschränkt zu sein (Storms et al. 2002).

Die Bildung reifer Viruspartikel erfolgt durch Knospung an den Membranen des endoplasmatischen Retikulums oder des Golgi-Apparates nach Einfügung der G$_1$- und G$_2$-Glykoproteine in diese Membranen.

12.2.4 Übertragung von TSWV durch den Vektor

TSWV kann mechanisch übertragen werden. Unter natürlichen Bedingungen werden die Tospoviren aber ausschließlich durch Thysanoptera (Fransenflügler, Blasenfüße, **Thrips**) von Pflanze zu Pflanze verbreitet. Die **Übertragung** von TSWV ist **zirkulativ-propagativ**. Die meisten Vektorarten der Thysanoptera sind weit verbreitet und entnehmen einem breiten Spektrum an Wirtspflanzen Nahrung (Nagata 1999). Es ist daher verständlich, dass sich die durch Thrips übertragenen Viren weltweit ausgebreitet haben. TSWV wird unter anderem durch *Frankliniella occidentalis* und andere *Frankliniella*-Arten sowie *Thrips* tabaci und *T. setosus* übertragen. Die Tiere machen mit einem Mandibel ein Loch in die Blattoberfläche und saugen mit zwei Maxillen den Zellsaft in den Verdauungskanal. Nur wenn das erste Larvenstadium Viren aufnimmt, kommt es zu virusübertragenden Adulten. Dabei nimmt die **Kompetenz** mit dem Alter der Larven ab. Adulte Tiere können zwar noch infiziert werden, können sich aber nicht mehr zu

Virusvektoren entwickeln. Die notwendigen Fütterungsperioden sind unterschiedlich lang und abhängig von der Temperatur, dem Alter der Larve und dem Wirtsgewebe. Da die Viren im Vektor verschiedene Kompartimente durchqueren, ist zu vermuten, dass die Aufnahme rezeptorvermittelt ist. Für die Aufnahme sind die **Glykoproteinspikes** essentiell. Nukleoproteine ohne Lipidhülle können Thripse nicht infizieren, da es zu keiner Interaktion zwischen dem prospektiven Rezeptor, einem 50-kDa-Protein im Mitteldarm von *F. occidentalis* und dem viralen Glykoproteinen kommt. Ein 94-kDa-Protein von *F. occidentalis* bindet speziell an G2 von TSWV (Kikkert et al. 1998). Die Viren sind 24 h nach der Infektion zuerst im Mitteldarmepithel nachzuweisen, wo sie vermehrt werden und von dort in die Darmmuskulatur gelangen (de Assis et al. 2002). Nach etwa 72 h erreichen die Viren die Speicheldrüsen, wohin sie über die Ligamente zwischen Mitteldarm und Speicheldrüsen gelangen. Die adulten Tiere sind **lebenslang infektiös** und übertragen die Viren auf die Blätter von Tabak, Tomate, Salat und viele weitere Gemüsepflanzen und Blumen. Von den Blättern, in denen ringfleckenartige Herde entstehen, gelangen die Viren mit Hilfe des NS_M-Proteins in Phloem- und Parenchymzellen.

12.2.5 Pathogenese und wirtschaftliche Bedeutung

Infolge der Erweiterung des Welthandels und der Ausbreitung des Vektors von TSWV verursacht das Virus weltweit Schäden, die heute einen jährlichen Verlust an Kulturpflanzen von einer Billion US-Dollar verursachen. TSWV hat ein sehr breites **Wirtsspektrum**. Es kann auf mehr als 1000 Arten von Mono- und Dikotyledonen vermehrt werden. Die übrigen Tospoviren haben ein engeres Wirtsspektrum. Die **Symptome** und Schwere der Schäden nach Infektion mit TSWV sind je nach Wirtspflanze, Virusstamm und klimatischen Bedingungen unterschiedlich. Bei Gemüse wie Tomaten, Kopfsalat und Spinat sowie Zierpflanzen wie *Impatiens* Neu-Guinea Hybriden und Begonien kommt es zum Absterben der Pflanzen nach Ausbildung von Blattflecken, Vergilbung, Nekrosen und Verformung von Blättern und Früchten. Die molekularen Mechanismen der Pathophysiologie sind nicht bekannt.

12.2.6 Resistenz

Transgene Pflanzen, in denen das N-Gen von TSWV exprimiert wird, zeigen Resistenz gegen Infektion mit dem Virus. Nach der *pathogen-derived-resistance*-**Theorie** treten Resistenzen gegen Pathogene auf, wenn die Virusprodukte nicht zur rechten Zeit exprimiert werden, also wenn sie schon bei Infektion in den Zellen vorliegen. Auch defekte und verkürzte Kopien des N-Gens bewirken Resistenz (Jan et al. 2000). Resistenz wurde auch bei Expression von Sinn und Antisinn mRNA von N- oder NS_M-Genen beobachtet. Es wird vermutet, dass der Resistenzmechanismus dem der Kosuppression durch posttranskriptionales *gene silencing* entspricht, also einem induzierten, sequenzspezifischen Abbau der Virus-RNA (Prins u. Goldbach 1998). Die transgenen RNAs von Tospoviren werden im Kern resistenter Pflanzen stark exprimiert und bewirken im Zytoplasma nach Infektion transgener Pflanzen mit TSWV einen Abbau der entsprechenden Virus-RNA. Somit können die Virusproteine N und NS_M nicht in den notwendigen Mengen produziert werden. Die N-Gen-vermittelte Resistenz gegen TSWV wurde in Tabakpflanzen, Salat und Tomate nachgewiesen. Die Erzeugung transgener Pflanzen scheint ein wirksames Mittel gegen den Befall durch TSWV zu sein, auch wenn Mutanten von TSWV dem Resistenzmechanismus widerstehen können und die Herstellung neuer transgener Pflanzen notwendig machen (s. Kap. 17).

12.3 Viren mit mehrteiligem (+/–)Genom ohne Lipidhülle (Tenuiviren)

Tenuiviren sind (–)ssRNA-Viren mit einem geteilten Genom und als Genus 1991 vom *International Commitee on Taxonomy of Viruses* akzeptiert worden (Francki et al. 1991). Der Genus umfasst sechs Spezies, weitere fünf Spezies sind provisorisch eingeordnet. Die Typspezies ist das *Rice stripe virus* (RSV), das 1890 in Japan entdeckt wurde. Tenuiviren zeichnen sich durch ihren engen Wirtskreis aus, sie infizieren nur Gramineen und ihre Vektoren. Sie werden durch Zikaden aus der Familie der *Delphacidae* übertragen.

Insgesamt weisen die Tenuiviren mit **17,1** bis **25,1 kb** eines der größten **Genom**e unter den Pflanzenviren auf und sind den Tospoviren (s. Kap. 12.2) sehr ähnlich. Eine Übersicht über Tenuiviren geben Falk u. Tsai (1998) und Toriyama (2001).

12.3.1 Struktur

Tenuiviren bilden **flexible Fäden**, die zirkuläre, spiralige oder auch verzweigte Formen annehmen können. Die Partikel sind 500–2100 nm lang und sehr dünn (8–10 nm), wovon sich auch der Name *tenuis*, lateinisch-dünn oder schwach, ableitet. Dies war eine Ursache, warum diese Viren so spät beschrieben wurden. Die Morphologie war nämlich so ungewöhnlich, dass die Viren im Elektronenmikroskop übersehen wurden.

Die Partikel von Tenuiviren enthalten, je nach Spezies, vier bis fünf unterschiedlich große **lineare, ss(+/−)RNAs**, die von Untereinheiten des etwa 32–35 kDa großen **Hüllprotein**s umgeben sind. Das Genom des *Rice grassy stunt virus* (RGSV) besitzt als einziges sechs Segmente. Geringe Mengen der viralen RNA-abhängigen RNA-Polymerase (RdRp) sind wie bei den Tospoviren mit den Nukleoproteinkomplexen assoziiert.

12.3.2 Genomorganisation

Die etwa 20 terminalen Nukleotide der genomischen RNAs sind komplementär und bilden durch interne Basenpaarungen wie bei den Tospoviren **pseudozirkuläre Strukturen** der eigentlich linearen RNA aus, wobei die jeweils ersten und letzten acht Nukleotide identisch sind. Überraschend an diesen Sequenzen ist die Ähnlichkeit mit den entsprechenden Bereichen von Phleboviren, bei denen 7 von 8 der endständigen Nukleotide übereinstimmen (Takahashi et al. 1990). Phleboviren infizieren Wirbeltiere und gehören taxonomisch in die Familie der *Bunyaviridae*.

Offene Leserahmen (**ORF**) sind bei Tenuiviren sowohl auf der viralen (vRNA) als auch auf der komplementären RNA (cRNA) vorhanden. Die ORFs befinden sich im 5'-Bereich der jeweiligen RNA und werden durch 300 bis 700 Basen große, nichtkodierende Bereiche getrennt. Diese *intergenic region* kann durch interne Basenpaarungen Sekundärstrukturen ausbilden, die regulatorische Funktionen haben. Die Kodierungsstrategie, die als *ambisense* bezeichnet wird, und die *intergenic region* findet man auch bei Spezies des Genus *Phlebovirus* sowie bei den Pflanzen infizierenden Tospoviren innerhalb der Familie der *Bunyaviridae*.

Die größte RNA (**RNA 1**, 8,9 kb) trägt einen ORF auf der cRNA, der für das Protein **pc1** kodiert. Das pc1 ist wahrscheinlich die RdRp. Sequenzvergleiche ergaben hohe Übereinstimmungen in vier Bereichen mit dem L-Protein von Phleboviren (Toryama et al. 1994). Dies ist neben den Sequenzübereinstimmungen der komplementären Enden ein weiterer Hinweis auf die enge Verwandtschaft der Tenuiviren zu den Phleboviren.

Von den ORFs der anderen Genomsegmente wurden bisher nur einige Funktionen *in vivo* identifiziert. Das **N-Protein** wird durch die **cRNA 3**, das **NCP** (*major noncapsid protein*) durch die **vRNA 4** kodiert, das in Pflanzen charakteristische **Einschlusskörper** bildet und eine höhere Konzentration in der Pflanzenzelle aufweisen kann als die Ribulose-Bisphosphat-Carboxylase. Es ist nicht in den Vektoren zu finden (Falk et al. 1987). Das NCP unterdrückt die pflanzeneigene Pathogenabwehr (Bucher et al. 2003). Das N-Protein zeigt eine Homologie zum N-Protein von Phleboviren, das ebenfalls mit der RNA zu Ribonukleoproteinen komplexiert. Der ORF **pc2** kodiert wahrscheinlich für ein Polyprotein, das proteolytisch in zwei Untereinheiten gespalten werden kann und wiederum eine signifikante Ähnlichkeit zu den Glykoproteinen von Phleboviren aufweist. Der ORF **p2** kodiert für ein hydrophobes Protein, das möglicherweise mit Membranen der Wirtszelle assoziiert.

Die Gene werden z. T. von subgenomischen RNAs translatiert, die an ihrem 5'-Ende in der Regel 10 bis 15 nichtvirale Nukleotide einschließlich einer *Cap*-Struktur aufweisen. Diese nichtviralen Nukleotide werden von einer viruskodierten Endonuklease von der mRNA der Wirtszelle abgespalten und dienen als Primer für die Synthese der subgenomischen viralen RNAs. Dieser Mechanismus wird als ***cap snatching*** bezeichnet und ist auch von Spezies aus den Familien Orthomyxoviridae, Arenaviridae, Rhabdoviridae und Bunyaviridae bekannt geworden.

Für die schon angedeutete **Verwandtschaft** der Tenuiviren mit den Phleboviren aus der Familie der *Bunyaviridae* sprechen auch die Genomstrategie, die Art der Proteinexpression und signifikante Sequenzhomologien. Es fehlt aber die für Phleboviren typische, mit viralen Glykoproteinen besetzte Lipidmembran. Es ist unbekannt, ob das Vermögen der Bildung einer Lipidhülle (*envelope*) im Laufe der Evolution verloren ging. Ferner ist der Inokulationsmechanismus für die Vektoren ohne die sonst für eine Rezeptorbindung notwendigen Glykoproteine ungeklärt.

12.3.3 Pathogenese, Wirtskreis und wirtschaftliche Bedeutung

Tenuiviren verursachen Schäden an wichtigen Kulturpflanzen wie Reis und Mais. In den sechziger Jahren betrug der Ernteverlust in Japan durch das *Rice stripe virus* (RSV) zwischen 15 und 20%. Aber auch in Lateinamerika und anderen tropischen wie subtropischen Regionen sind die Verluste zum Teil erheblich. So wurde aus Mauritius von Ernteeinbußen bis zu 80% beim Mais berichtet (Roca de Doyle u. Autrey 1992).

Tenuiviren sind nicht weltweit verbreitet. Das *Maize stripe virus* (MSpV) ist auf die tropischen und subtropischen Klimazonen beschränkt. Das *Rice hoja blanca virus* (RHBV) und das *Echinochloa hoja blanca virus* (EHBV) kommen in den tropischen und subtropischen Regionen der westlichen Hemisphäre und das *Rice grassy stunt virus* (RGSV) im Fernen Osten vor. Die einzige europäische Spezies ist das *European wheat striate mosaic virus* (EWSMV), das aber noch nicht endgültig dem Genus zugeordnet wurde.

Die meisten Tenuiviren verursachen auf ihren Wirten ähnliche **Symptome**. Eine Infektion beginnt oft mit feinen chlorotischen Punkten auf den Blattadern, die sich später zu durchgehenden chlorotischen Streifen ausdehnen. Wenn junge Pflanzen infiziert werden, kommt es zu vollständigen Chlorosen auf den neuen Blättern. Ein weiteres typisches Symptom ist ein weißes Blatt. Dieses Symptom führte zu der Spezies Bezeichnung *hoja blanca*, was auf Spanisch „weißes Blatt" bedeutet.

Tenuiviren werden durch **Zikaden** aus der Familie der *Delphacidae* **zirkulativ-propagativ** übertragen. Nach etwa 4 bis 30 Tagen ist die Inkubationsperiode, in der sich die Viren vermehren und sich in die verschiedenen Organe der Zikade ausbreiten, abgeschlossen und der Vektor bleibt dann sein gesamtes Leben infektiös. Die Vektoren zeigen auch Krankheitssymptome von sehr mild bis letal. In dieser Zikadenfamilie existieren Spezies mit unterschiedlichen Flügellängen. Die Ausbreitung der Viren über größere Distanzen wird durch Spezies mit langen Flügeln und durch Wind sowie Monsunregen gefördert, so dass sich Viren aus endemischen Gebieten der Tropen sogar über mehrere tausend Kilometer ausbreiten können. Die Viren in den Vektoren können über die Eier in die nächste Generation und bis zu 40 Generationen weitergeben werden. Beim RGSV wurde die **transovariale** Übertragung nicht beobachtet. Eine Übersicht der Reisviren gibt Hibino (1996).

Literatur

Adam G (1984) Plant virus studies in insect vector cell cultures. In: Mayo MA, Harrap KA (eds) Vectors in Virus Biology. Academic Press, New York, pp 37–62

Adam G, Chagas CM, Lesemann D-E (1987) Comparison of three rhabdovirus isolates by two different serological techniques. J Phytopathol 120: 31–43

Bucher E, Sijen T, de Haan P, Goldbach R, Prins M (2003) Negative-strand tospoviruses and tenuiviruses carry a gene for a suppressor of gene silencing at analogous genomic positions. J Virol 77: 1329–1336

Conzelmann KK (1996) Genetic manipulation of non-segmented negative-strand RNA viruses. J Gen Virol 77: 381–389

De Assis Filho FM, Naidu RA, Deom CM, Sherwood JL (2002) Dynamics of tomato spotted wilt virus replication in the alimentary canal of two thrips species. Phytopathology 92: 729–733

Dietzgen RG (2001) Cytorhabdovirus. In: Tidona CA, Darai G (eds) The Springer index of viruses. Springer, Berlin, pp 1050–1054

Elliot MS (1999) Bunyaviridae replication. In: Granoff A, Webster RG (eds) Encyclopedia of virology, 2nd edn. Academic Press, San Diego, pp 212–216

Falk BW, Tsai JH (1998) Biology and molecular biology of viruses in the genus tenuivirus. Annu Rev Phytopathol 36: 139–163

Falk BW, Tsai JH, Lommel SA (1987) Differences in levels of detection for the maize stripe virus capsid and major noncapsid proteins in plant and insect hosts. J Gen Virol 68: 1801–1811

Francki RIB, Fauquet CM, Knudson DL, Brown F (1991) Classification and nomenclature of viruses: 5th report of the International Committee on Taxonomy of Viruses. Springer, Wien New York

Gaedigk K, Adam G, Mundry KW (1986) The spike-protein of potato yellow dwarf virus and its functional role in the infection of insect cells. J Gen Virol 67: 2763–2773

Goldbach R, Kormelink R (2001) Tospovirus. In: Tidona CA, Darai G (eds) The Springer index of Viruses. Springer, Berlin, pp 169–174

Goodin MM, Austin J, Tobias R, Fujita M, Morales C, Jackson AO (2001) Interactions and nuclear import of the N and P proteins of Sonchus yellow net virus, a plant nucleorhabdovirus. J Virol 75: 9393–9406

Goodin MM, Jackson AO (2001) Nucleorhabdovirus. In: Tidona CA, Darai G(eds) The Springer index of viruses. Springer, Berlin, pp 1074–1077

Hibino H (1996) Biology and epidemiology of rice viruses. Annu Rev Phytopathol 34: 249–274

Jackson AO, Goodin M Moreno I, Johnson J, Lawrence DM (1999) Rhabdoviruses (*Rhabdoviridae*: plant rhabdoviruses). In: Granoff A, Webster, RG (eds) Encyclopedia of virology, 2nd edn. Academic Press, San Diego, pp 1531–1541

Jan FJ, Fagoaga C, Pang SZ, Gonsalves D (2000) A single chimeric transgene derived from two distinct viruses confers multi-virus resistance in transgenic plants through homology dependent gene silencing. J Gen Virol 81: 2103–2109

Kikkert M, Meurs C, van de Wetering F, Dorfmüller S, Peters D, Kormelink R, Goldbach R (1998) Binding of tomato spotted wilt virus to a 94-kDa thrips protein. Phytopathology 88: 63–69

Martins CRF, Johnson DM, Lawrence T-J et al. (1998) Sonchus yellow net rhabdovirus nuclear viroplasm contain polymerase-associated proteins. J Virol 62: 2651–2657

Moyer JW (1999) Tospoviruses (Bunyaviridae). In: Granoff A, Webster RG (eds) Encyclopedia of virology, 2nd edn. Academic Press, San Diego, pp 1803–1807

Nagata T (1999) Competence and specificity of thrips in the transmission of tomato spotted wilt virus. PhD thesis. University of Wageningen

Prins M, Goldbach R (1998) The emerging problem of tospovirus infection and nonconventional methods of control. Trends Microbiol 6: 31–35

Roca de Doyle MM, Autrey LJC (1992) Assessment of yield losses as a result of co-infection by maize streak virus and maize stripe virus in Mauritius. Ann Appl Biol 120: 443–450

Storms MMH, van der Schoot C, Prins M, Kormelink R, van Lent JWM, Goldbach RW (1998) A comparison of two methods of microinjection for assessing altered plasmodesmatal gating in tissue expression viral proteins. Plant J 13: 131–140

Storms MMH, Nagata T, Kormelink R, Goldbach RW, van Lent JWM (2002) Expression of the movement protein of *Tomato spotted wilt virus* in its insect vector *Frankliniella occidentalis*. Arch Virol 147: 825–831

Takahashi M, Toryama S, Kikuchi Y, Hayakawa T, Ishihama A (1990) Complementary between the 5' and 3' terminal sequences of rice stripe virus RNAs. J Gen Virol 71: 2817–2821

Takeda A, Sugiyama K, Nagano H, Mori M, Kaido M, Mise K, Tsuda S, Okuno T (2002) Identification of a novel RNA silencing suppressor, NSs protein of Tomato spotted wilt protein. FEBS 532: 75–79

Toriyama S (2001) Tenuivirus. In: Tidona CA, Darai G (eds) The Springer Index of viruses. Springer, Berlin, pp 1321–1327

Toriyama S, Takahashi M, Sano Y, Shimizu T, Ishihama A (1994) Nucleotide sequence of RNA 1, the largest genomic segment of rice stripe virus, the prototype of the tenui-viruses. J Gen Virol 75: 3569–3579

van Beek NAM, Lohuis D, Dijkstra J, Peters D (1985) Morphogenesis of festuca leaf streak virus in cowpea protoplasts. J Gen Virol 66: 2485–2489

Wagner RR (1987) The Rhabdoviruses. Plenum Press, New York London

Wetzel T, Dietzgen RG, Dale JL (1994) Genomic organization of lettuce necrotic yellows rhabdovirus. Virology 200: 401–412

13 Viren mit Doppelstrang-RNA-Genom: Reoviridae

Das Genom der Reoviridae besteht aus 10–12 Segmenten linearer dsRNA, die in ein mehrschichtiges, komplex gebautes Capsid eingeschlossen sind, das eine ikosaedrische Symmetrie besitzt. Die verschiedenen Genera infizieren Vertebraten, Invertebraten und Pflanzen. Die drei Genera *Phytoreovirus*, *Fijivirus* und *Oryzavirus* sind pflanzenpathogen und werden zirkulativ-propagativ durch Zikaden übertragen (Hillmann u. Nuss 1999; Mertens et al. 2000).

13.1 Capsidstruktur und Genomorganisation

13.1.1 Phytoreovirus

Die Typspezies des Genus Phytoreovirus (Omura 2001) ist das *Wound tumor virus* (WTV). Die ikosaedrischen Partikel haben einen Durchmesser von 65–70 nm und bestehen aus einem äußeren und einem inneren Capsid (*core*), das **12 dsRNA-Segmente** umschließt Das **innere Capsid** besteht aus 120 Capsiduntereinheiten und dient als ein Kompartiment für Transkription und Replikation. Das **äußere Capsid** bestimmt die Wirtsspezifität und ist wichtig für das Assemblieren und die Stabilität des Virions. Kryoelektronenmikroskopische Untersuchungen am *Rice dwarf virus* (RDV) (Lu et al. 1998; Wu et al. 2000; Zhou et al. 2001) ergaben bei maximal 6,8 Å Auflösung Details über die Struktur und Anordnung der Capsiduntereinheiten (Abb. 13.1). Das **Genom** des *Rice dwarf virus* (RDV) besteht aus 12 Segmenten von insgesamt 25,7 kbp dsRNA. Die 5'- und 3'-Enden der RNAs haben für alle 12 Segmente konservierte Sequenzen (5' GGUAUU und 3' UAGU; WTV), die virusspezifische Erkennungssignale für die Replikation darstellen (Anzola et al. 1987; Kudo et al. 1991) und nicht übersetzt werden. Die gleichen oder sehr ähnliche 5'- und 3'-terminale Nukleotidsequenzen wurden auch bei RDV und beim *Rice gall dwarf virus* (RGDV) nachgewiesen. Obwohl diese drei Viren sich im Wirtskreis, der Gewebespezifität und den Symptomen unterscheiden, haben sie einen gemeinsamen Ursprung in der Evolution (Kudo et al. 1991).

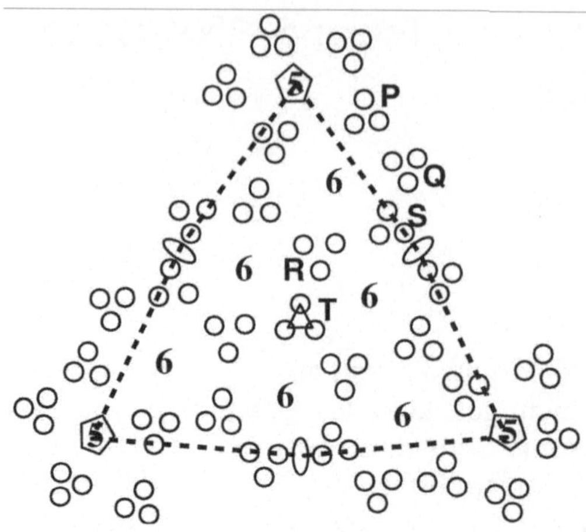

Abb. 13.1. Anordnung der trimeren Untereinheiten auf dem äußeren Capsid des RDV in einem Gitter mit T = 13 *l*. Die Trimere sind an unterschiedlichen Positionen quasi–äquivalent angeordnet. Das Trimer P ist an der fünffachen Achse, die Trimere Q, R und S an lokalen sechsfachen Achsen und T an einer ikosaedrischen dreifachen Achse lokalisiert. Die Symbole an den Ecken und in der Mitte des Dreiecks sowie in der Mitte der Kanten bezeichnen die fünf-, drei- und zweifachen Ikosaeder Symmetrieachsen. Die Ziffern 5 und 6 markieren Pentamere an den Ecken und Hexamere auf den Flächen der Dreiecke. (Aus Lu et al. 1998)

An die konservierten Segmente schließen sich segmentspezifische, gegenläufige Wiederholungen von Nukleotidsequenzen (*inverted repeats*, IR) an, die als Erkennungssignale für die Replikation und als Packungssignale dienen (Anzola et al. 1987; Kudo et al. 1991). Es wird vermutet, dass die Einzelsegmente des dsRNA-Genoms um die 12 Replikase-*capping*-Enzymkomplexe an den fünffach Achsen (Pentamere) der *core*-Partikel gewunden sind (Reinisch et al. 2000).

Segment **1** der **RDV RNA** (4423 bp) kodiert für das im *core* befindliche RNA-Polymeraseprotein (164,1 kDa), Segment **2** (3512 bp) enthält das Gen für ein 123-kDa-Außencapsidprotein, das auch für die Vektorübertragung erforderlich ist. Segment **3** (3195 bp) kodiert für das P3 Haupt-*core*-Protein (114,2 kDa) und Segment **4** (2468 bp) für ein Nichtstrukturprotein. Auf Segment **5** (2570 bp) ist ein Gen für ein *core*-Protein (90,5 kDa) mit Guanyltransferase-Aktivität lokalisiert. Segment **6** (1699 bp) kodiert für ein Nichtstrukturprotein. Der ORF auf Segment **7** (1696 bp) kodiert für ein nukleinsäurebindendes Protein von 55,3 kDa und das Segment **8** (1427 bp) für das 46-kDa-Hauptprotein P8 der äußeren Hülle. Die übrigen Segmente kodieren Nichtstrukturproteine. Andere Phytoreoviren unterscheiden sich in der Größe und Kodierungsspezifität von RDV. Im Virion sind die RNA-abhängige RNA-Polymerase (RdRp) und die Enzyme der Cap-Bildung lokalisiert.

13.1.2 Fijivirus

Typenspezies: *Maize rough dwarf virus* (MRDV). Die Fijiviren (Harding u. Dale 2001) haben, wie die Phytoreoviren, ein Doppelcapsid mit einem Durchmesser von 65–70 nm, das aber sowohl am äußeren als auch am inneren Capsid 12 Fortsätze, *spikes*, trägt, die etwa 11 nm (Außencapsid, A-*spikes*) und 8 nm (Innencapsid, B-*spikes*) lang sind und übereinander an den fünffachen Symmetrieachsen angeordnet sind (Abb. 13.2). Zwei Proteine mit 136 und 126 kDa werden dem inneren Capsid (*core*) zugeordnet (Hatta u. Francki 1977). Das **Genom** besteht aus **10 Segmenten** dsRNA mit insgesamt 28,7 kbp (G+C = 34–36%).

13.1.3 Oryzavirus

Typenspezies: *Rice ragged stunt virus* (RRSV). Das **Capsid** der Oryzaviren (Upadhyaya u. Waterhouse 2002) hat einen Durchmesser von 75–80 nm und besteht aus zwei Hüllschichten, in die A/B-*spikes* eingelagert sind. Es enthält **10** Segmente **dsRNA** mit insgesamt 26 kbp. Das Protein für die Spikes der äußeren Capsidhülle (137 kDa) wird von Segment **1** kodiert. Die Capsidproteine 118, 130 und 41,7 kDa sind auf den Segmenten **2, 3** und **8** lokalisert. Das größte Protein, die RNA-Polymerase, wird von Segment **4** kodiert, das noch einen zweiten ORF mit unbekannter Funktion enthält. Segment **8** enthält drei ORFs, davon einer mit Proteaseaktivität.

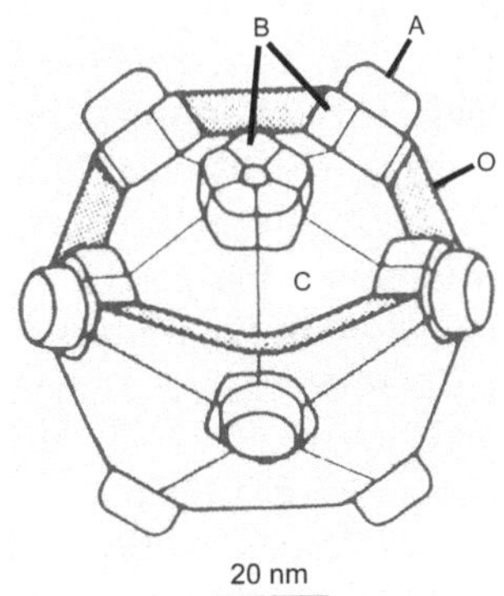

Abb. 13.2. Strukturmodell des *Fiji disease virus. O* äußeres Capsid; *C* inneres oder *core* Capsid; *A, B* Spikes im äußeren bzw. inneren Capsid. Die 12 Spikes sitzen an den fünffachen Symmetrieachsen. Aus Hatta u. Francki (1977)

13.2 Replikation und Morphogenese

Die meisten **dsRNA-**Segmente sind **monocistronisch.** Einige, wie z. B.
die Segmente 11 und 12 des RDV haben zwei ORFs. Es ist aber nicht bekannt, ob beide ORFs exprimiert werden. **Replikation und Transkription**
beginnen im inneren Capsid, dem *core*-Partikel. Vermutlich wird während
der rezeptorvermittelten Endozytose das Außencapsid entfernt. Die mit
den pentameren *core*-Untereinheiten verbundenen Enzyme, die RNA-
abhängige RNA-Polymerase **(RdRp)** und das *capping*-Enzym werden aktiviert und die cap-mRNA ohne Poly(A) durch die Kanäle an den Pentameren ins Zytoplasma abgegeben. Die **mRNA**s werden in unterschiedlichen
Mengen gebildet, im Gegensatz zu den äquimolar produzierten RNA-
Segmenten während der Replikation. Die *core*-Proteine sorgen dafür, dass
die 5'- und 3'-Enden der RNAs nahe beieinander liegen, so dass die RdRp
effektiv transkribieren kann. Die vollständigen (+)Transkripte der einzelnen Segmente dienen im *core* auch als **Matrize** für die Synthese der (−)
Strang-RNAs. Die 3'-Konsensussequenz bildet das *cis*-wirksame Signal
für die Replikation durch die RdRp (Patton u. Spencer 2000). Die 5'- und
3'-Enden der mRNA bilden aufgrund der komplementären terminalen Sequenzen *panhandle* (Pfannenstiel)Strukturen, die die Synthese der dsRNA
unterstützen. Auch die im 5'-, 3'-Bereich sich bildenden *stem-loop* (Haarnadel)Strukturen sind für die Replikation von Bedeutung und fungieren
auch als Packungssignal bei der Virionmorphogenese. Versuche mit den
Tiere und Menschen infizierenden Rotaviren aus der gleichen Familie der
Reoviridae lassen vermuten, dass auch bei den Phytoreoviren die Pentamere des *core*-Proteins zusammen mit Nichtstrukturproteinen die Basis für
die Synthese der dsRNA bilden. Die aus den *core*-Partikeln ausgeschie-
dene RNA und die Virusproteine bilden das **Virioplasma** sowohl in den
Zellen der Pflanzen als auch in denen der Vektoren. Kern, Mitochondrien
und Chloroplasten scheinen von Virusprodukten frei zu bleiben.

Alle Analysen sprechen dafür, dass jedes Partikel äquimolare Anteile
der 10 oder 12 RNA-Segmente enthält. Daher muss das **Packen der RNA**
reguliert werden. Es wird vermutet, dass die basengepaarten IR das Signal
für das genaue Verpacken der 10 bzw. 12. dsRNA-Segmente in die neuen
core-Partikel darstellen. Drei der Nichtstrukturproteine binden an die (+)
ssRNA. Die Synthese der dsRNA und ihre Organisation zu Genomsätzen
erfolgt gleichzeitig mit oder nach dem Packen der RNA, wie Untersuchungen an tierischen oder Insekten Zellkulturen gezeigt haben. Nach Modell-
vorstellungen erfolgt das **Assemblieren** der segmentspezifischen *core*-
Untereinheiten zum fertigen Virion durch RNA-RNA-Wechselwirkungen
und nicht durch sequenzielle Wechselwirkungen zwischen RNA und *core*-

Protein wie beim Phagen $\phi6$ (Patton u. Spencer 2000). Das Außencapsid stabilisiert durch Bindung der P8-Trimere an die P3-Dimere des Innencapsids die mit RNA gepackten *core*-Partikel.

Zu dieser Thematik sei auch auf die Arbeit von Joklik (1999) verwiesen.

13.3 Übertragung der Viren, Vektoren und Pathogenese

Die pflanzenpathogenen Reoviren werden in der Natur ausschließlich durch Insekten übertragen und zwar **zirkulativ, propagativ** (s. Kap. 8.2.2) durch Delphacidae (Pflanzenhüpfer, Spornzikaden) bei den Fiji- und Oryzaviren und durch Cicadellidae (Blatthüpfer, Zwergzikaden) bei den Phytoreoviren. Als **Vektoren** fungieren *Agallia*, *Agalliopsis* und *Aceratagallia* Arten für das WTV, *Nephotettix cincticeps* und *Inazuma* (*Recilia*) *dorsalis* für RDV und RGDV, *Laodelphax* und *Delphacodes* für *Fiji disease virus*, *Sogatella* für MRDV und *Niloparvata* Arten für RRSV. Eine transovariale Übertragung der Viren wurde bei den Zwergzikaden nachgewiesen.

Nach Aufnahme der Viren mit den saugenden Mundwerkzeugen erfolgt eine Latenzperiode von ein bis drei Wochen während der die Viren sich vermehren und die meisten Gewebe befallen. Mit dem Transport der Viren in die Speicheldrüsen werden die Zikaden infektiös und bleiben es für den Rest ihres Lebens. Die Proteine **P8** und **P2** sind für die Übertragung von RDV, seine Vermehrung im Insekt und die Wanderung durch die verschiedenen Gewebe verantwortlich. Beim Oryzavirus RRSV ist das 39-kDa-*spike*-Protein an der Infektion beteiligt (Zhou et al. 1999). Ein Füttern der Spornzikade *Niloparvata lugens* mit diesem Protein vor der Aufnahme von Viren aus infizierten Reispflanzen verhindert die Vermehrung der Viren in den Insekten (Zhou et al. 1999).

Phytoreoviren lassen sich gut in Zelllinien von Zwergzikaden vermehren. Infizierte Zellkulturen zeigen keine zytopathischen Effekte, obwohl die Infektiosität über viele Generationen erhalten bleibt. In den ersten fünf Tagen nach der Infektion konnte ein Anstieg von Virus-RNA und -Proteinen beobachtet werden. Danach fiel der Spiegel auf etwa 5% des Maximums ab. Die virusspezifische mRNA war in der akuten und der persistenten Phase in etwa gleichen Mengen vorhanden. Die Virusgenexpression wird posttranslational reguliert.

Große **wirtschaftliche Schäden** werden fast ausschließlich bei Gramineen, vor allem beim **Reis** durch Reoviren verursacht. Sprossstauche, Zwergwuchs, Blattenationen und Phloemhypertrophien sind die wichtigsten Symptome. WTV verursacht Wurzel- und Sprosstumoren bei dikotyledonen Pflanzen. Der wirtschaftliche Schaden ist relativ gering.

Literatur

Anzola JV, Xu Z, Asamizu T, Nuss DL (1987) Segment-specific inverted repeats found adjacent to conserved terminal sequences in wound tumor virus genome and defective interfering RNAs. Proc Natl Acad Sci USA 84: 8301–8305

Harding RM, Dale JL (2001) Fijivirus. In: Tidona CA, Darai G (eds) The Springer index of viruses. Springer, Berlin, pp 952–956

Hatta T, Francki RIB (1977) Morphology of Fiji disease virus. Virology 76: 797–807

Hillmann BI, Nuss DL (1999) Phytoreoviruses (Reoviridae). In: Granoff A, Webster RG (eds) Encyclopedia of virology, 2nd edn. Academic Press, San Diego, pp 1262–1267

Joklik WK (1999) Molecular Biology. In: Granoff A, Webster RG (eds) Encyclopedia of virology, 2nd edn. Academic Press, San Diego, pp 1464–1471

Kudo H, Uyeda I, Shikata E (1991) Viruses in the phytoreovirus genus of the Reoviridae family have the same conserved terminal sequences. J Gen Virol 72: 2857–2866

Lu G, Zhou ZH, Baker ML, Jakana J, Cai D, Wie X, Chen S, Gu X, Chiu W (1998) Structure of double-shelled rice dwarf virus. J Virol 72: 8541–8549

Mertens PPC et al. (2000) Fijivirus, Phytoreovirus and Oryzavirus. In: van Regenmortel MHV, Fauquet CM, Bishop DHL (eds) Virus taxonomy. 7th report of the International Committee on Taxonomy of Viruses. Academic Press, San Diego, pp 455–480

Omura T (2001) Phytoreovirus. In: Tidona CA, Darai G (eds) The Springer index of viruses. Springer, Berlin, pp 979–985

Patton JT, Spencer E (2000) Genome replication and packaging of segmented double-stranded RNA viruses. Virology 277: 217–225

Reinisch KM, Nibert ML, Harrison, SC (2000) Structure of the reovirus core at 3,6 Å resolution. Nature 404: 906–967

Reinisch KM (2002) The dsRNA viridae and their catalytic capsids. Nat Struct Biol 9: 714–716

Upadhyaya NM, Waterhouse PM (2001) Oryzavirus. In: Tidona CA, Darai G (eds) The Springer index of viruses. Springer, Berlin, pp 974–978

Wu B, Hammar L, Xing L, Markarian S, Yan J, Iwasaki K, Fujiyoshi Y, Omura T, Cheng RH (2000) Phytoreovirus T=1 core plays critical roles in organizing the outer capsid of T=13 quasi-equivalence. Virology 271: 18–25

Zhou G, Lu X, Lu H, Lei J, Chen S, Gong Z (1999) Rice ragged stunt oryzavirus: role of the viral spike protein in transmission by the insect vector. Ann Appl Biol 135: 573–578

Zhou ZH, Baker ML, Jiang W, Dougherty M, Jakana J, Dong G, Lu G, Chiu W (2001) Electron cryomicroscopy and bioinformatics suggest protein fold models for rice dwarf virus. Nat Struct Biol 8: 868–873

14 Viren mit Einzelstrang-(ss)DNA-Genom

14.1 Geminiviridae

In einem Bericht aus dem 8. Jahrhundert wird die Adernvergilbung bei *Eupatorium chinense* erwähnt. Über schwere Ernteschäden an Kulturpflanzen wie Rüben, Kassava und Mais wird seit über 100 Jahren berichtet. Diese Erkrankungen werden durch Geminiviren verursacht. Aber erst in den 1970er-Jahren konnten die Viren, die diese Krankheiten auslösen, nachgewiesen und näher charakterisiert werden (Buck 1999).

14.1.1 Struktur der Zwillingspartikel

Der Name Geminiviren leitet sich von dem lateinischen Wort Geminus ab, das doppelt oder Zwilling bedeutet und zum Ausdruck bringt, dass die Partikel (22×38 nm) aus **zwei unvollständigen Ikosaedern** (T=1) mit insgesamt 22 pentameren Capsomeren bestehen (Abb. 14.1). Das Capsid ist aus einem Typ von Strukturprotein mit etwa 30 kDa aufgebaut. Das *maize-streak-virus*-Hüllprotein hat eine korbartige Struktur, die aus einem **achtsträngigen β-*barrel*-Motiv** mit einer N-terminalen α-Helix besteht. Ähnliche Strukturen wurden bei allen bekannten ssDNA-Viren nachgewiesen (Zhang et al. 2001).

14.1.2 Genomorganisation

Das Genom besteht bei **monopartiten** Vertretern aus einem und bei **bipartiten** aus zwei Molekülen zirkulärer ssDNA mit insgesamt 2,5–5,2 kb. Die kodierenden Regionen liegen sowohl auf dem genomischen oder Virus-Sinn-Strang (+) als auch auf dem komplementären (–)Minusstrang. Die nichtkodierende intergenische Region von etwa 200 b, die bei den Zweikomponentenviren gemeinsame (***common***) **Region** genannt wird, enthält konservierte Boxen (TAATATT/AC) und Sequenzen, die Haarschleifen (*hairpin loops*) bilden können. Diese sind für die Replikation und Trans-

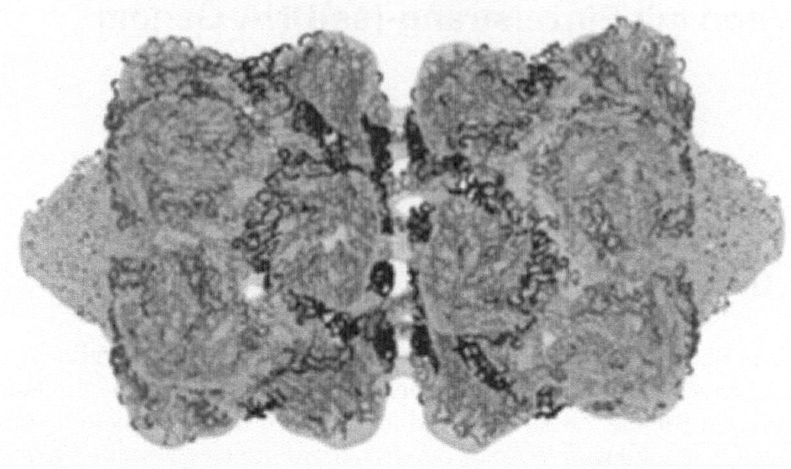

Abb. 14.1. *Maize streak virus* (MSV), Mastrevirus. Das Capsid der Geminiviren besteht aus zwei miteinander verbundenen, unvollständigen Ikosaedern, die aus insgesamt 22 pentameren Capsomeren zusammengesetzt sind. Diese sind an den fünffachen Symmetrieachsen (Symmetrie T=1) angeordnet. Größenmarker 10 nm. (Mit freundlicher Genehmigung von Mavis Agbandje-McKenna und Eric Padron)

kription wichtige Signalstrukturen (Abb. 14.2; LIR, *large intergenic region*). Allen Geminiviren gemeinsam ist ein mit der Replikation assoziiertes Rep Protein von ca. 41 kDa.

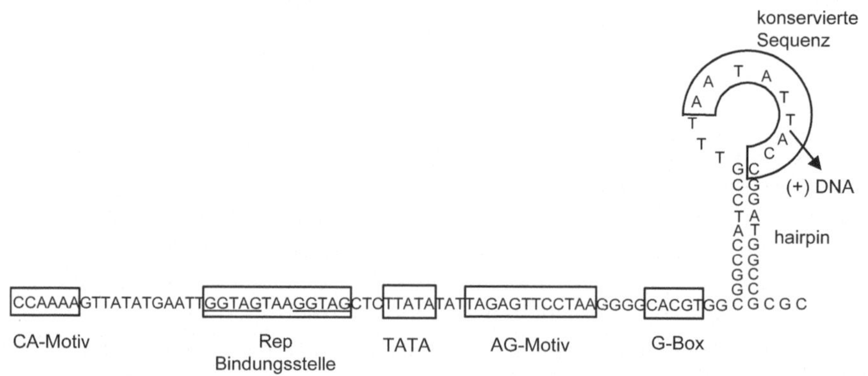

Abb. 14.2. Teil der großen intergenischen Region (LIR) des *Tomato golden mosaic virus,* (TGMV) Begomovirus. Die hoch konservierte Sequenz an der Haarnadelschleife (umrahmt) bildet die Startstelle für die (+)Strang-Synthese. Der *Pfeil* deutet auf die Sequenz, wo das Rep-Protein spaltet. Die durch Boxen gekennzeichneten Sequenzen sind bei vielen Geminiviren vorhandene Signalstrukturen. (Nach Hanley-Bowdoin et al. 1999, Abb. 2)

Die Virus-DNA wird, wahrscheinlich mit Hilfe des Hüllproteins und Kerntransportproteins des Wirts, in den Zellkern transportiert (Gafni u. Epel 2002).

14.1.3 Replikation

Die Replikation besteht aus **zwei Phasen** mit einer doppelsträngigen (ds), zirkulär geschlossenen replikativen Form (RF) als wichtigem Zwischenprodukt. Die Replikation ist von der Wirts-DNA-Maschinerie abhängig. Da die Replikation der Geminiviren nie in meristematischem Gewebe mit aktiv sich teilenden Zellen stattfindet, muss die Aktivität der Wirtszelle für eine Synthese von DNA reaktiviert werden (Gutierrez 2000).

An diesem Vorgang sind die im Zellkern lokalisierten **Rep-Proteine** der Geminiviren beteiligt. Rep-Proteine haben viele Funktionen.

Die Rep-Proteine bilden an der DNA sequenzspezifisch multimere Komplexe. Sie binden und spalten den (+)DNA-Strang am ori 2 innerhalb der konservierten Region (Endonuklease- und Ligaseaktivität; s. Abb. 14.2) und sie haben eine ATP/GTPase-Aktivität. Bei einigen Mastre- und Begomoviren aktivieren die Rep-Proteine den Promoter für das Hüllprotein. Das Begomovirus-Rep-Protein kann den eigenen Promoter reprimieren. Rep-Protein bindet spezifisch an aktivierende Wirtsproteine, die durch Proteinkinasen phosphoryliert werden und an der Initiation der Virus-DNA-Replikation beteiligt sind (Luque et al. 2002).

In der **ersten Phase der Replikation** dient die ss (einzelsträngige) (+)DNA als Matrize für die Synthese des komplementären (–)Stranges. Diese Synthese erfolgt durch einen wirtseigenen Replikationskomplex (Luque et al. 2002; Schritte 1 und 2 in Abb. 14.3) und beginnt bei den Mastreviren in der **SIR** (_small intergenic region_). Vertreter der Mastreviren enthalten für die Initiation der DNA Synthese einen im Virus verpackten RNA: DNA-**Primer** von etwa 80 Nukleotiden, dessen Sequenz zur SIR komplementär ist (Abb. 14.4). Bei den Begomoviren wurde kein Primer gefunden. Wahrscheinlich wird der Ursprung der Minusstrangsynthese von einem DNA-Polymerase-α-Primase-Komplex erkannt, der ein Oligoribonukleotid synthetisiert, das wiederum als Primer der (–)Strang-DNA-Synthese dient. Nach Abschluss der (–)Strang-Synthese wird der Primer entfernt und die Lücke geschlossen. Es entsteht eine zirkulär geschlossene dsDNA, die mit Histonen komplexiert einem Minichromosom gleicht (**RF, replikative Form**, Abb. 14.3). Obwohl die Zellen des infizierten Gewebes sich in der G-Phase des Zellzyklus befinden, ist ausreichend DNA-Synthesekapazität vorhanden, um die Virus-DNA-Synthese zu starten. Die **zweite Phase der Replikation** beginnt mit der Initiation der (+)

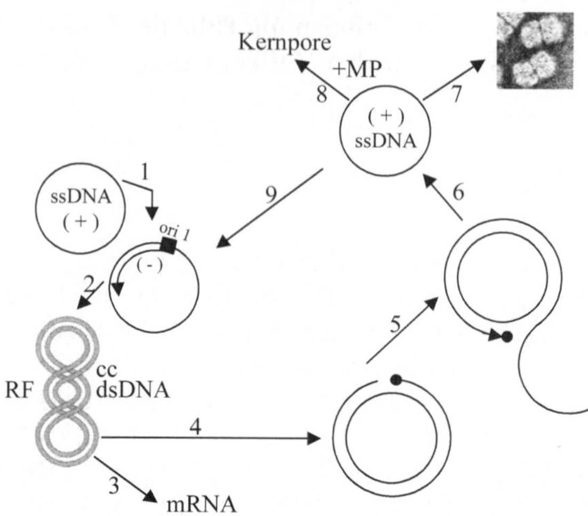

Abb. 14.3. Schema der Replikation der Geminivirus DNA. **1.** Im Kern der Wirtszelle wird an dem ringförmigen (+) ssDNA-Molekül der komplementäre (–)Strang synthetisiert und **2.** die replikative Form (RF) einer zirkulär geschlossenen dsDNA gebildet. **3.** Vom (+) und (–) Strang werden durch Wirts-RNA-Polymerase mRNA-Transkripte gebildet. **4.** Beginn der zweiten Phase der Replikation. Das viruskodierte Rep-Protein bindet in der LIR und bewirkt eine Spaltung des (+)Stranges. **5.** Nach dem Prinzip des rollendes Kreises werden am (–)Strang als Matrize (+)Stränge unter Verdrängung des Eltern-(+)Stranges gebildet und diese **6.** nach Spaltung und Ligierung ins Zytoplasma entlassen und dort mit Hilfe des Bewegungsproteins (MP) in andere Zellen transportiert oder mit Hüllprotein zu fertigen Virions verpackt (**7, 8**). **9.** Wiederholung der dsDNA Synthese

Strang-DNA-Synthese. In der Organisation des Ursprunges der DNA-Replikation unterscheiden sich Mastre- und Begomoviren (Gutierrez 2002). Immer bindet das Rep-Protein innerhalb der intergenischen Region des (+) Virus-DNA-Stranges (**LIR, IR, CR**; Abb. 14.2 und 14.4; Palmer u. Rybicki 1998). Allen Geminiviren gemeinsam ist ein Haarschleifenmotiv mit einer hoch konservierten Sequenz: 5' TAATATT↓AC 3', in der gespalten wird (↓). Ein funktioneller Ursprung der Replikation ist bei den Begomoviren neben der *stem-loop*-Struktur von stromaufwärts gelegenen Elementen abhängig (s. Abb. 14.2). Die ORFs für die Rep-Proteine sind in den Abb. 14.4 und 14.5 angegeben. Die mRNA für die Rep-Proteine wird in einer frühen Phase der Transkription durch eine DNA-abhängige RNA-Polymerase des Wirtes gebildet.

Die zweite Phase der Replikation verläuft nach dem Prinzip des rollenden Kreises (*rolling-circle*-Replikation). Nach einem Einzelstrangbruch und kovalenter Bindung des Rep-Proteins an das entstehende 5'-Ende beginnt die (+)Strang-Synthese durch eine Wirts-DNA-Polymerase am 3'-

Thymidinrest des Virus-Sinn(+)Stranges in der 5'-intergenischen Region (s. Abb. 14.3). Das **Rep-Protein** initiiert und terminiert die (+)Strang-DNA-Synthese, reprimiert seine eigene Expression auf der Ebene der Transkription und ist zusammen mit anderen Virusproteinen (Helikase Aktivität von AC1 und C2) an der Replikation beteiligt (Hanley-Bowdoin et al. 1999). Unter Verdrängung des alten (+)Stranges wird ein neuer (+) Strang oder Concatemere von diesem, also mehrere (+)Stränge hintereinander, gebildet.

Diese werden durch das Rep-Protein ligiert oder erst geschnitten und dann zu einem Ring verbunden (6 in Abb. 14.3). Initiierung und Terminierung liegen immer an der Haarschleife in der intergenischen Region. An dem DNA-Strang kann eine neue (–)Strang-Synthese durch Binden des Rep-Proteins eingeleitet werden (9 in Abb. 14.3). Die gebildeten (+)Stränge verlassen nach Entfernen des Rep-Proteins den Kern mit Hilfe des Kerntransportproteins BV1 und werden entweder in Partikel verpackt oder durch Plasmodesmentransport mit Unterstützung des BC1-Proteins in Nachbarzellen transportiert (7 und 8 in Abb. 14.3). Es gibt Hinweise, dass Geminiviren unvollständig oder falsch replizierte DNA-Moleküle durch eine homologe Rekombination reparieren können (Jeske et al. 2001).

Eine weitere wichtige Funktion der Rep-Proteine ist die Auslösung eines Wechsels von der G1-Phase zur S-Phase des **Zellzyklus** und damit eine Aufhebung des Zellzyklusblocks. Dieser Phasenübergang wird normalerweise durch ein Retinoblastoma-ähnliches Protein (**RBP**) kontrolliert, das mit den Transkriptionsfaktoren E2F-DP einen Komplex bildet. RepA-Protein der Mastreviren bindet mit einem L×C×E-Motiv (× verschiedene Aminosäuren) an RBP. Die RBP-Rep-Bindung bei den Curto- und Begomoviren erfolgt durch ein anderes Bindungsmotiv (Palmer u. Rybicki 1998; Gutierrez 2000, 2002). Nach Infektion der reifen Wirtszellen wird die **Transkription von PCNA** (*proliferating cell nuclear antigen*) durch Überwindung der E2F-vermittelten Repression aktiviert. Begomo- und Mastreviren haben verschiedene Strategien das Netzwerk der Zellzyklusregulation zu beeinflussen und die Synthese von Enzymen der zellulären DNA-Synthese zu stimulieren, die für die Virus-DNA-Synthese benötigt wird (Gutierrez 2000, 2002; Kong et al. 2000).

14.1.4 Genus Mastrevirus

Genomstruktur und Genexpression

Die Typspezies ist das *Maize streak virus* (MSV; s. Abb. 14.1). Das **Genom** der Mastreviren (Palmer u. Rybicki 1998, Boulton 2002) besteht aus einer Komponente einer zirkulären ssDNA mit 2,6–2,8 kb. Bei 5 Arten der Mastreviren wurde ein Oligonukleotid komplementär zu der DNA in der kurzen intergenischen Region (SIR) gefunden, das als Primer der DNA Synthese fungiert. Das MSV-Genom kodiert für vier ORFs, zwei auf dem Virus-Sinn-Strang (V1 und V2) und zwei auf dem komplementären Strang (C1 und C2, Abb. 14.4).

Die **Transkription** durch die RNA-Polymerase II des Wirtes geschieht bidirektional von verschiedenen Startseiten in der großen intergenischen Region (LIR) aus, die V- und C-ORFs trennt. Consensus-**Promoter**-Sequenzen für die C1- und V1-ORFs wurden in der LIR gefunden. Die Transkription endet bei den Konsensus-Transkriptions-, -Terminations- und den überlappenden Polyadenylierungssignalen in der kleinen intergenischen Region (**SIR**). Es wird vermutet, dass die Transkription in Abhängigkeit vom Gewebe und dem Vermehrungszyklus der Viren unterschiedlich abläuft. Charakteristisch für die mRNA-Produktion der Mastreviren ist

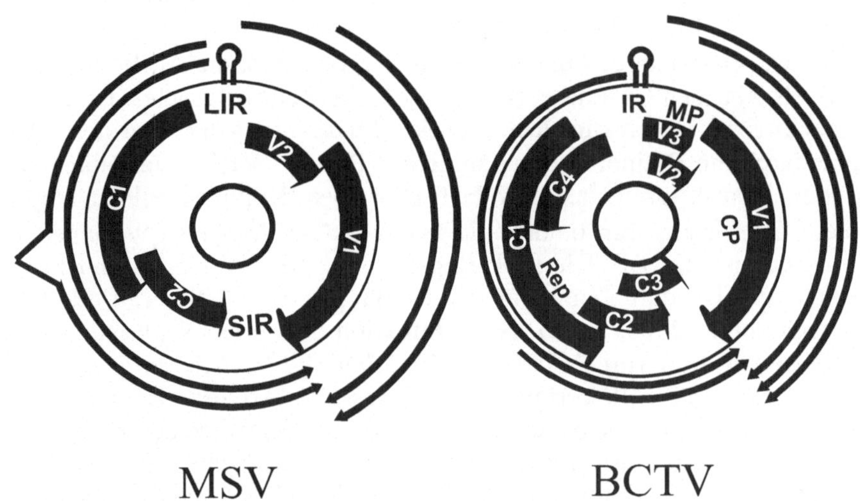

Abb. 14.4. Genetische Karten des Mastrevirus *Maize streak virus* (MSV) und des Curtovirus *Beet curly top virus* (BCTV). Die zwei *Kreise* mit LIR, SIR und IR symbolisieren die Genome der Virus-dsDNA mit 2687 nt beim MSV und 2993 nt beim BCTV. *MSV*: Siehe Abb. 14.2 für LIR. Die ORFs V werden vom Virus-Sinn-Strang (+), die ORFs C vom komplementären (–)Strang transkribiert. Transkription (*Pfeile*) bidirektional von LIR aus. *V1* Hüllprotein CP; *V2* Zell zu Zell Bewegungsprotein MP; *C1, C2* die replikationsassoziierten Proteine. *BCTV: V1* Hüllprotein CP; *V2* Regulation der ss/dsDNA-Synthese; *V3* Bewegungsprotein MP; *C1* Rep-Protein; *C3* Replikationsverstärker; *C4* Initiierung der Zellteilung; Funktion von C2 unbekannt; es wird vermutet, dass das Protein an der Unterdrückung der Abwehrreaktion des Wirtes beteiligt ist. *IR* intergenische Region. (Nach Daten von Jeske, Boulton u. Davies 2002 und Stenger 2002)

das **Spleißen**. Die C-Transkripte werden in geringen Mengen früh in der Replikationsphase gebildet. Die **ORF**s C1 und C2 überlappen sich (Abb. 14.4). ORF C1 (RepA, 25–37 kDa) wird von einem ungespleißten Transkript des ORFs C1 exprimiert. Das C2-Rep-Protein (40–42 kDa) wird als ein C1:C2-Fusionsprotein von einem gespleißten Transkript exprimiert, von dem Introns mit Sequenzen nahe dem 3'-Ende des C1- und dem 5'-Ende des C2-ORF entfernt wurden. Bei MSV werden ungefähr 20% der C-Transkripte gespleißt. Mehr als 200 N-terminale Aminosäuren von RepA sind auch im Rep-Protein enthalten.

RepA wird für die systemische Infektion und für die Aktivierung der V- Gen- und der Wirtsgentranskription benötigt und das **Rep-Protein** für die Replikation der DNA. Die Abschaltung der Rep-Gene in der späten Phase des Mastrevirus-Entwicklungszyklus geschieht durch Repression des eigenen Promoters durch Rep oder RepA, was bisher aber nur bei den Begomoviren nachgewiesen werden konnte (Palmer u. Rybicki 1998). Durch Mutationsversuche wurden funktionale Domänen für DNA-Bindung, Oligomerisierung und Aktivierung nachgewiesen (Boulton 2002).

Die vom Sinnstrang transkribierte mRNAs V1 und V2 sind späte Produkte der Transkription. Die ORFs V1 und V2 überlappen. Die Transkription beginnt ein oder 142 Nukleotide stromauf (*upstream*) vom MP-Initiationskodon der Translation. Etwa 50% des Haupttranskriptes werden gespleißt und öffnen den V2-ORF. Ungefähr 10% des längeren, weniger häufig exprimierten Transkriptes werden ebenfalls gespleißt und ergeben die mRNA für V1. ORF-**V1** kodiert für das **Capsidprotein** (**CP**, 26,6 bis 29,4 kDa), das als ein achtsträngiges, antiparalleles β-*barrel*-Motiv mit einer N-terminalen α-Helix modelliert wurde.

Das **CP** ist multifunktional und ist das stärkste Produkt. Es dient nicht nur als Hüllprotein, sondern bindet mit dem N-Terminus unspezifisch an ds sowie ssDNA und ist am Kerntransport der DNA und der systemischen Ausbreitung in der Pflanze beteiligt. Das CP ist essentiell für die spezifische Übertragung auf den Vektor, das sind bei den Mastreviren Zwergzikaden. **V2** kodiert für das Zell-zu-Zell-Bewegungsprotein (**MP**), das an sekundäre Plasmodesmata bindet und eine transmembrane, α-helikale Domäne besitzt. Es ist auch für eine systemische Infektion erforderlich. Vermutlich lenkt das MP von MSV den CP/DNA-Komplex vom Transport in den Kern zur Zellperipherie um (Boulton 2002). Für eine effektive Virusvermehrung müssen daher die Bildung von MP und CP feinreguliert werden. In *Wound tumor virus*(WTV)-infizierten Pflanzen wurde ein Transkript von V1 und V2 entdeckt und vermutet, dass das CP von der dicistronischen mRNA durch ribosomale Veränderung des Leserahmens (*ribosomal frameshifting*) exprimiert wird. Beim MSV wurden zwei Virus-Sinn-

Transkripte gefunden, Das MP wird wahrscheinlich vom ungespleißten, weniger häufigen Transkript mit einer 142-nt-*leader*-Sequenz übersetzt. Das Spleißen hat einen Einfluss auf Zeitpunkt und Menge der Transkripte.

Mutationsversuche lassen vermuten, dass drei **TATA**-Kosensus-Sequenzen für die Transkription der komplementären Sinntranskription wichtig sind. Nur eine TATA-Box ist stromaufwärts von der am stärksten gebildeten mRNA der V-ORFs vorhanden. Der **Promoter** für das CP-Gen wird durch eine 122-bp-Sequenz stromaufwärts von dem Transkriptionsstart in der intergenischen Sequenz aktiviert. Die MSV-Promotoren werden in Abhängigkeit vom Zellzyklus aktiviert. Der Hüllproteinpromoter hat seine höchste Aktivität in der frühen G2-Phase, die Promotoren für die komplementäre Sinn-DNA haben Aktivitäten in der S- und der G2-Zellzyklus-Phase. MSV wird im Gefäßsystem der Blattprimordien repliziert. Vermutlich unterstützt das MP die Wanderung der Viren in das Mesophyll der reifen Blätter (Boulton 2002).

Vertreter der Mastreviren, die Dikotyledonen infizieren, wie das *Bean yellow dwarf virus* (BeYDV) und das *Tobacco yellow dwarf virus* (TYDV), sind mit den Monocots-infizierenden Arten wie MSV und *Wheat dwarf virus* (WDV) nicht nahe verwandt.

Ausbreitung und Übertragung der Viren

Die **Ausbreitung** der Viren in der Pflanze von Zelle zu Zelle über die Plasmodesmen wird durch das V2-Protein unterstützt. Das Hüllprotein hat wahrscheinlich auch die Funktion des Kerntransportes. Sein Rücktransport in den Kern wird durch das V2-Protein verhindert.

Die **Übertragung** der Viren von Pflanze zu Pflanze geschieht bei den Mastreviren durch Zwergzikaden und zwar nach einem **persistent zirkulativen** Mechanismus (s. Kap. 8.2). Jedes Virus hat seinen spezifischen Vektor. MSV wird von *Cicadulina mbila, Wheat dwarf virus* (WDV) durch *Psammotettix* und *Tobacco yellow dwarf virus* (TYDV) durch *Nesoclutha* übertragen. Mit der Dauer der Fütterungszeit nimmt die Persistenz für die Virusabgabe zu. Etwa 23 h nach der Nahrungsaufnahme wird die Zwergzikade infektiös und kann Viren von der Speicheldrüse in das Wirtsgewebe übertragen. Eine Vermehrung der Viren im Insekt findet nicht statt (Lett et al. 2002). MSV wird im Mesophyll der infizierten Pflanzen vermehrt. Das Virus gelangt nach der Aufnahme über den Ösophagus, die Filterkammer, die Zellen des Ventrikulus des Mitteldarms in das Hämocoel und schließlich in die Speicheldrüse jeweils durch eine rezeptorvermittelte Endozytose. Für die Übertragung der Viren durch Zwergzikaden ist das Hüllprotein der Viren essentiell.

14.1.5 Genus Curtovirus

Die Typspezies des Genus Curtovirus (Stenger 2002) ist das *Beet curly top virus* (**BCTV**). Die aus einer Komponente bestehende ssDNA des BCTV (2993 nt) enthält sieben ORFs (s. Abb. 14.4). Die **Transkription** ist bidirektional und beginnt in der intergenischen Region (IR in Abb. 14.4). Die mRNA ist polyadenyliert. Die (+)Virus-Sinn-Transkripte (V) überlappen und enden an der gleichen Position koterminal. Die 5'-Termini liegen an verschiedenen Positionen vor den OFRs (s. Abb. 14.4). Zwei Konsensus-TATA-Boxen liegen auf der genetischen Karte vor den großen Transkripten. Die Funktion der viruskodierten Proteine ist in der Legende zu Abb. 14.4 angegeben.

Die Curtoviren werden durch Zwergzikaden der Gattung *Circulifera* zirkulativ persistent übertragen.

Zu Beginn des 20. Jahrhunderts rief das BCTV katastrophale **Verluste** bei Zuckerrüben, Tomaten, Bohnen und Kürbis in den westlichen Staaten der USA hervor. Später konnten die Verluste durch Anbau resistenter Sorten und Bekämpfung der Vektoren reduziert werden. Es kam aber immer wieder zu Kalamitäten durch neue virulente Virusstämme.

14.1.6 Genus Begomovirus

Die Typspezies des Genus Begomovirus (Briddon 2002) ist das *Bean golden mosaic virus* (BGMV). Die meisten Begomoviren besitzen ein **zwei-Komponenten Genom** mit je 2,5–2,8 kb ssDNA, wie z. B. die Viren BGMV, *African cassava mosaic virus* (ACMV), *Abutilon mosaic virus* (AbMV) und *Tomato golden mosaic virus* (TGMV).

Einkomponenten-Begomoviren sind *Tobacco leaf curl virus* (TLCV), *Tomato yellow leaf curl virus-Israel* (TYLCV-Is) und *Tomato leaf curl virus-Australia* (ToLCV-Au). TYLCV Thailand besteht aus zwei Komponenten. Kürzlich wurde auch eine zirkuläre Satelliten-ssDNA entdeckt, die zusammen mit einer Einzelkomponenten Begomovirus-DNA verpackt wird.

Genomorganisation und Expression

Das Genom von BGMV (Abb. 14.5) ist auf zwei Komponenten verteilt. Die intergenische Region (*common region*, **CR**) hat bei beiden Komponenten A und B die gleiche Sequenz einschließlich der auf der *stem-loop*-Struktur enthaltenen Sequenz TAATATTAC. In der CR liegt der Start der

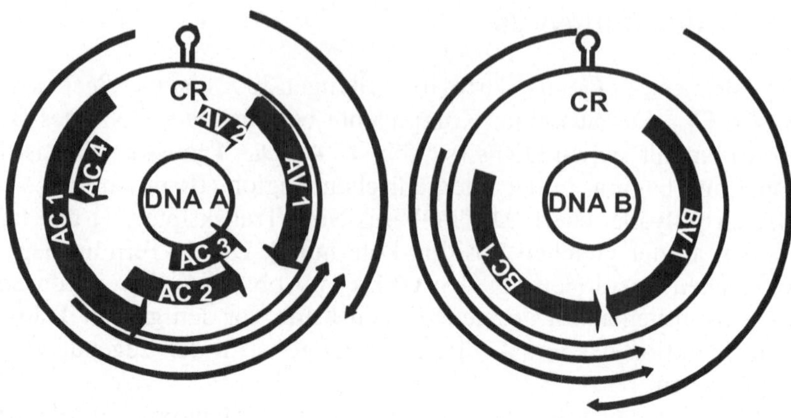

Abb. 14.5. Genomorganisation des Zweikomponenten- (A, B) Begomovirus *Bean golden mosaic virus* (BGMV). Die zwei *Kreise* repräsentieren die dsDNA, die *Balken* zeigen die ORFs und die *Linien mit Pfeil* die Transkripte an. *V* transkribiert vom (+)Virusstrang, *C* transkribiert vom komplementären (–)Strang. *AC1* Rep-Protein, *AC2* Transkriptions-Aktivator-Protein, *AC3* Replikationsverstärker (*enhancer*), *AC4* unbekannte Funktion, *AV1* Hüllprotein, *AV2* Zell-zu-Zell-Bewegungsprotein (MP), *BV1* Protein für den Kerntransport, *BC1* MP. (Nach Daten von Jeske u. Briddon 2002)

(+)DNA-Synthese sowie Promoter und Signalstrukturen (Abb. 14.2). Auf den Komponenten A und B sind unterschiedliche **ORFs** lokalisiert, die alle für die Infektion und Replikation notwendig sind. Die AV- oder BV-ORFs werden vom (+)Virus-Sinn-Strang transkribiert, die AC und BC vom komplementären (–)Strang. **AV1** kodiert für das Hüllprotein (**CP**), **AV2** ist das Gen für das Zell zu Zell Bewegungsprotein (**MP**), das nur auf den in der alten Welt (Eurasia, Afrika und Austral-Asia) verbreiteten Begomoviren vorhanden ist. **AC1** kodiert für das replikationsassoziierte **Rep**-Protein, das für die DNA-Replikation essentiell ist und seine eigene Transkription negativ reguliert. Das BGMV-Rep-Protein kann auch die Wirts-DNA-Synthese und die Zellzyklusregulation durch Interaktion mit Wirtsfaktoren stimulieren, so dass die für die Virusreplikation notwendigen Wirtsenzyme gebildet werden (s. 14.3 und Buck 1999). **AC2** kodiert für einen Transaktivator der AV1- und BV1-Genexpression. Das AC2-Protein wird in Insekten phosphoryliert. Es bindet Zink und hat eine Domäne des sauren Typs für die Aktivierung der Transkription (Hartitz et al. 1999).

Das **AC3**-Produkt fördert die Replikation. Es wird vermutet, dass das **AC4**-Produkt eine ähnliche Funktion hat wie das gleichnamige Protein der Curtoviren, nämlich eine Förderung der Zellteilung. AC1 und AC4 werden wahrscheinlich von einer mRNA translatiert. Der **Promoter** für diese mRNA liegt 60 bp stromaufwärts vom Transkriptionsstart und enthält TATA- und G-Boxen. Die intergenische Region (CR) für DNA B enthält die Promotoren für die BV1- und BC1-Gene und cis-aktive Sequenzen für die Replikation. Die 3'-Enden der V- und C-Transkripte von DNA A und B liegen dicht beieinander und direkt neben den gegenläufigen Wiederholungen (*inverted repeats*) in der DNA, die als bidirektionale Polyadenylierungssignale wirken. **DNA A** kann allein repliziert werden und zur Produktion von Viren in Einzelzellen führen. **DNA B** benötigt die Anwesenheit von A für die Replikation und ist für eine systemische Infektion erforderlich. Das **BV1**-Protein bindet ssDNA und fördert den Transport durch die Kernhülle. **BC1** des *bean dwarf mosaic virus* (BDMV) verändert den Ausschluss Durchmesser (SEL, *size exclusion limit*) der Plasmodesmen und wird nach Mikroinjektion rasch von Zelle zu Zelle transportiert. Es wird vermutet, dass bei Zweikomponenten Begomoviren **BC1** den Komplex BV1 mit ssDNA bindet und in dieser Form den Zell-zu-Zell-Transport vermittelt, während bei den Einkomponenten-Begomoviren diese Funktion Pro-CP/CP/ssDNA übernimmt (Gafni u. Epel 2002). **BC1** des *Squash leaf curl virus* (SqLCV) ist auch für die Ausprägung der Krankheitsmerkmale in den Wirtspflanzen verantwortlich. Transgene Tabakpflanzen, die BC1 von SqLCV exprimieren, zeigen die gleichen Symptome.

Die Begomoviren mit nur einer Komponente vereinigen die genannten ORFs auf einem ssDNA-Ring. Der Prozess der **Enkapsidierung** ist noch wenig verstanden. Ein Signal für die spezifische Bindung des Hüllproteins mit der Virus-DNA wurde bisher nicht entdeckt.

Die Virusreplikation im Kern führt zur Bildung fibrillärer Strukturen aus Nukleoprotein. Die Wirts-DNA ist dann in der Peripherie des Kernes lokalisiert. TGMV wird in differenziertem Blatt-, Spross- und Wurzelgewebe von *Nicotiana benthamiana* vermehrt. Phloemlimitierte Viren, wie AbMV, werden wahrscheinlich in prokambialen Zellen repliziert.

Wirtskreis und Virusübertragung

Begomoviren haben innerhalb der dikotyledonen Pflanzen meist einen engen Wirtskreis. In der Natur werden sie durch weiße Fliegen, *Aleyrodidae*, vor allem *Bemisia tabaci*, einige auch durch *B. argentifolii* zirkulativ, aber nicht propagativ übertragen (s. Kap. 8.2). Das Hüllprotein ist eine Determinante für die Vektorspezifität, vor allem bei monopartiten Begomoviren. Das Chaperon GroEL des endosymbiontischen Bakteriums in *B. tabaci* schützt die Begomoviren in der Hämolymphe vor dem Abbau (Czosnek et al. 2001; Harrison et al. 2002). Die Übertragung von ACMV durch *B. tabaci* ist abhängig von DNA-A- und -B-Sequenzen. Die Aufnahmezeit für die Viren beträgt etwa 15 bis 60 min. Nach 12 h tritt Sättigung ein und es können keine weiteren Viren aufgenommen werden. Die Viren gelangen nach maximal 24 h (TYLCV-Is) vom Ösophagus über die Filterkammer, den Darm, das Hämocoel in die Speicheldrüsen. Die Effektivität der Übertragung hängt vom Alter und Geschlecht der Tiere ab. Es können 600 Millionen Viren (etwa 1 ng Virus-DNA) aufgenommen werden. Die Virusaufnahme verkürzt die Lebenserwartung der Insekten (Czosnek et al. 2001). Die Viren können für zwei Generationen über die Eier übertragen werden.

Krankheiten

Durch weiße Fliegen und Zwergzikaden übertragene Geminiviren rufen Krankheiten und schwere wirtschaftliche Schäden an Tomate, Bohnen, Tabak, Mais, Squash (Mitglieder der Kürbisfamilie) und Zuckerrüben vor allem in tropischen und subtropischen Gebieten hervor. Die Replikation der Virus-DNA im Kern und die Änderung des Zellphasenrhythmus beeinflussen Stoffwechsel und Wachstum der Pflanze. So wird durch den Befall die Leistung der Photosynthese verringert und damit Wachstum und Ausbildung der Früchte reduziert. Die Replikation vieler Geminiviren im Phloem führt zu Störungen im Gefäßsystem und verursacht Missbildungen, Zwergwuchs und gelbe Mosaikflecken auf den Blättern. Die Gensequenz des Virusstammes und die Wirtspflanze beeinflussen die Ausprägung der Krankheitssymptome (Saunders et al. 2001).

14.1.7 Genus Topocuvirus

Die Typspezies ist das *Tomato pseudocurly top virus* (TPCTV; Briddon 2002). Die Viren dieser Gruppe haben eine Genomorganisation ähnlich wie die Curtoviren (Abb. 14.6). TPCTV wird von der Buckelzirpe *Micrutalis malleifera* übertragen. Es ist die einzige Art des Genus. TPCTV ruft Chlorose, Adernschwellung, Enationen und Blattverdrehungen bei der Tomate hervor.

14.2 Nanoviridae

Die Mitglieder dieser Familie bilden kleine, ikosaedrische Partikel mit einem Durchmesser von 17–22 nm und einem Genom aus zirkulärer ssDNA. Sie wurden als Genus Nanovirus in die Familie der Circoviridae einge-

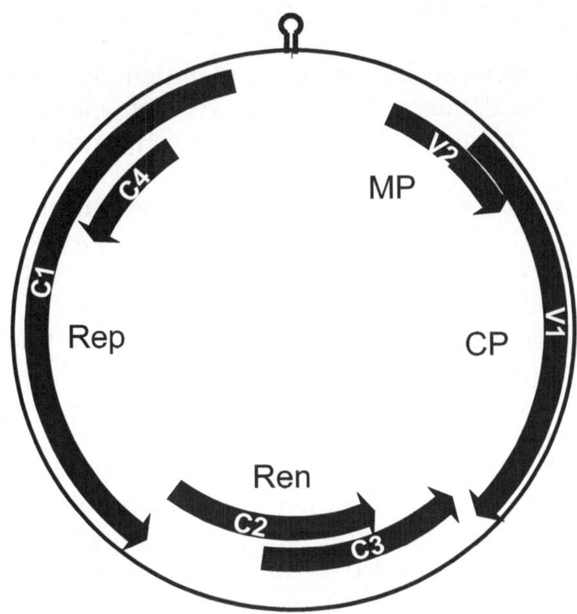

Abb. 14.6 Genomorganisation des Topocuvirus *Tomato pseudo-curly top virus* (TPCTV), ssDNA, 2,861 kb. *C1* Rep-Protein; *C2, TrAP* Transkription-Aktivator-Protein, *C3, Ren* Replikations-*Enhancer*; *C4* unbekannte Funktion; *V2* MP; *V1, CP* Hüllprotein. (Nach Daten von Briddon 2002)

ordnet (Mayo 2002). Die Familie Circoviridae enthielt zwei Genera, die Tiere infizieren und ein Genus, das pflanzenpathogen ist, das Nanovirus. Das Genus *Nanovirus* wurde kürzlich in die eigenständige Familie der Nanoviridae eingegliedert (Mayo 2002). Der Name **Nanovirus** leitet sich von Nanus = Zwerg ab. Das **Genom** der Nanoviren besteht aus 6–11 Komponenten einer zirkulären ss(+)DNA mit je etwa 1 kb, die von je einem Capsid umschlossen werden. Das Capsidprotein hat eine Mr von etwa 19.000 (Gronenborn et al. 2002).

14.2.1 Nanovirus

Die Typspezies ist das *Subterranean clover stunt virus* (SCSV; Gronenborn et al. 2002).

14.2.2 Genomorganisation, Transkription, Replikation

Alle Genomkomponenten sind ähnlich strukturiert, haben (+)Virussinn und werden in einer Richtung transkribiert. Ähnlich wie die Geminiviren haben sie eine intergenische Region mit einer Haarnadelstruktur (*stem loop*; Abb. 14.7). Jedes Segment kodiert in der Regel ein Protein. *Banana bunchy top virus* (BBTV) hat 6 (z. T. 8) DNA-Komponenten, *Faba bean necrotic yellows virus* (FBNYV) hat 11, *Milk vetch dwarf virus* (MVDV) 10 und *Subterranean clover stunt virus* (SCSV) 8 DNA Komponenten, z. T. mit Satelliten-DNA-Charakter.

Die **intergenischen Regionen** von allen 6 BBTV-DNAs haben Promotoren mit unterschiedlicher Aktivität (Dugdale et al. 1998). Es gibt **ORFs** die für Rep-Proteine kodieren. Die übrigen ORFs kodieren für Hüllprotein (19 kDa), Zell-zu-Zell-Bewegungsprotein (13 kDa), Kerntransportprotein (17,5 kDa), ein Protein für die Zellzyklusregulation (19 kDa) und weitere Proteine mit unbekannter Funktion. Die **Replikation** scheint ähnlich wie bei den Geminiviren nach dem Prinzip des rollenden Kreises zu erfolgen und von Wirtsenzymen katalysiert zu werden (s. 14.3). Die Synthese des komplementären Stranges wird von einem *primer* aus begonnen, der im

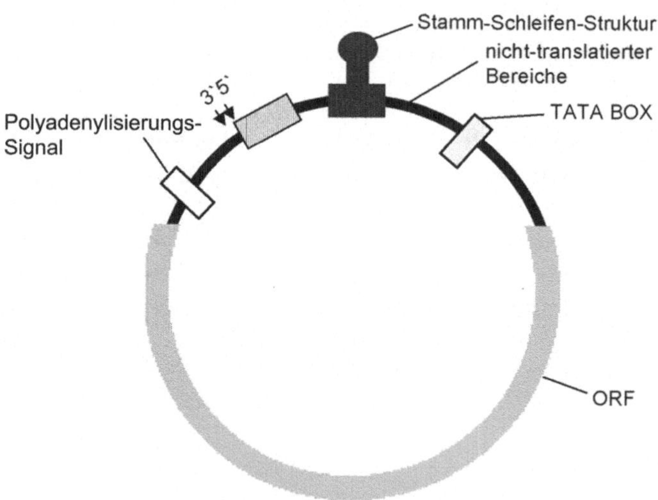

Abb. 14.7. Genomorganisation des *Banana bunchy top virus* (BBTV). Die 6 Komponenten der ssDNA unterscheiden sich in der Sequenz der ORFs und der Organisation der intergenischen Region mit der Haarnadelschleife (*stem loop*) und in der Zahl der Polyadenylierungssignale. Die Abbildung zeigt nur eine Komponente schematisch. Jede Komponente kodiert nur für ein Protein. (Von Burns et al. 1995, Abb. 5)

Virion verpackt ist. Die Endonuklease/Ligase-Aktivität beim Start der (+) Strang-Synthese ist an das **Rep-Protein** gebunden, das beim BBTV vom DNA-1-Strang kodiert wird und eine Masse von 33 kDa besitzt. Die Sequenz in der Haarnadelschlinge 5'-TANTATT↓AC-3' ist ähnlich wie bei Geminiviren (s. Abb. 14.2) und wird an der gleichen Basensequenz gespalten. Das FBNYV hat auf 5 der 11 DNA-Segmente ORFs für ein Rep-Protein mit Endonuklease/Ligase und ATPase-Aktivitäten, die für die sie kodierende DNA spezifisch sind. Ein zweites Rep-Protein initiiert die Synthese der 6 DNAs, die kein Rep-Protein kodieren und ist fähig, die Replikation heterologer Nanovirus-DNA auszulösen (Timchenko et al. 2000). Die Nanoviren scheinen ähnlich wie Geminiviren die Wirtszellen zu veranlassen, von der G1- in die S-Phase des **Zellzyklus** zu wechseln und damit die Synthese der notwendigen DNA-Enzymausstattung zu aktivieren. Das Genprodukt von DNA5 des BBTV enthält das LxCxE-Retinoblastoma(RB)-Bindungsmotiv und bindet RB. Ein verwandtes 20-kDa-Protein (Clink) mit ähnlichen Eigenschaften wird von der DNA 10 des FBNYV kodiert. Es interagiert mit RB- und SKP1-Proteinen und stimuliert die Virusreplikation (Aronson et al. 2000).

14.2.3 Übertragung, Krankheiten und wirtschaftliche Bedeutung

Coconut foliar decay virus (CFDV) wird von der ciixiiden Spornzikade *Myndus taffini*, die anderen Nanoviren von Aphiden, wie *Acyrthosiphon pisum* (FBNYV), *Aphis craccivora* (MDV), *Pentalonia nigronervosa* (BBTV) persistent, aber nicht propagativ übertragen.

BBTV ist der wichtigste Erreger von Viruserkrankungen der **Banane** in Südasien und Afrika. Infizierte Pflanzen sind in der Fruchtentwicklung stark reduziert. Symptome von Nanovirus-Infektionen sind Vergilbungen, Sprossstauche und frühe Seneszenz. **FBNYV** verursacht Blattdeformationen, Sprossstauche und Chlorose bei **Leguminosen** im westlichen Asien und Nordafrika. Ähnliche Symptome werden von **SCSV** an *Medicago*-Arten in Australien und Tasmanien hervorgerufen. Der Befall konzentriert sich auf das Phloem.

Literatur

Aronson MN, Meyer AD, Györgyey J, Katul L, Vetten HJ, Gronenborn B, Timchenko T (2000) Clink, a nanovirus-encoded protein, binds both pRB and SKPP1. J Virol 74: 2967–2972

Boulton MI (2002) Functions and interactions of mastrevirus gene products. Physiol Mol Plant Pathol 60: 243–255

Boulton MI, Davies JW (2002) Mastrevirus. In: Tidona CA, Darai G, Büchen-Osmond C (eds) The Springer index of viruses. Springer, Berlin, pp 355–361

Briddon RW (2002) Begomovirus. In: Tidona CA, Darai G, Büchen-Osmond C (eds) The Springer index of viruses. Springer, Berlin, pp340–348

Briddon RW (2002) Topocuvirus. In: Tidona CA, Darai G, Büchen-Osmond C, (eds) The Springer index of viruses. Springer, Berlin, pp 362–364

Buck KW (1999) Geminiviruses. In: Granoff A, Webster RG (eds) Encyclopedia of virology, 2nd edn. vol 1. Academic Press, San Diego, pp 597–606

Burns TM, Harding RM, Dale JL (1995) The genome organization of banana bunchy top virus: analysis of six ssDNA components. J Gen Virol 76: 1471–1482

Czosnek H, Ghanim M, Morin S, Rubinstein G, Fridman V, Zeidan M (2001) Whiteflies: Vectors, and victims (?) of Geminiviruses. Adv Virus Res 57: 291–322

Dugdale B, Beethan PR, Becker DK, Harding RM, Dale JL (1998) Promoter activity associated with the intergenic regions of banana bunchy top virus DNA-1 to 6 in transgenic tobacco and banana cells. J Gen Virol 79: 2301–2311

Gafni Y, Epel BL (2002) The role of host and viral proteins in intra- and intercellular trafficking of geminiviruses. Physiol Mol Plant Pathol 60: 231–241

Gronenborn B, Katul L, Vetten HJ (2002) Nanovirus. In: Tidona CA, Darai G (eds) The Springer index of viruses. Springer, Berlin, pp 1272–1279

Gutierrez C (2000) DNA replication and cell cycle in plants: learning from geminiviruses. EMBO J 19: 792–799

Gutierrez C (2002) Strategies for geminivirus DNA replication and cell cycle Interference. Physiol Mol Plant Pathol 60: 219–230

Hanley-Bowdoin L, Settlage SB, Orozco BM, Nagar S, Robertson D (1999) Geminiviruses: Models for plant DNA replication, transcription, and cell cycle regulation. Crit Rev Plant Sci 18: 71–106

Harrison BD, Swanson MM, Fargette D (2002) Begomovirus coat protein: Serology, variation and functions. Physiol Mol Plant Pathol 60: 257–271

Hartitz MD, Sunter G, Bisaro DM (1999) The tomato golden mosaic virus transactivator is a single-stranded DNA and Zinc-binding phosphoprotein with an acidic activation domain. Virology 263: 1–14

Jeske H, Lütgemeier M, Preiss W (2001) Distinct DNA forms indicate rolling circle and recombination-dependent replication of Abutilon mosaic geminivirus. EMBO J 20: 6158–6167

Kong LJ, Orozco M, Roe JL et al. (2000) A geminivirus replication protein interacts with the retinoblastoma protein through a novel domain to determine symptoms and tissue specificity of infection in plants. EMBO J 19: 3485–3495

Lett J-M, Granier M, Hippolyte I, Grondin M, Royer M, Blanc S, Reynaud B, Peterschmitt M (2002) Spatial and temporal distribution of geminiviruses in leafhoppers of the genus *Cicadulina* monitored by conventional and quantitative PCR. Phytopathology 92: 65–74

Luque A, Sanz-Burgos AP, Ramirez-Parra E, Castellano MM, Gutierrez C (2002) Interaction of geminivirus rep protein with replication factor C and its potential role during geminivirus DNA replication. Virology 302: 83–94

Mayo MA (2002) Virus taxonomy – Houston 2002. Arch Virol 147: 1071–1076

Palmer KE, Rybicki EP (1998) The molecular biology of Mastreviruses. Adv Virus Res 50: 183–234

Saunders K, Wege C, Veluthambi K, Jeske H, Stanley J (2001) The distinct disease phenotypes of the common and yellow vein strains of *tomato golden mosaic virus* are determined by nucleotide differences in the 3'-terminal region of the gene encoding the movement protein. J Gen Virol 82: 45–51

Stenger DC (2002) Curtovirus. In: Tidona CA, Darai G (2002) The Springer index of viruses. Springer, Berlin, pp 349–354

Timchenko T, Katul L, Sano Y, de Kouchkovsky F, Vetten HJ, Gronenborn B (2000) The master Rep concept in nano virus replication. Virology 274: 10173–1082

Van Regenmortel MHV, Fauquet CM, Bishop DHL et al. (2000) Virus taxonomy. 7th report of the International Committee on Taxonomy of Viruses. Circoviridae. Academic Press, San Diego, pp 299–307

Zhang W, Olson NH, Baker TS, Faulkner L, Agbandje-McKenna M, Boulton MI, Davies JW, McKenna R (2001) Structure of the maize streak virus geminate particle. Virology 279: 471–477

15 Pararetroviren mit dsDNA

Retro- und Pararetroviren kopieren in einem bestimmten Entwicklungs-
stadium die genomische Information in den anderen Typ an Nukleinsäure.
Bei den Retroviren wird das virale RNA-Genom in DNA und bei den Pararetroviren das virale dsDNA-Genom in RNA mit Hilfe einer viruskodierten **reversen Transkriptase** transkribiert. Retrovirus-DNA wird obligato-
risch mit einer viralen Integrase in das Wirtsgenom integriert. Bei Pflanzen
sind bisher keine Retroviren, sondern nur Pararetroviren bekannt geworden, die in der Familie der Caulimoviridae zusammengefasst werden. Pararetroviren, die Säugetiere infizieren, sind die Hepadnaviren.

15.1 Caulimoviridae

Die Caulimoviridae umfassen die **Caulimoviren** mit Ikosaederstruktur und
die bazilliformen **Badnaviren** (Tabelle 15.1). Das Genom besteht aus einer
zirkulären Doppelstrang-DNA von etwa 8 kbp mit einer Lücke oder Diskontinuität in einem Strang und ein bis drei Diskontinuitäten im anderen
Strang (Shepherd et al. 1968, 1970). Die DNA aller Vertreter wird über eine
RNA mit Hilfe einer reversen Transkriptase repliziert. Eine Integration der
DNA in das Wirtsgenom scheint in der Regel nicht stattzufinden. Es wurden aber Integrase-Gensequenzen beim *Petunia vein-clearing virus* entdeckt und eine Integration des *banana streak badnavirus* in das Genom
von *Musa* beschrieben (Richert-Pöggeler u. Shepherd 1997; Harper et al.
1999).

15.1.2 Capsidstruktur

Die Vertreter des Genus *Caulimovirus* bestehen aus isometrischen Partikeln mit einem Durchmesser von etwa 50 nm. Hochaufgelöste Röntgenstrukturdaten liegen bisher nicht vor. Die Kryoelektronenmikroskopie und
Bildrekonstruktion lassen bei einer Auflösung von etwa 3 nm ein **Capsid
aus drei konzentrischen Schichten** erkennen, dessen äußerste Schicht aus

Tabelle 15.1. Gattungen der Caulimoviridae

Genus	Typ-spezies	Struktur	Genom	Krankhafte Symptome	Wirte	Übertragung
Caulimovirus	CaMV[1]	Ikosaeder	8,02 kbp 7 ORFs	Chlorot. Flecken, Spross Stauche	Cruciferae	Aphiden
Cassava vein mosaic virus-like	CsVMV[2]	Ikosaeder	8,16 kbp 5 ORFs	Epinastie, Blattverdrehungen, chlorot. Flecken	Cassava, Euphorbiaceae	vegetat. Vermehrung, nicht durch Insekten übertragen
Soybean chlorotic mottle virus-like	SbCMV[3]	Ikosaeder	8,18 kbp 7 ORFs	Chlorot. Flecken, Spross Stauche	Leguminosen, Glycine max	Mechanische Übertragung
Petunia vein clearing virus-like	PVCV[4]	Ikosaeder	7,2 kbp 2 ORFs	Adernaufhellung	Solanaceae	Samen- und Gewebeübertragung
Badnavirus	ComYM[5]	Bacilliform	7,5 kbp 3 ORFs	Gelbliche Blattflecken	Commelina	Samen oder Schildläuse (Pseudococcidae)
Rice tungro bacilliform virus-like	RTBV[6]	Bacilliform	8 kbp 4 ORFs	Blattvergilbung, Stauche. Symptomausprägung abhängig von *rice tungro spherical virus*	Reis (*Oryza sativa*)	Zwergzikaden, Cicadellidae, abhängig von RTSV

[1]Cauliflower mosaic virus (CaMV), [2]Cassava vein mosaic virus (CsVMV), [3]Soybean chlorotic mottle virus (SbCMV), [4]Petunia vein clearing virus (PVCV), [5]Commelina yellow mottle virus (ComYMV), [6]Rice tungro bacilliform virus (RTBV)

420 Proteinuntereinheiten besteht, die 12 Pentamere und 60 Hexamere bilden und nach einer T=7-Ikosaeder-Symmetrie angeordnet sind (s. Kap. 4.1). An der glatten Oberfläche befinden sich keine Fortsätze. In den Schichten II und III ist die DNA mit Hüllproteinen assoziiert (Cheng et al. 1992). Der ORF IV des Genoms wird als ein 58-kDa-Vorläuferprotein exprimiert, das proteolytisch zu den 44- und 37-kDa-Haupthüllproteinen gespalten wird. Die Proteine werden glykosidiert und phosphoryliert. Minorproteine der ORFs III und V befinden sich ebenfalls im Virion. Die Hülle umschließt einen Innenraum von etwa 25 nm Durchmesser.

Die Partikel der **Badnavirus** Gruppe (bacilliforme DNA-Viren) sind **bacilliform** mit einem Durchmesser von 30 nm und einer Länge von 130 nm (60 bis 900 nm). Die Struktur der Badnaviren basiert auf einer **Ikosaeder-Symmetrie**. Der tubuläre Teil wird aus einer Wiederholung von neun Ringen von Hexameren pro 130 nm Länge gebildet. Die abgerundeten Enden werden durch 12 Pentamere bestimmt, 6 an jedem Ende (s. Kap. 4.2).

15.1.3 Genomorganisation und Replikation

Das **Genom** der Caulimoviren besteht aus einem Molekül einer doppelsträngigen, in den Viruspartikeln offenen zirkulären dsDNA von 7,2 bis 8,2 kbp, die beim *Cauliflower mosaic virus* (CaMV) drei Diskontinuitäten aufweist, eine im α-(−)Strang und zwei im (+)Strang (β- und γ-Strang) (Abb. 15.1). An den Diskontinuitäten treten kurze 5'-Überlappungen mit Poly-A/T-Paaren auf, die beim reversen Transkriptionsprozess entstehen (Hohn 2001). Das Genom von CaMV enthält 6 ORFs (Abb. 15.1).

Die Viruspartikel von CaMV gelangen nach Eintritt in Zellen des Phloems an den **Zellkern**. Der Transport der Virus-DNA in den Zellkern wird durch das N-terminale Kernlokalisationssignal des Hüllproteins vermittelt. Diese Signalstruktur ist an der Capsidoberfläche exponiert (Leclerc et al. 1999). Im Zellkern werden die überlappenden Nukleotide entfernt und die Lücken in der DNA geschlossen. Es entsteht eine *supercoiled* DNA, die mit Histonen der Wirtszelle zu Minichromosomen verpackt wird (Covey et al. 1990).

Von dem **Minichromosom** als Matrize werden durch die DNA-abhängige RNA-Polymerase II des Wirtes die **19S-mRNA** und die **35S-genomische Nachkommen-RNA** transkribiert (Abb. 15.1). Das Polyadenylierungssignal AAUAAA wird beim ersten Passieren durch die Polymerase, wahrscheinlich wegen der Nähe zum Transkriptionsstart, überlesen. Es entsteht durch ein vorzeitiges Prozessieren eine 180-bp-*short-stop*-RNA. Beim zweiten Passieren des Poly(A)-Signals entsteht ein vollständiges Trans-

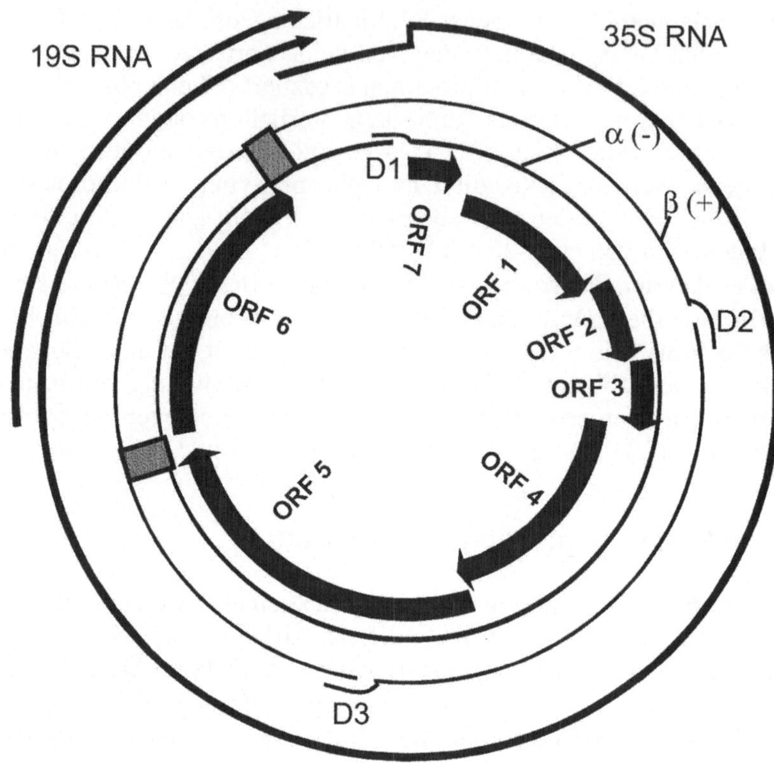

Abb. 15.1. Genomorganisation des *Cauliflower mosaic virus*. Von außen nach innen: 19S-
und 35S-RNA-Transkripte, dsDNA mit Diskontinuitäten D1–D3, ORFs: ORF 1 (41 kDa),
MP, Zell-zu-Zell-Bewegungsprotein; ORF **2** (18 kDa), *ATF* Aphiden-Übertragungsfaktor;
ORF **3** (15 kDa), DNA-Bindeprotein und Insektenübertragung; ORF **4** (57-kDa-Vorläufer-
protein für Capsidprotein 42 kDa; ORF **5** (79 kDa), Reverse Transkriptase, RNAse H, Protease; ORF **6** (58 kDa), Translationstransaktivator, Matrixprotein und Symptomausprägung;
ORF **7,** unbekannte Funktion. Promotoren (*schraffierte Kästchen*). (Nach Hull 2002, Abb.
6.1, S. 175)

kript, das polyadenyliert wird (Rothnie et al. 1994). Das gleiche Polyadenylierungssignal funktioniert auch beim *rice tungro bacilliform virus*. Das
Prozessieren der RNA wurde auch durch eine stromaufwärts gelegene UG-
reiche Sequenz gefördert. Eine *short-stop*-RNA war nicht in allen Wirts-
zelltypen nachweisbar. Wahrscheinlich bewirkt ein Transkriptions-Pro-
zessierungskomplex ein Durchlesen des promoternahen Poly(A)-Signals.

Beide Transkripte, die 19S- und die 35S-RNA, haben redundante Enden. Sie gelangen nach Polyadenylierung ins Zytoplasma, wo die viruskodierte Proteinsynthese und die reverse Transkription der genomischen
RNA in die virale DNA durch die viruskodierte reverse Transkriptase
stattfinden.

Die 35S-RNA ist eine vollständige Kopie des viralen α-DNA-Stranges mit redundanten Enden. Sie bildet die Matrize für die genomische **Replikation** im Virioplasma, einem zytologisch dichten Bereich im Zytoplasma, in dem die Virusproduktion stattfindet (s. Abb. 15.2). In der Nähe des 5'-Endes der 35S-RNA liegt eine *Primer*-Bindungsstelle, an die mit ihrem 3'-Ende eine pflanzliche Methionyl tRNA bindet. Die im Zytoplasma vom ORF 5 exprimierte **reverse Transkriptase** benutzt diese tRNA als *Primer* und beginnt die Synthese einer (–)DNA bis zum 5'-Ende der 35S-RNA. Die in der reversen Transkriptase enthaltene RNase verdaut die RNA des DNA/RNA-Hybrids, was zu einer *strong-stop*-DNA führt. Das freigesetzte 3'-Ende der *strong-stop*-DNA paart sich mit dem 3'-Ende der 35S-RNA über die redundanten Sequenzen von 180 nt. Damit kann die reverse Transkriptase einen **Matrizenwechsel** vornehmen und die 35S-RNA bis zum tRNA-*Primer* transkribieren (Abb. 15.2). Der tRNA-*Primer* wird verdrängt und verdaut. Auf diese Weise entsteht die D1-Diskontinuität in der neu synthetisierten (–)DNA. Der Rest der 35S-RNA wird durch RNase H bis auf zwei Oligo(G)-Sequenzen in der RNA abgebaut, die als *Primer* für die Synthese des (**+**)**DNA**-Stranges dienen und zur Bildung der zwei Diskontinuitäten im (+)Strang führen. Der wachsende (+)Strang muss die Lücke bei D1 im (–)Strang passieren, was wiederum einen Wechsel in der Substratbindung zur Folge hat. Während des Matrizenwechsels kann es zu Rekombinationen zwischen den DNAs verschiedener CaMV-Stämme kommen (Schoelz u. Bourque 1999). Die (+) und (–)Strangsynthesen sind resistent gegen Aphidocolin, einen Hemmstoff der DNA-abhängigen DNA-Polymerase, was ebenfalls zeigt, dass die Replikation der Virus-DNA von Pararetroviren nicht der Duplikation von dsDNA anderer DNA-Viren entspricht. Die Synthese der Virus-DNA und die Reifung der Viruspartikel erfolgt in den Einschlusskörpern (**Virioplasma**). Wahrscheinlich findet die reverse Transkription in proviralen Strukturen statt. Die elektronendichten, oft von Ribosomen, nicht aber von Membranen umgebenen Einschlusskörper enthalten als Hauptbestandteil das Genprodukt VI. Das Virioplasma nimmt während der Virusbildung und -reifung an Masse zu. Das Hüllprotein wird glykosidiert und phosphoryliert.

Das **Genom** des ***Commelina yellow mottle virus***, ComYMV, Typenspezies des Genus **Badnavirus** (s. Tabelle 15.1), von 7,5 kbp hat je eine Diskontinuität in jedem Strang der zirkulären dsDNA. Die drei ORFs liegen auf dem 35S-RNA-Transkript. Die Funktion des 23-kDa-ORF-**I**-Produkts ist unbekannt. Das 14-kDa-ORF-**II**-Produkt ist vermutlich ein DNA-bindendes Protein. Der ORF **III** kodiert für ein Polyprotein (216 kDa), das proteolytisch in vier Produkte gespalten wird: Capsidprotein, Aspartatproteinase (spaltet wahrscheinlich das Polyprotein), reverse Transkriptase mit RNase-

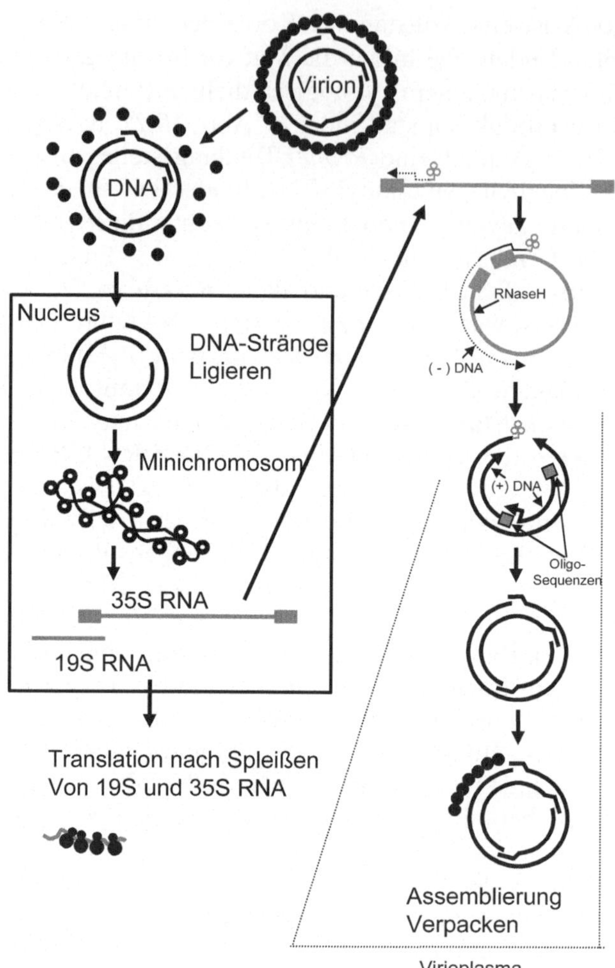

Abb. 15.2. Replikation des CaMV. Der DNA-Doppelstrang wird in den Zellkern transportiert, wo ein Minichromosom entsteht. Die 35S- und 19S-RNA-Transkripte vom $(-)\alpha$-Strang werden ins Zytoplasma transportiert. Im Zytoplasma beginnt die Synthese der $(-)$ Strang-DNA durch die viruskodierte reverse Transkriptase. Nach einem Matrizenwechsel der reversen Transkriptase wird die Synthese von $(-)$DNA bis zum tRNA-*Primer* fortgesetzt. Nach Verdrängung und Abbau der *Primer*-RNA entsteht die Diskontinuität D1. Die restliche 35S-RNA wird bis auf zwei Oligo(G)-Nukleotide abgebaut und es beginnt die Synthese von $(+)$ DNA-Strängen von diesen Nukleotiden aus. An den *Primer*-Bindungsstellen entstehen überhängende Enden und Diskontinuitäten. Die DNA assembliert mit den Capsidproteinen. (In Anlehnung an Hull 2002, Abb. 8.22)

H-Aktivität und ein Zell-zu-Zell-Bewegungsprotein. Das Hüllprotein der Badna- und *Rice-tungro bacilliform*-like Viren besitzt ein Cysteinmotiv ($CX_2CX_{11}CX_2CX_4CX_2$ C). Das 8,0-kbp-dsDNA-Genom des ***Rice tungro*** *bacilliform virus* (RTBV) kodiert für 4 ORFs. Die Replikation von Co-mYMV und RTBV entsprechen dem für CaMV beschriebenen Mechanismus (Fütterer 2001; Olszewski u. Lockhart 2001).

15.1.4 Genexpression und Morphogenese

Die Bildung der Transkripte und deren Übersetzung in Proteine unterliegen bei den Caulimoviren einer komplexen Regulation an der virus- und wirtsspezifische Faktoren beteiligt sind.

Der **35S-RNA-Promoter** des CaMV besteht aus einer Kernsequenz (TATA-Box) stromaufwärts vom Transkriptionsstart und Kontrollelementen beidseits der Kernsequenz. Die **A**-Domäne (–90 bis +8 relativ zum Transkriptionsstart bei +1) ist verantwortlich für die wurzelspezifische Expression, die **B**-Domäne (–343 bis –90) für die Expression im oberirdischen Sprossbereich. Die B-Domäne ist noch weiter unterteilt in gewebespezifische Subdomänen (Benfey et al. 1990; Rothnie et al. 1994). Produkte des pflanzlichen Zellkerns binden spezifisch an bestimmte regulatorische Regionen des CaMV-35S-Promoters und bestimmen somit die modulierte Genexpression (Hohn u. Fütterer 1992). Der 35S-CaMV-Promoter ist ein starker, konstitutiver Promoter, der für die Expression von Genen in vielen mono- und dikotyledonen transgenen Pflanzen benutzt wird. Außer dem vollständigen 35S-Transkript werden im Zellkern durch **Spleißen** Transkripte gebildet. Durch Entfernung eines Introns von einer Position nahe der *leader*-Sequenz bis zu einer Position im ORF II entsteht eine mRNA für ORF III und ORF IV. Durch weitere Spleißvorgänge wird ein ORFI-/ORFII-Fusionstranskript gebildet (Kiss-László et al. 1995).

Der **19S-Promoter** ist spezifisch für die Transkription des Gens VI. Er ist deutlich schwächer als der 35S-Promoter, obwohl das Genprodukt das häufigste Virusprotein in der infizierten Pflanze ist. Das 19S-Transkript endet kolinear mit der 35S-RNA. Der 19S-Promoter kann durch 35S-Verstärkerelemente (*enhancer*) aktiviert werden. Beide Promotoren sind konstitutiv. Die **Virusvermehrung** scheint auf der Ebene der Transkription des Virusminichromosoms durch die Wirtspflanze reguliert zu werden. Hohe Spiegel an 35S- und 19S-RNAs werden in empfindlichen Pflanzen und in bestimmten Geweben gebildet und geringe Mengen in symptomlosen Pflanzen.

Der RTBV-Promoter enthält stromauf und stromab von der TATA-Box Elemente, die die Aktivität der Transkription beeinflussen. Es gibt Regionen, die die Bildung des Polymerasekomplexes fördern und generelle *enhancer*. Promoterelemente zwischen –100 und –164 binden Proteine aus dem Kern der Reispflanze und sind für die Expression im Phloemgewebe wichtig (Klöti et al. 1999). Von dem in

Übergenomlänge erzeugten 35S-Transkript entsteht durch Spleißen der ORF III, der für ein Polyprotein mit reverser Transkriptase und RNase H sowie Proteaseaktivitäten und für das Hüllprotein kodiert.

Die *leader*-Sequenzen, die beim CaMV zwischen dem Transkriptionsstart und dem Beginn des ersten Cistrons liegen, sind bei den Caulimoviren sehr lang (>600 nt) und bilden sekundäre Strukturen (*stem-loop*) aus, die in einigen Nichtwirtpflanzen die Translation von Reportergenen verhindern. Die purinreiche Domäne im Zentrum der 35S-RNA reagiert mit dem Zinkfingermotiv des Hüllproteins. Die Analyse der *leader*-Region hat gezeigt, dass die Ribosomen an der *cap*-Seite der mRNA binden, dann aber nicht die gesamte *leader*-Sequenz entlanggleiten, sondern, in Abhängigkeit von Wirtsfaktoren, bald nach dem 5'-Ende zum 3'-Ende gelangen (**Ribosomen-*Shunt***). Der Ribosomen-*Shunt* wird auf Rückfaltungsstrukturen der RNA zurückgeführt, an deren Basis die Ribosomen von einem Arm zum anderen springen können. In der *leader*-Sequenz sind auch mehrere AUG Startkodons enthalten.

Die Translation aller ORFs der polycistronischen 35S-RNA ist abhängig von dem viruskodierten (ORF VI) **Translations-*trans*-Aktivator (TAV)**, der mit dem L18-Protein der 60S-ribosomalen Untereinheit interagiert. *Trans*-Aktivierung scheint zu bewirken, dass die Ribosomen nach Translation eines ORF initiationskompetent bleiben, also nicht von der mRNA abfallen, sondern weitere ORFs translatieren. TAV kontrolliert auf diesem Wege die Expression anderer CaMV-Proteine von der 35S-RNA. Der TAV von CaMV wirkt auch als *Elicitor* der hypersensitiven Antwort der Wirtspflanze auf eine Infektion durch CaMV, aber nur, wenn der Stamm W260 von CaMV *Nicotiana edwardsonii* infiziert, also viel stärker spezifiziert als die allgemeine TAV-Wirkung (Palanichelvam u. Schoelz 2002). Der kurze ORF VII vor dem ORF I fördert die *trans*-Aktivierung der nachfolgenden ORFs (s. Abb. 15.1). Bei CaMV sind keine *cis*-agierenden Sequenzen für die Translationsaktivität erforderlich. ORF IV und ORF V überlappen, aber haben ihre eigenen AUG-Startkodons und können unabhängig von einander exprimiert werden (Hohn 1999).

ORF VI wird vor allem von der monocistronischen 19S-RNA übersetzt, kann aber auch durch *trans*-Aktivierung von der 35S-RNA exprimiert werden. Das Gen-VI-Produkt wird in großen Mengen gebildet und ist multifunktionell. Es ist nicht nur Hauptbestandteil des Viroplasmas und *trans*-Aktivator, sondern auch an der Symptomausprägung beteiligt.

Die 44-kDa- und 37-kDa-**Capsidproteine** entstehen durch die Aktivität einer viruskodierten Protease aus dem ORF-**IV**-Produkt. Sie werden glykosidiert. Nach einem Modell bilden die Proteine in den Einschlusskörpern ein Gerüst für das Assemblieren der Viruspartikel. Die fertigen Viruspartikel enthalten neben den Capsidproteinen geringe Mengen an ORF-III- und -V-Produkten.

RTBV hat eine *leader*-Sequenz von über 600 nt und 12 kurze ORFs. ORF I hat ein AUU-Startkodon, die nächsten 1000 Nukleotide haben AUG-Startkodons für die ORFs II und III. Die ORFs I, II und III überlappen den folgenden ORF mit jeweils einem Nukleotid und haben ein Stopp-/Startsignal AUGA. So endet z. B. ORF I mit ACA (Thr). Das letzte A ist gleichzeitig Teil des Startkodons AUG für Met von ORF III (Hull 1996). Die Initiation der Translation beginnt nur teilweise an dem 5'-Terminus von ORF I, weil AUU nur 10% der Effizienz von AUG hat. Die Initiation der Translation von ORF III ist effektiver.

Die Gene Ia, II, III, IV und V des *Soybean chlorotic mottle virus* sind essentiell für eine systemische Infektion. Ia kodiert das Bewegungsprotein, IV das Capsidprotein.

15.1.5 Übertragung der Viren und Zell-zu-Zell-Transport

CaMV und wahrscheinlich andere Caulimoviren werden durch die **Blattläuse** *Myzus persicae* und *Brevycorine brassicae* **semipersistent, nicht zirkulativ übertragen** (s. Kap. 8.2.2). Eine erfolgreiche Übertragung setzt die Aufnahme der Helferkomponenten P2 und P3 (Produkte der ORFs II und III) voraus. **P3** bindet an Viruspartikel und Capsidprotein und vermittelt die Assoziation von **P2** mit Viruspartikeln. Nachdem das Insekt mit dem Stylet die Zellwand durchdrungen und Speichel in die Zellen abgegeben hat, wird Zellmaterial, vermischt mit Einschlusskörpern, aufgesogen. Dabei desintegrieren die P2-P3-Virus-Komplexe und die Kutikula des Stylets wird mit P2 beladen. Mit diesem Schritt wird die Blattlaus übertragungskompetent und kann weitere Virus-P3-Komplexe aufnehmen (Blanc et al. 2001; Hebrard et al. 2001; Palacios et al. 2002, s. Kap. 8.2.1). Die stärkste Aufnahme von CaMV geschieht aus dem Phloem (Palacios et al. 2002).

Die **Ausbreitung** der Viren von Zelle zu Zelle wird durch Plasmodesmen ermöglicht (s. Kap. 7.6.1). Das Bewegungsprotein des CaMV, ORF-1-Produkt, besitzt eine zentrale RNA-Bindungsdomäne und eine tubulusbildende Region. Der N-Terminus bildet die Außenseite des Tubulus, der die Plasmodesmen durchsetzt und der C-Terminus die Innenseite. Brefeldin A hemmt die Tubulusbildung. Das Bewegungsprotein des CaMV ist multifunktional. Es ermöglicht nicht nur den Zell-zu-Zell-Transport der Viren, sondern auch die Ausbreitung in der Pflanze über große Entfernungen.

15.1.6 Taxonomie, Krankheiten und wirtschaftliche Bedeutung

Zu dem **Genus Caulimovirus** gehören neben der Typspezies CaMV die Viren *Blueberry red ringspot virus* (BRRV), mit dem Wirt *Vaccinium*, das *Carnation etched ring virus* (CERV), das in Caryophyllaceae Symptome hervorruft, *Dahlia mosaic virus* (DMV) in Compositen-Wirten, *Figwort mosaic virus* (FMV) bei Scrophulariaceae, *Horseradish latent virus* (HRLV) bei Cruciferae, *Mirabilis mosaic virus* (MiMV) bei *Nyctaginacea*, *Strawberry vein banding virus* (SVBV) bei Rosaceae und *Thistle mottle virus* (ThMoV) bei *Cirsium arvense* (Hohn 2001). Verwandte Viren sind bei Hibi (2001); Fütterer (2001), Olszewski u. Lockhart (2001) und Richert-Pöggeler (2001) sowie in Tabelle 15.1 aufgelistet.

Die Caulimoviren sind weltweit verbreitet, haben aber in der Regel einen begrenzten Wirtskreis. Die einzelnen Vertreter kommen oft nur regional vor. Chlorotische Blattflecken und Adernaufhellung sind verbunden mit reduziertem Wachstum und geringem Ertrag. Die Infektion ist zumeist systemisch und die Vermehrung findet im Phloem und Parenchym statt. Wirtschaftlich von Bedeutung sind CaMV, DMV und CERV. CaMV verursacht nekrotische Flecken und Ertragsschäden bei Kohlarten und anderen Cruciferen, häufig in Mischinfektion mit *Turnip yellow mosaic virus*.

Viele Vertreter der **Badna-Viren** rufen in den Tropen wirtschaftlich bedeutsame Krankheiten hervor, so z. B. Nekrosen durch *Banana streak virus*, BSV, bei *Musa*-Arten. Die Viren werden durch Schildläuse übertragen. Sprossschwellungen, Blattmosaik und Absterben der Kakaobäume (*Theobroma*) werden durch *Cacao swollen shoot virus* (CSSV) verursacht. Das Virus wird auch durch Vertreter der Pseudococcidae übertragen. *Piper yellow mottle virus,* PYMoV, ruft bei Piper-Arten in Südostaien Blattflecken und Ertragsschäden hervor. *Sugarcane bacilliform virus,* SCBV, verursacht weltweit bei Zuckerrohr Blattflecken und Ertragseinbußen.

Schwere Epidemien in Reispflanzungen (*Oryza sativa*) mit sehr hohen Ertragseinbußen entstanden nach Ausbreitung des RTBV, übertragen durch *Nephotettix virescens*, Cicadellidae, zusammen mit dem Waikavirus (Sequiviridae) *Rice tungro spherical virus*, der das für die Übertragung mit Blatthüpfern notwendige Protein besitzt.

Literatur

Benfey PN, Ren L, Chua NH (1990) Tissue-specific expression from CaMV 35S enhancer subdomains in early stages of plant development EMBO J 9: 1677–1684

Blanc S, Hébrard E, Drucker M, Froissart R (2001) Molecular basis of vector transmission: caulimovirus. In: Harris K, Duffus JE, Smith OP (eds) Virus-insect-plant interactions. Academic Press, San Diego

Cheng RH, Olson NH, Baker TS (1992) Cauliflower mosaic virus: A 420 subunit (T=7), multiplayer structure. Virology 186: 655–668

Covey SN, Turner DS, Lucy AP, Saunder K (1990) Host regulation of the cauliflower mosaic virus multiplication cycle. Proc Natl Acad Sci USA 87: 1633–1637

Fütterer J (2001) RTBV-like viruses. In: Tidona CA, Darai G (eds) The Springer index of viruses. Springer, Berlin, pp 212–216

Harper G, Osuji JO, Heslop-Harrison JS, Hull R (1999) Integration of banana streak badnavirus into the musa genome. Virology 255: 207–213

Hebrard E, Drucker M, Leclerc D et al. (2001) Biochemical characterization of the helper component of cauliflower mosaic virus. J Virol 75: 8538–8546

Hibi T (2001) SbCMV-like viruses. In: Tidona CA, Darai G (eds) The Springer index of viruses. Springer, Berlin, pp 217–221

Hohn T (1999) Molecular biology of caulimoviruses. In: Webster RG, Granoff A, (eds) Enzyclopedia of virology, vol 2, 2nd edn. Academic Press, New York, pp 1281–1285

Hohn T (2001) Caulimovirus u. CsVMV-like viruses. In: Tidona CA, Darai G, (eds) The Springer index of viruses. Springer, Berlin, pp 199–208

Hohn T, Fütterer J (1992) Transcriptional and translational control of gene expression in cauliflower mosaic virus. Curr Opin Genet Devel 2: 90–96

Hohn T, Fütterer J (1997) The proteins and functions of plant paararetroviruses: Knowns and unknowns. Crit Rev Plant Sci 16: 133–161

Hull R (1996) Molecular biology of rice tungro viruses. Annu Rev Phytopathol 34: 275–297

Hull R (2002) Matthews' plant virology, 4th edn. Academic Press, San Diego

Kiss-László Z, Blanc S, Hohn T (1995) Splicing of cauliflower mosaic virus 35S RNA is essential for viral infectivity. EMBO J 14: 3552–3562

Klöti A, Henrich C, Bieri S et al. (1999) Upstream and downstream sequence elements determine the specifity of rice tungro bacilliform virus promoter and influence RNA production after transcription initiation. Plant Mol Biol 40: 249–266

Leclerc D, Chapdelaine Y, Hohn T (1999) Nuclear targeting of the cauliflower mosaic virus coat protein. J Virol 73: 553–560

Olszewski NE, Lockhart B (2001) Badnavirus. In: Tidona CA, Darai G (eds) The Springer index of viruses. Springer, Berlin, pp 194–198

Palacios I, Drucker M, Blanc S, Leite S, Moreno A, Fereres A (2002) *Cauliflower mosaic virus* is preferentially acquired from the phloem by its aphid vectors. J Gen Virol 83: 3163–3171

Palanichelvam K, Schoelz JE (2002) A comparative analysis of the avirulence and translational transactivator functions of gene VI of *Cauliflower mosaic virus.* Virology 293: 225–233

Richert-Pöggeler KR (2001) PVCV-like viruses. In: Tidona CA, Darai G (eds) The Springer index of viruses. Springer, Berlin, pp 209–211

Richert-Pöggeler KR, Shepherd RJ (1997) Petunia vein-clearing virus: a plant pararetrovirus with the core sequences for an integrase function Virology 236: 137–146

Rothnie HM, Chapdelaine Y, Hohn T (1994) Pararetroviruses and retroviruses a comparative review of viral structure and gene expression strategies. Adv Virus Res 44: 1–67

Schoelz JE, Bourque JE (1999) Plant Pararetroviruses. In: Webster RG, Granoff A (eds) Enzyclopedia of virology, vol 2, 2nd edn. Academic Press, New York, pp 1275–1281

Shepherd RJ, Wakeman RJ, Romanko RR (1968) DNA in cauliflower mosaic virus. Virology 36: 150–152

Shepherd RJ, Bruening GE, Wakeman RJ (1970) Double-stranded DNA from cauliflower mosaic virus. Virology 41: 339–347

16 Viroide und Satelliten

Viroide sind nackte, kovalent geschlossene, autonom in einer Wirtszelle replizierende, kleine RNA-Moleküle, die keine Proteine kodieren. Der Begriff Viroid wurde von Diener (1971) bei der Beschreibung des *Potato spindle tuber viroids* eingeführt. **Satellitenviren** sind isometrische, mit Capsid ausgestattete Viren, die ihr eigenes Capsidprotein kodieren. Ihre Vermehrung ist auf ein Helfervirus angewiesen, das unabhängig vom Satellit Virus infizieren und replizieren kann (A-Typ). **Satelliten-RNAs oder DNAs** sind kleine Nukleinsäuren, deren Enkapsidierung und Vermehrung von Helferviren abhängig sind. Sie können Proteine kodieren (B-Typ) oder ihnen fehlt eine *messenger*-Funktion (C- und D-Typ). Letztere sind unter 0,7 kb groß. Die Sequenz der Satellitennukleinsäure unterscheidet sich von der der Helfer. Defekte RNAs und hüllproteinabhängige Replikons werden in diesem Kapitel nicht behandelt. Nähere Informationen können aus Bruening (2001) entnommen werden.

16.1 Viroide

Die Viroide haben als Erreger von Pflanzenkrankheiten und wegen ihrer molekulargenetischen Eigenschaften in jüngster Zeit zunehmend an Bedeutung gewonnen (Diener 1993; Flores et al. 1997, 2000; Hull 2002). Die wichtigsten Vertreter sind in Tabelle 16.1 zusammengefasst.

16.1.1 Struktur der Viroid-RNA

Die Viroid-ssRNA ist um eine Größenordnung kleiner als die der kleinsten RNA-Viren. Sie besteht aus 246 bis 399 nt, ist in der Regel reich an G+C (53–60%; Ausnahme *Avocado sunblotch viroid,* ASBVd –38% GC) und ist kovalent ringförmig geschlossen. Vertreter der **Pospiviroidae** haben in Folge partieller Basenpaarung eine stäbchenförmige Sekundärstruktur von etwa 37 nm Länge (Abb. 16.1). Nach Denaturierung des *Potato spindle tuber viroid* (PSTVd) bei T_m von 50 °C in 10 mM Na^+ werden im Elektronen-

Tabelle 16.1. Klassifizierung der Viroide. (Nach Daten von van Regenmortel et al. 2000, S. 1009–1023)

Familie	Genus	Viroidspezies	Abk.	RNA [nt]
Pospiviroidae[1]	Pospiviroid	*Potato spindle tuber Vd*[2]	PSTVd	356–360
		Chrysanthemum stunt Vd	CSVd	354–356
		Citrus exocortis Vd	CEVd	370–375
		Columna latent Vd	CLVd	370-373
		Iresine viroid 1	IrVd-1	370
		Mexican papita Vd	MPVd	361
		Tomato apical stunt Vd	TASVd	360–363
		Tomato planta macho Vd[3]	TPMVd	360
	Hostuviroid	*Hop stunt Vd*[4]	HSVd	297–303
	Cocadviroid	*Coconut cadang-cadang Vd*	CCCVd	246–247
		Citrus viroid IV	CVd-IV	284
		Coconut tinangaja Vd	CtiVd	254
		Hop latent Vd	HLVd	256
	Apscaviroid	*Apple scar skin Vd*[5]	ASSVd	329–330
		Apple dimple fruit Vd	ADFVd	306
		Australian grape-vine Vd	AGVd	369
		Citrus viroid III	CV-d III	294–297
		Citrus bent leaf	CBLVd	318
		Grapevine yellow speckle viroid 1	GYSVd-1	366–368
		Grapevine yellow speckle viroid 2	GYSVd-2	363
		Pear blister canker Vd	PBCVd	315-316

Fortsetzung **Tabelle 16.1**

Familie	Genus	Viroidspezies	Abk.	RNA [nt]
	Coleviroid	*Coleus blumei viroid 1*	CbVd-1	248–251
		Coleus blumei viroid 2	CbVd-2	301
		Coleus blumei viroid 3	CbVd-3	361–364
Avsun-viroidae[6]	Avsun-viroid	*Avacado sunblotch*[7]	ASBVd	246–250
	Pelamo-viroid	*Peach latent mosaic*[8]	PLMVd	336–339
		Chrysanthemum chlorotic mottle Vd	CChMVd	399

[1]Die meisten Arten haben eine Fünf-Domänen-Struktur der stäbchenförmigen RNA, replizieren nach der asymmetrischen Form des *rolling-circle*-Modells; [2]schwere Schäden bei Tomate; [3]Aphidenübertragung; [4]breiter Wirtskreis; [5]verbreitet in Japan, China, USA, Canada; [6]verzweigte RNA-Strukturen und Selbstspaltung an *hammerhead*-Strukturen, keine zentrale konservierte Domäne (CCR); Vermehrung durch symmetrisches *rolling-circle*-Modell; [7]Ansammlung und Vermehrung im Chloroplasten, Schäden in allen Avocado-Anbaugebieten; [8]in Pfirsichplantagen in USA, Japan, China, Mediterraneum; *nt* Nukleotide.

mikroskop ringförmige Moleküle mit einer Konturlänge von 100 nm sichtbar (Sänger et al. 1976). Die tertiäre *In-vivo*-Struktur von PSTVd wird wahrscheinlich durch Wechselwirkungen mit den Wirtsproteinen beeinflusst. Die RNA-Moleküle der *Pospiviroidae* haben fünf Domänen: eine konservierte zentrale Region (**C**), die konservierten linken und rechten Terminalstrukturen ($\mathbf{T_L}$ und $\mathbf{T_R}$), die Pathogenitätsregion (**P**) und eine variable Region (**V**) (Abb. 16.1). In der C-Region befindet sich eine zentrale konservierte Domäne (**CCR**).

Alle Mitglieder der Pospiviroidae (Tabelle 16.1) können eine *hairpin* **I**, **Haarschleifenstruktur** aus den zentralen Nukleotiden von CCR des oberen Stranges und den flankierenden *inverted repeats* (gegenläufige Wiederholungen von ähnlichen Nukleotidsequenzen) bilden. Aber auch bei einigen Avsunviroidae können zwei kleine Haarschleifen auftreten (Gast et al. 1996). Die *core*-Nukleotide der CCR des oberen Stranges und die flankierenden *inverted repeats* können eine alternative palindromische Struktur

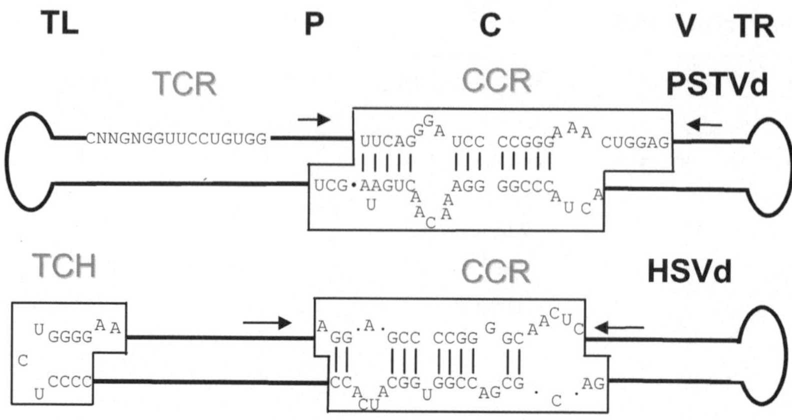

Abb. 16.1. Strukturmodelle von zwei Vertretern der Pospiviroidae, *Potato spindle tuber viroid* (PSTVd) und *Hop stunt viroid* (HSVd). T_L, T_R terminale linke bzw. rechte Region; *P* Pathogenitätsregion; *C* zentrale Region; *V* variable Region; *TCR* terminale konservierte Region; *TCH* terminale, konservierte Haarschleife; *CCR* zentrale konservierte Region. Die flankierenden Sequenzen (→ ←) bilden zusammen mit den CCR-Sequenzen des oberen Stranges unvollständige umgekehrte Wiederholungen (*inverted repeats*). (Nach Flores et al. 1997)

bilden, die beim Prozessieren der oligomeren Zwischenstufen eine Rolle spielen soll. Eine Haarschleife II wird im unteren Strang der Nukleotide beidseitig von CCR gebildet und ist ebenfalls bei allen Mitgliedern der Pospiviroidgruppe konserviert (Flores et al. 1997). Durch Wiederholungen oder durch intermolekulare Rekombination mit anderen Viroiden können unterschiedliche Längen der RNAs entstehen.

Peach latent mosaic viroid (PLMVd) und *Chrysanthemum chlorotic mottle viroid* (CChMVd) (***Avsunviroidae***) zeigen andere Denaturierungskinetiken als die Pospiviroidae. Ihre RNA ist in 2 M LiCl unlöslich. Sie haben eine **verzweigte Sekundärstruktur** (Navarro u. Flores 1997; Abb. 16.2).

16.1.2 Replikation der Viroid-RNA

Es wird heute allgemein angenommen, dass die **Viroid-RNA nicht in Proteine übersetzt** wird. Diese Arbeitshypothese wurde durch die Erkenntnis gestützt, dass Leserahmen für Proteine auf der RNA fehlen und dass keine Proteine und keine mRNA als Produkte der Viroid-RNA beim Vergleich infizierter und gesunder Pflanzen entdeckt werden konnten. Ein weiteres Argument ist das Fehlen oder seltene Vorkommen von AUG-Startkodons in der Viroid-RNA.

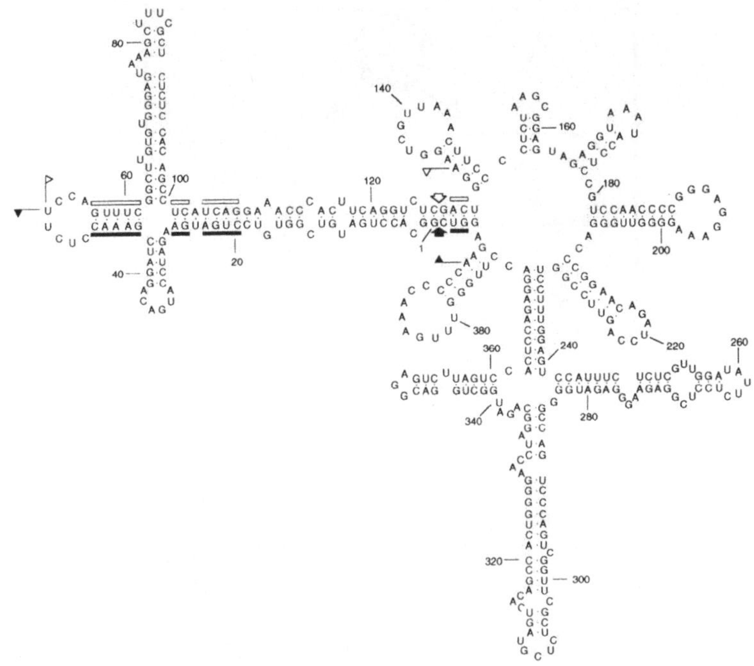

Abb. 16.2. Primäre und modellierte Sekundärstruktur des *Chrysanthemum chlorotic mottle viroid* (CChMVd). Die *Avsunviroidae* bilden verzweigte Sekundärstrukturen. Domänen, die an der Bildung von *hammerhead*-Strukturen beteiligt sind, werden durch Fähnchen flankiert. Die konservierten Nukleotide in *hammerhead*-Strukturen sind durch *dicke Balken* und die Selbstspaltungsstellen durch *Pfeile* gekennzeichnet. *Volle* und *offene Symbole* beziehen sich auf Plus- und Minuspolaritäten. (Nach de la Peña et al. 1999, Abb. 3, und Flores et al. 2000, Abb. 6.1)

Die **Replikation** der Pospiviroidae-RNA findet im Kern, die der Avsunviroidae in den Chloroplasten statt. Der **Transport** der Viroid-RNA in den Kern bzw. in die Chloroplasten scheint von spezifischen Sequenzen der RNA abhängig zu sein. Das Auftreten von Minusstrang-RNA komplementär zur Viroid-(+)RNA und das Vorkommen von geschlossenen, zirkulären (cc) und linearen (–/+)Oligomeren der Einheitslängen-RNA in Zellextrakten ließen vermuten, dass die Viroid-RNA nach dem **Prinzip des rollenden Kreises** (s. Kap. 7.3 und Abb. 14.3) repliziert wird. Zwei Modelle der Viroid-RNA-Replikation sind in Abb. 16.3 vorgestellt.

Im asymmetrischen Weg (siehe Abb. 16.3 a) entstehen keine zirkulären (–)Stränge wie im symmetrischen Weg, aber monomere (+), zirkulär geschlossene Nachkommenstränge (Branch et al. 1981). Die oligomeren Stränge werden im asymmetrischen Weg durch Wirtsenzyme, im symmet-

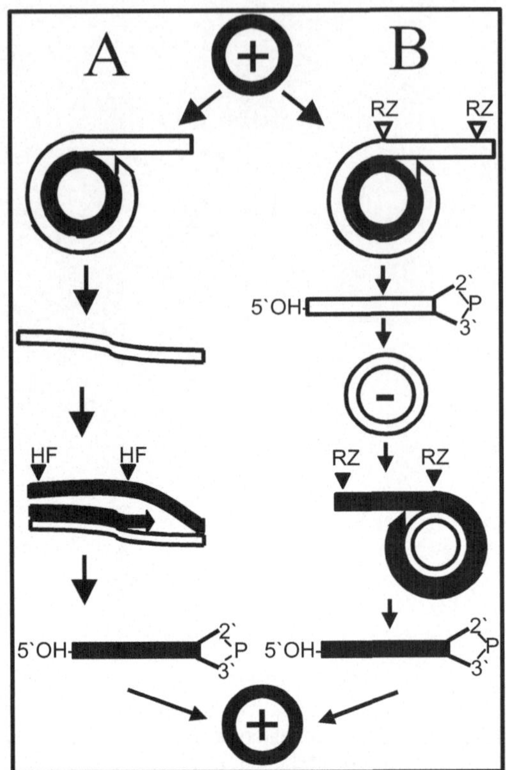

Abb. 16.3 a,b. Modell der Viroidreplikation. Die Replikation der Viroide erfolgt über einen *rolling-circle*-Mechanismus ähnlich wie bei den Geminiviren, ist aber vollständig auf Wirtsenzyme angewiesen. Der virale zirkuläre Strang (+, *volles Symbol*) dient als Matrize. Bei der symmetrischen Variante (**b**) werden die oligomeren Stränge, die nach ein oder mehreren *rolling-cycle*-Replikationsrunden entstehen, durch Ribozyme (*RZ*) an den *hammerhead*-Strukturen (s. Abb. 16.5) zu Monomeren mit 5'-Hydroxyl und 2'-3'-zyklischen Phosphattermini gespalten und die Monomeren durch Ligasen zyklisiert. Die *Pfeilspitzen* deuten die Spaltungsstellen an. Bei der asymmetrischen Form (**a**) werden die multimeren (–) Stränge (*hohle Symbole*), die an dem (+) geschlossen zirkulären cc-Strang gebildet werden, nicht zu Monomeren gespalten, sondern dienen als Matrize für die Bildung multimerer (+)Stränge, die durch Wirtsenzym (*HF*) zu Monomeren gespalten und durch Ligasen zu (cc) geschlossen zirkulären (+)Strängen umgewandelt werden. (Nach Flores et al. 1997)

rischen Weg durch Ribozyme gespalten. Die an der Replikation beteiligten Wirtsenzyme, RNA-Polymerase, RNase und Ligase, wurden noch nicht identifiziert. *In vitro* kann die Viroid-RNA durch verschiedene Polymerasen, wie DNA-abhängige RNA-Polymerasen I–III und RNA-abhängige RNA-Polymerase, repliziert werden. Die Transkription der (–)Stränge von Pospiviroidae in (+)Stränge scheint im Nukleoplasma durch die DNA-abhängige RNA Polymerase II vollzogen zu werden (Schindler u. Mühlbach 1992).

Da in PSTVd-infizierten Pflanzen keine zirkulären (–)Stränge entdeckt wurden, wird angenommen, dass die Replikation dieses Viroids dem asymmetrischen Weg folgt (Branch et al. 1988). Aus der Bildung zirkulärer (–) und (+)Stränge bei der Replikation von ASBVd wurde geschlossen, dass dieses Viroid dem symmetrischen Weg folgt (Daròs et al. 1994).

Die Spaltung von multimeren RNAs des ASBVd geschieht durch **Ribozyme**, also ohne Beteiligung von Proteinen durch eine **Selbstspaltung der RNA**. Diese wurde *in vitro* an Dimeren von linearen (+) und (–)ASBVd RNAs in Gegenwart von Mg^{++} nachgewiesen. Als Produkte entstanden monomere RNAs mit 5'-Hydroxyl und 2',3'-zyklischen Phosphodiester Enden (Abb. 16.4). Die enzymatische Aktivität des Ribozyms ist an eine spezielle Sekundärstruktur der RNA gebunden (Hernandes u. Flores 1992). Aus Modellversuchen und Sequenzvergleichen selbstspaltender RNAs wurden Doppel- und Einfach-*hammerhead,* aber auch *hairpin*-Strukturen (Haarnadel) mit entsprechenden Selbstspaltungsstellen vorgeschlagen, die unterschiedliche Stabilität und Ribozymaktivität besaßen (Forster et al. 1988). *Hammerhead*-Strukturen (nach der Kopfform des Hammerhais benannt) der ASBVd und PLMVd mit den Konsensussequenzen verschiedener selbstspaltender Viroid und Satelliten-RNAs sind in Abb. 16.5 wiedergegeben. Die Reaktion kann innerhalb eines Moleküls in *cis* oder zwischen zwei Molekülen in *trans* erfolgen. CChMVd bildet *hammerhead*-Struktu-

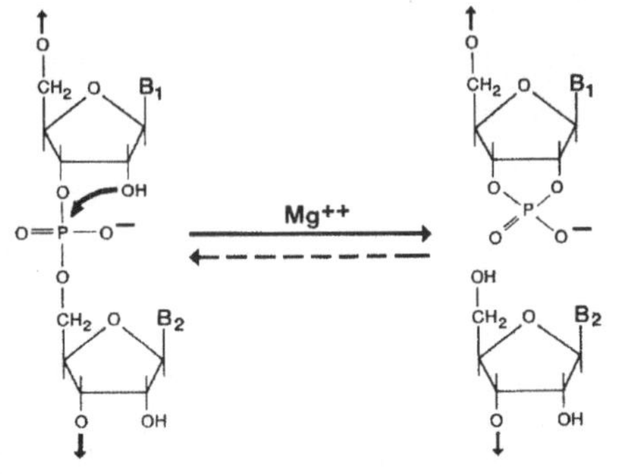

Abb. 16.4. Die Selbstspaltungsreaktion von dimerer oder multimerer RNA. Die Selbstspaltung erfolgt an spezifischen Positionen (s. Abb. 16.5) in Gegenwart zweiwertiger Kationen, aber ohne Kofaktoren durch einen nukleophilen Angriff an der 2'-Hydroxylseite des Internukleotidphosphates. Die Reaktion ist eine nichthydrolytische Phosphoryl-Transferreaktion, die bei *hammerhead*-Ribozymen irreversibel und bei *hairpin* Ribozymen reversibel ablaufen kann. B_1 und B_2 sind Basen, z. B. Cytosin und Uracil. (Nach Symons 1997)

Minus Polarity Hammerheads

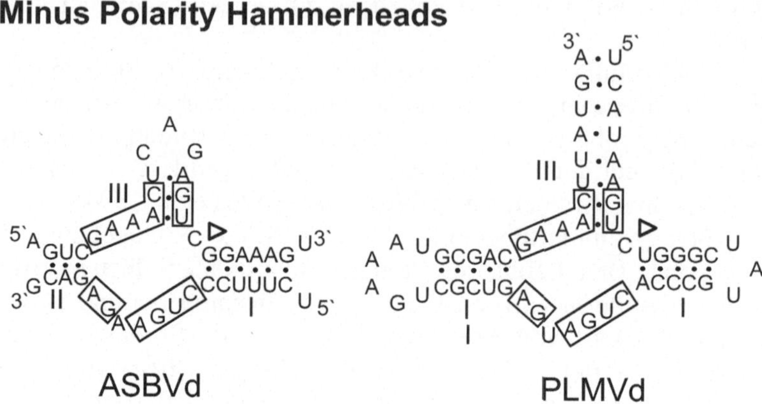

ASBVd

PLMVd

Plus Polarity Hammerheads

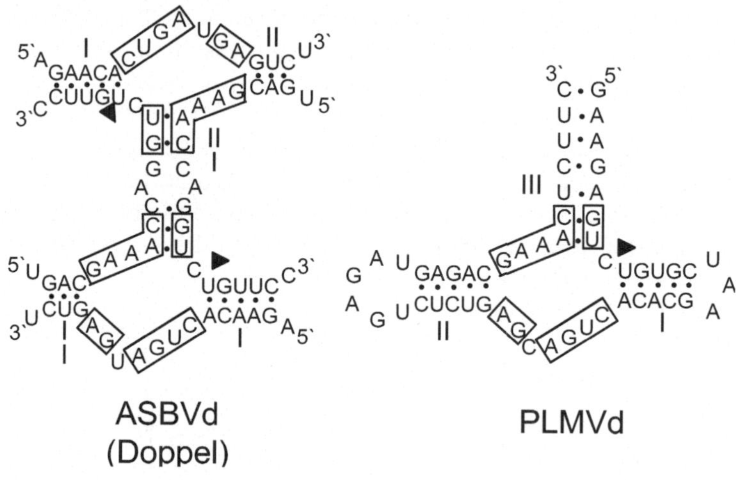

ASBVd
(Doppel)

PLMVd

Abb. 16.5. *Hammerhead*-Strukturen des ASBVd und des PLMVd. Die Spaltstellen sind durch *Pfeilköpfe* markiert. Die Konsensussequenzen sind durch *Boxen* gekennzeichnet. (Nach Flores et al. 1997)

ren in (+) und (−)Strängen, die auch *in vivo aktiv* sind (Navarro u. Flores 1997). Bei einigen Satelliten RNAs, wie der *Arabis-mosaic-virus-satellite-RNA*, erfolgt die Selbstspaltung der (−)RNA an Haarnadelstrukturen (Symons 1997). Selbstspaltung von Viroid-RNA wurde bisher nur bei ASBVd und PLMVd, beides Avsunviroidae, nachgewiesen. Es ist aber wahrscheinlich, dass auch andere ccRNAs nach diesem Mechanismus gespalten werden (Symons 1997). Die Spaltung der RNAs von Pospiviroidae geschieht wahrscheinlich durch Wirtsenzyme. Die Ligaseaktivität bei der Replikation der Viroid-RNA wird von der Wirtszelle bereitgestellt.

16.1.3 Ausbreitung, Übertragung und Pathogenese von Viroiden

Die **Ausbreitung** der Viroide von Zelle zu Zelle im Symplast geschieht über die Plasmodesmen (Ding et al. 1997), die Ausbreitung über die ganze Pflanze verläuft über das Phloem (Zhu et al. 2001). Die **Übertragung** der Viroide von Pflanze zu Pflanze geschieht wahrscheinlich mechanisch durch Kulturmaßnahmen, durch vegetative Vermehrung und auch durch Pollen und Samen. *In-vitro*-Tests erlauben auch eine Übertragung durch Blattläuse. Der Modus der Übertragung ändert sich in Abhängigkeit von der Viroidspezies und den Wirtspflanzen. Die Ausbreitung durch eine vegetative Vermehrung der Pflanzen hat für das PSTVd große Bedeutung.

Durch Viroide hervorgerufenen Pflanzenkrankheiten scheinen jungen Ursprungs zu sein. Viele sind erst in den fünfziger Jahren des vorigen Jahrhunderts entdeckt worden.

Die **Symptome der Krankheit**en ähneln denen vieler Viruserkrankungen bei Pflanzen: Blattflecken, Nekrosen, Sprossstauchung, verzögerte Entwicklung und Misswuchs. Die meisten natürlichen Infektionen mit PLMVd rufen keine oder nur sehr schwache Symptome hervor, die in einen symptomlosen Status übergehen können. Starke Symptome können unter Feldbedingungen nach zwei Jahren auftreten. Sie äußern sich in einer Verzögerung der Blattentwicklung, des Blühvorganges und des Reifens der Früchte. Deformationen und vergrößerte Steine in den Früchten vermindern deren Marktwert. In den chlorotischen Bereichen ASBVd-infizierter Avocado Blätter sind die Chloroplasten desorganisiert (Flores et al. 2000).

Viroid-RNA-Sequenz-Pathogenität

Die Isolate einzelner Viroidspezies zeigen oft erhebliche Unterschiede in ihrer RNA-Sequenz und der Symptomausprägung. So wurden kürzlich 16 Varianten des HSVd aus dem Mittelmeerraum beschrieben, die Unterschiede in der variablen und der Pathogenitätsregion aufwiesen, aber konstante T_R- und T_L-Regionen besaßen (Amari et al. 2001). Die große genomische Diversität in den Populationen der Quasi-Spezies von Viroiden ist auf die hohe Fehlerquote bei der Replikation der RNA durch die RNA-Polymerasen des Wirtes und die nachfolgende Selektion unter verschiedenen Wirts- und Umweltbedingungen zurückzuführen. Dies und die oft langen Inkubationszeiten erschweren die Aufklärung der molekularen Pathogenitätsmechanismen. Eine Änderung von nur 1% der Sequenz der CChMVd RNA hat dramatische Auswirkungen auf die biologische Wirksamkeit des Viroids (Flores et al. 2000). Eine UUUC→GAAA-Substitution in der CChMVd RNA war ausreichend, um den symptombildenden

Typ in einen symptomlosen Typ zu überführen, ohne die Menge an angesammelter Viroid-RNA zu verändern (de la Peña et al. 1999). Die Analyse der Pathogenitätsmechanismen wird auch durch die häufig zu beobachtenden Mischinfektionen erschwert. So wurden aus Citrusbäumen in Japan Varianten von sechs Viroiden isoliert.

Die drei Arten der Avsunviroidae sind wirtsspezifisch. Sie wurden unter natürlichen Bedingungen nur an *Persea americana*, Avocado (ASBVd), *Prunus persica*, Pfirsich (PLMVd) und den Chrysanthemen *Chrysanthemum zawadskii* sowie *Dendranthema grandiflora* (CChMVd) beobachtet. Die Wirtsspezifität der Pospiviroidae ist unterschiedlich. HSVd hat einen sehr großen Wirtskreis (Hopfen, Gurke, Zitrusarten, Weinrebe, Pfirsich, Pflaume, Birne, Aprikose, Granatapfel, Banane, Himbeere, Hibiskus und Croton), während CCCVd auf Palmen beschränkt ist (Flores et al. 2000).

Da keine viroidspezifischen Proteine in der Pflanze gebildet werden und kleine Veränderungen der RNA-Sequenz, besonders in der Pathogenitätsregion (s. Abb. 16.1), starke Effekte auf die Symptomausprägung haben können, wird angenommen, dass die Viroide durch spezifische Wechselwirkungen mit Makromolekülen des Wirtes Einfluss auf den Wirtsstoffwechsel nehmen und besonders auf der Ebene der Transkription wirken. Viroide unterliegen auch der Abwehr durch *posttranscriptional gene silencing* (s. Kap. 17 und Martinez de Alba et al. 2002).

Andere Wirtsproteine unterstützen die Viroidvermehrung. Kürzlich wurden zwei **ASBVd-bindende Proteine** aus Avocado-Blattextrakten isoliert. Das Chloroplastenprotein PARBP33 ist ein RNA-Chaperon, das *in vitro* die *hammerhead*-vermittelte Selbstspaltung multimerer ASBVd-Transkripte stimuliert. PARBP33 und PARBP35 gehören zu einer Gruppe von Proteinen, die Chloroplastentranskripte stabilisieren, editieren und bei der Reifung helfen (Daròs u. Flores 2002).

16.2 Satellitenviren und Satellitennukleinsäuren

Satellitenviren und Satellitennukleinsäuren sind in ihrer Vermehrung von einem **Helfervirus** abhängig, das die gleiche Zelle infiziert. Satellitennukleinsäure und Nukleinsäuren des Helfervirus sind untereinander und im Vergleich mit den entsprechenden Nukleinsäuren der Wirtszelle in ihrer Sequenz verschieden. Es können aber bei Helfer und Satellit kurze identische Sequenzen vorkommen. Das Genom der Satellitenviren kodiert für ein Hüllprotein, das die eigene Nukleinsäure verpackt. Satellitennukleinsäuren kodieren für Nichtstrukturproteine oder haben keine *messenger*-Funktion. Sie werden vom Hüllprotein des Helfervirus verpackt. Bei der

Replikation der Satelliten dient die eigene Nukleinsäure als Matrize. Beide Prozesse, die Replikation der Satelliten und des Helfers, können sich gegenseitig beeinflussen. Satelliten kommen bei RNA- und DNA-Viren vor. Eine Übersicht ist in Bruening (2001), Scholthof et al. (1999) und van Regenmortel et al. (2000) gegeben.

16.2.1 Satellitenviren

Satellitenviren werden dem A-Typ der Satelliten zugeordnet (Bruening 2001). Ihre Replikation ist von einem Helfervirus abhängig. Die Sequenzen von Satellit- und Helfer-RNA zeigen keine Ähnlichkeit. *Satellite tobacco necrosis virus* (STNV) bildet Ikosaederpartikel mit einem Durchmesser von 17 nm mit einer T=1-Symmetrie (s. Kap. 4.2 sowie Abb. 4.3 und 4.5). Zur Vermehrung von **STNV** (RNA 1059 nt) wird das Helfer-Necrovirus *Tobacco necrosis virus,* **TNV**, benötigt, das unabhängig von anderen Viren repliziert. Das Verhältnis zwischen TNV und STNV ist sehr spezifisch. Nur bestimmte Stämme von TNV können entsprechende Stämme von STNV aktivieren.

STNV und TNV werden von den Zoosporen des Chytridiomyceten *Olpidium brassicae* übertragen, wenn die richtige Kombination von Virusstamm, Rasse des Pilzes und Wirtsorganismus zusammentreffen. STNV kodiert nur für sein eigenes Hüllprotein. Die RNAs von STNV-1 und STNV-2 variieren stark in ihrer Sequenz. Nur 21 der 27 ersten Nukleotide der *Leader*-Sequenz am 5'-Ende sind identisch. Bedingt durch einen hohen Grad an Sekundärstruktur sind die RNAs sehr stabil.

Die **Replikation** des STNV erfolgt wahrscheinlich durch eine RNA-abhängige RNA-Polymerase, die zumindest in Teilsequenzen vom TNV kodiert wird. Wie bei (+)Strang-RNA-Viren erfolgt die Replikation über einen komplementären (–) RNA-Strang. Die Replikation von STNV unterdrückt die Replikation von TNV sehr stark, wahrscheinlich wegen Konkurrenz um die Polymerase.

Der 5'-Terminus der STNV-RNA, 5'-ppApGpUp, besitzt keine Cap- oder VPg-Struktur. Die 3'-terminale Region kann sich zu einer tRNA-ähnlichen Struktur falten. Eine Poly-(A)-Region am 3'-Ende fehlt.

Bei der **Translation** im Weizenkeimsystem (s. Kap. 3.6.1) wird in Gegenwart der RNAs von TNV und STNV bevorzugt die STNV-RNA translatiert. Die effektive Translation der STNV-RNA in prokaryotischen Zellsystemen kann auf die Sequenz -AGGA zurückgeführt werden, die einem Shine-Dalgarno-Prototyp entspricht, der komplementär ist zum 3'-Ende der 16S-rRNA von *E. coli*.

Die Größe der Läsionen, die durch TNV verursacht werden, wird durch STNV vermindert.

Zur Gruppe des STNV gehören *Satellite panicum mosaic virus* (SPMV) mit einer 825-nt-(+)ssRNA, die für ein 17,5-kDa-Capsidprotein kodiert, *Maize white-line mosaic satellite virus* und *Satellite tobacco mosaic virus* (STMV, Dodds 1999). Mischinfektionen von SPMV und PMV führen zu schweren Schäden mit den Symptomen Mosaikflecken, Sprossstauchung und reduzierte Samenentwicklung. Die Chlorose induzierende Domäne des SPMV-Hüllproteins konnte auf die Aminosäuresequenz 124 bis 135 zurückgeführt werden. Das Hüllprotein scheint auch für die Integrität der SPMV-RNA verantwortlich zu sein (Qiu u. Scholthof 2001). Die Funktion eines weiteren ORFs auf der SPMV-RNA ist unbekannt. Die Partikel von SPMV und PMV sind isometrisch und unterscheiden sich im Durchmesser (PMV $\varnothing$ 30 nm, SPMV $\varnothing$ 17 nm). STMV ($\varnothing$ 17 nm isometrisch) kommt unter natürlichen Bedingungen nur zusammen mit dem stäbchenförmigen Tobamo-Helfervirus *Tobacco mild green mosaic virus* (TMGMV, Länge 300 nm) vor (Dodds 1999).

16.2.2 Satellitennukleinsäuren

Satelliten-DNA *Tomato leaf curl virus satellite* (SToLCV) Einzelstrang-DNA ist mit dem Begomovirus *Tomato leaf curl virus* assoziiert und in ihrer Vermehrung und Verpackung von diesem abhängig. Auf der DNA ist kein ORF erkennbar (Dry et al. 1997). Zwei kurze Sequenzen, TAATATTAC und AATCGTGTC, die bei den Geminiviren konserviert sind, erinnern an die Nähe zu diesem Helfervirus..

Satelliten-RNA benötigt einen Helfervirus für Replikation und Verpackung (Mayo et al. 1999, 2000). Die große oder B-Typ-Satelliten-RNA (0,8–1,5 kb) kodiert für ein Protein, hat also *messenger*-Aktivität. Die mit dem Nepovirus *Tomato black ring virus* (TBRV) assoziierte Satelliten-RNA (BsatTBRV; 1,4 kb) wird in unterschiedlicher Zahl mit Hüllproteinen von TBRV verpackt. Helfer und Satelliten werden durch das Saatgut und Nematoden übertragen. Das 5'-Ende von BsatTBRV trägt ein VPg-Protein und das 3'-Ende ist polyadenyliert. Die basische N-terminale Region des Proteins sowie die 5'- und 3'-UTRs (*untranslated region*) sind für die Replikation der BsatTBRV-RNA erforderlich.

Das Nepovirus *Chicory yellow mottle virus* (ChYMV) enthält zwei Satelliten RNAs, die weder untereinander noch mit dem Helfervirus Sequenzhomologie aufweisen. Die größere Satelliten RNA (1145 nt) enthält einen ORF, die kleinere (457 nt) hat keine *messenger*-Funktion (C-Typ).

Die Partikel des zu den Bromoviridae gehörende **Cucumber mosaic virus** (**CMV**) können Satelliten-RNA enthalten, die, je nach Kombination von Satelliten-RNA,

Helfervirus und Wirtsspezies, einen Einfluss auf die Schwere und Art der Symptomausbildung haben können. Eine lethale nekrotische Form der Erkrankung bei Tomaten im Elsass wurde auf die **satCMV** CARNA5 zurückgeführt, die aus 335 Nukleotiden besteht (Kaper et al. 1990). Viele Varianten dieser Satelliten-RNA wurden in der Literatur beschrieben. Die RNAs des Helfergenoms und alle satRNAs besitzen eine M^7-Gppp-Kappe und und ein OH-3'-Ende. RNAs 1 und 2 von CMV haben konservierte 5'-*leader*-Sequenzen, die in der komplementären Sequenz von CMV-Satelliten-RNA auftreten und durch Basenpaarung die Replikation der Satelliten- und Virus-RNA beeinflussen. Satelliten-CMV-RNA hat keine *messenger*-Funktion und ist vollständig vom Helfervirus CMV abhängig (C-Typ).

Das Tombusvirus ***Turnip crinkle virus*, TCV**, kann verschiedene Satelliten RNAs unterstützen. Die C-Typ-Satelliten-RNA verstärkt die Symptome von TCV nach Infektion der Rübe und, was ungewöhnlich ist, hat 166 Basen am 3'-Ende, die fast identisch sind mit zwei Regionen am 5'-Ende des Helfergenoms und virulenzverstärkend wirken.

Die Erdnuss-Rosettenkrankheit (***Groundnut rosette disease***) wird durch die kombinierte Infektion durch das Luteovirus ***groundnut rosette assistor virus,*** GRAV, das Umbravirus *groundnut rosette virus,* GRV, und dessen Satellit verursacht. Die fünf potentiellen ORFs von sGRV sind für die Replikation der Satelliten RNA nicht erforderlich, aber an der Symptomausprägung und der Capsidbildung beteiligt.

Die Satelliten-RNA des Nepovirus ***Tobacco ringspot virus* (TRSV)** besteht aus 359 Nukleotiden, von denen bis zu 25 in ein Capsid verpackt werden. Das Capsidprotein wird vom Helfervirus kodiert. Replikation und Verpackung sind vom Helfervirus abhängig (D-Typ). ORFs sind auf der sTRSV-RNA nicht nachweisbar und es wurden auch keine Translationsprodukte gefunden. In Blättern infiziert mit sTRSV und TRSV wurde auch dsRNA, bestehend aus (+) und (−) Strängen des sTRSV, gefunden.

Assoziiert mit Sobemoviren wurden kleine RNA-Moleküle gefunden, die sich biologisch wie Satelliten verhalten, aber wegen der Bildung von ccRNA, starker Basenpaarung, Mangel an mRNA-Funktion und der Sequenz GAUUUU und GAAAC an Viroide erinnern.

Die Satelliten-RNAs scheinen nicht nach einem einheitlichen Mechanismus repliziert zu werden. Eine Gruppe, wie die Satelliten-RNAs von **CMV** und **TBRV**, besitzt 5'- und 3'-Enden, die denen der Helfer-RNA entsprechen und die von der Helfervirus Replikase über eine (−) Strang-Form repliziert wird. Diese sRNAs kodieren in der Regel für ein Protein. Die zweite Gruppe (**D-Typ-Satelliten**), wie sTRSV wird durch einen *rolling-circle*-Mechanismus repliziert und ist von Proteinen des Helfervirus abhängig (Hull 2002). Bei der autokatalytischen Spaltung der oligomeren RNA, die bei der *rolling-circle*-Replikation der *Tobacco ringspot virus* Satelliten-RNA entsteht, treten am Negativstrang Haarschleifen (*hairpin*) Ribozymstrukturen auf. Der Mehrschrittmechanismus und die Kinetik der

Spaltung wurden jetzt an einem Modellsystem aufgeklärt (Zhuang et al. 2002).

Die Beispiele zeigen, dass Satelliten-RNAs sich in den Mechanismen der Replikation und der Symptomausprägung unterscheiden. Je nach Kombination von Helfervirus, Satellit und Wirtspflanze wurden Verstärkung oder Abschwächung der Symptome oder das Ausbleiben eines Effektes beobachtet. In Einzelfällen konnten die Symptome auf geänderte Sequenzen in bestimmten Regionen der sRNA zurückgeführt werden. Ein allgemeiner Mechanismus für die Auslösung der Pathogenität konnte daraus nicht abgeleitet werden. Es wird vermutet, dass Satelliten- und Helfervirus RNAs interagieren und in einer komplexen Wechselwirkung den Wirtsstoffwechsel beeinflussen (Hull 2002).

Im Gegensatz zu den Satelliten-RNAs, die sich in ihrer Sequenz von der des Helfervirus unterscheiden, leitet sich die Sequenz der **defekten RNA** von der des Helfervirus ab. Es wurden in virusinfizierten Pflanzen RNAs gefunden, die wie Chimäre zwischen sRNA und defekter RNA strukturiert sind.

Satelliten Nukleinsäuren sind in ihrer Replikation und Physiologie uneinheitlich, aber immer von einem Helfervirus abhängig.

Literatur

Amari K, Gomez G, Myrta A, Terlizzi BD, Pallás V (2001) The molecular characterization of 16 new sequence variants of *Hop stunt viroid* reveals the existence of invariable regions and a conserved hammerhead-like structure on the viroid molecule. J Gen Virol 82: 953–962

Branch AD, Robertson HD, Dickson E (1981) Longer-than-unit-length viroid minus strands are present in RNA from infected plants. Proc Natl Acad Sci USA 78: 6381–6385

Branch AD, Benenfeld BJ, Robertson HD (1988) Evidence for a single rolling circle in the replication of potato spindle tuber viroid. Proc Natl Acad Sci USA 85: 9128–9132

Bruening G (2001) Virus-dependent RNA agents. In: Malloy OC, Murray TD (eds) The encyclopedia of plant pathology. John Wiley, New York, pp 1170–1177

Daròs JA, Flores R (2002) A chloroplast protein binds a viroid RNA in vivo and facilitates its hammerhead-mediated self-cleavage. EMBO J 21: 749–759

Daròs JA, Marcos JF, Hernández C, Flores R (1994) Replication of avocado sunblotch viroid: evidence for a symmetric pathway with two rolling circles and hammerhead ribozyme processing. Proc Natl Acad Sci USA 91: 12813–12817

De la Peña M, Navarro B, Flores R (1999) Mapping the molecular determinant of pathogenicity in a hammerhead viroid: a tetraloop within the in vivo branched RNA conformation. Proc Natl Acad Sci USA 96: 9960–9965

Diener TO (1971) Potato spindle tuber „virus". IV. A replicating, low molecular weight RNA. Virology 45: 411–428

Diener TO (1993) The viroid: big punch in a small package. Trends Microbiol 1: 289–294

Ding B, Kwon MO, Hammond R, Owens R (1997) Cell-to-cell movement of potato spindle tuber viroid. Plant J 12: 931–936

Dodds JA (1999) Satellite tobacco mosaic virus. In: Vogt PK, Jackson AO (eds) Satellites and defective RNAs. Springer, Berlin, pp 145–157

Dry IB, Krake LR, Rigden JE, Rezaian MA (1997) A novel subviral agent associated with geminivirus: the first report of a DNA satellite. Proc Natl Acad Sci USA 94: 7088–7093

Flores R, Di Serio F, Hernández C (1997) Viroids: the non-coding genomes. Semin Virol 8: 65–73

Flores R, Daròs J-A, Hernández C (2000) Avsunviroidae family: viroids containing hammerhead ribozymes. Adv Virus Res 55: 271–323

Forster AC, Davies C, Sheldon CC, Jeffries AC, Symons RH (1988) Self-cleaving viroid and new RNAs may only be active as dimers. Nature 334: 265–267

Gast FU, Kempe D, Spieker RL, Sänger HL (1996) Secondary structure probing of PSTVd and sequence comparison with other small pathogenic RNA replicons provides evidence for central non-canonical base-pairs, large A-rich loops and a terminal branch. J Mol Biol 263: 652–670

Hernández C, Flores R (1992) Plus and minus RNAs of peach latent mosaic viroid self-cleave in vitro via hammerhead structures. Proc Natl Acad Sci USA 89: 3711–3715

Hull R (2002) Matthews' plant virology. Academic Press, San Diego, pp 593–608 (Viroide), pp 608–625 (Satelliten)

Kaper JM, Gallitelli D, Tousignant ME (1990) Identification of 334-ribonucleotideviral satellite as principal aetiological agent in a tomato necrosis epidemic. Res Virol 141: 81–95

Martinez de Alba AE, Flores R, Hernández C (2002) Two chloroplastic viroids Induce the accumulation of small RNAs associated with posttranscriptional Gene silencing. J Virol 76: 13094–13096

Mayo MA, Taliansky ME, Fritsch C (1999) Large satellite RNA. In: Vogt PK, Jackson AO (eds) Satellites and defective RNAs. Springer, Berlin, pp 65–79

Mayo MA, Fritsch C, Leibowitz MJ, Palukaitis P, Scholthof KB, Simons AE, Taliansky M (2000) Subviral agents, satellites. In: Van Regenmortel MHV, Fauquet CM, Bishop DHL (eds) Virus taxonomy. 7th report of the International Committee on Taxonomy of Viruses. Academic Press, New York, pp 1025–1032

Navarro B, Flores R (1997) Chrysanthemum chlorotic mottle viroid: unusual structural properties of a subgroup of self-cleaving viroids with hammerhead ribozymes. Proc Natl Acad Sci USA 94: 11262–11267

Qiu W, Scholthof K-BG (2001) Genetic identification of multiple biological roles associated with the capsid protein of satellite *Panicum mosaic virus*. Mol Plant Microbe Interact 14: 21–30

Sänger HL, Klotz G, Riesner D, Gross HJ, Kleinschmidt AK (1976) Viroids are single stranded covalently closed circular RNA molecules existing as highly base-paired rod-like structures. Proc Natl Acad Sci USA 73: 3852–3856

Schindler IM, Mühlbach HP (1992) Involvement of nuclear DNA-dependent RNA Polymerase in potato spindle tuber viroid replication. Plant Sci 84: 221–229

Scholthof K-B, Jones RW, Jackson AO (1999) Biology and structure of plant satellite viruses activated by icosahedral helper viruses. Curr Topics Microbiol Immunol 239: 123–143

Symons RH (1997) Plant pathogenic RNAs and RNA catalysis. Nucleic Acids Res 25: 2683–2689

Van Regenmortel MHV, Fauquet CM, Bishop DHL (2000) Virus taxonomy, 7th report of the International Committee on Taxonomy of Viruses. Academic Press, San Diego, pp 1009–1032

Zhu Y, Green L, Woo YM, Owens R, Ding B (2001) Cellular basis of potato spindle tuber viroid systemic movement. Virology 279: 69–77

Zhuang X, Kim H, Pereira MJB, Babcock HP, Walter NG, Chu S (2002) Correlating structural dynamics and function in single ribozyme molecules. Science 296: 1473–1476

17 Kontrolle von Viruserkrankungen

Viruserkrankungen von Kulturpflanzenbeständen werden meist von Außenstehenden als wenig besorgniserregend beurteilt beziehungsweise gar nicht als Erkrankung erkannt, da in vielen Fällen die Symptome an den Handelsprodukten nicht unbedingt als Schaden auffallen. Im Bestand selbst wird, im Gegensatz zu tierischen oder humanen Virosen, ein einzelnes befallenes Individuum kaum zur Kenntnis genommen. Erst bei Ausfall kompletter Bestände wird ein Virusbefall ernst genommen. Dies ist dann umso ernster, als dem Praktiker im Gegensatz zu pilzlichen Erkrankungen keinerlei direkte kurative Bekämpfungsmaßnahmen in Form von chemischen oder biologischen Pflanzenschutzmitteln zur Verfügung stehen. Zwar gab es auch im Pflanzenbereich Untersuchungen zum Einsatz von Nukleotidanaloga als Viruzide (Lerch 1987). Unter der derzeit kritischen Einschätzung des chemischen Pflanzenschutzes und den damit verbundenen Risiken für Natur und Umwelt sind solche Verfahren neben dem immensen Kostenfaktor jedoch kaum als einsatzwürdig und akzeptabel anzusehen.

Die Schäden durch Virosen an Kulturpflanzen sind trotzdem durchaus bemerkenswert und daher sind Maßnahmen zur Kontrolle von Viruserkrankungen keineswegs überflüssig (Tabelle 17.1). Dies wird unter anderem sehr eindrucksvoll durch die Vielzahl der viralen **Quarantänepathogene** unterstrichen, die allein von der EU gelistet werden (**RL 2000/29/EG**).

Auch konnte man in letzter Zeit weltweit eine Zunahme von Pflanzenvirosen in Kulturpflanzenbeständen beobachten. Dies liegt zum einen sicher an der stetigen Verbesserung und Verbreitung von schnellen und sensitiven Diagnoseverfahren. Es ist aber durchaus eine Förderung der Aus- und Verbreitung von Virosen weltweit durch eine **globalisierte landwirtschaftliche Produktion** mit immer schnelleren Transportwegen und -mitteln erkennbar. So werden nicht nur die Krankheitserreger selbst durch Saat- und Pflanzgut effizient verbreitet, sondern auch deren Vektoren. Hinzu kommt die zunehmende Praxis der vegetativen **Massenvermehrung** durch **Mikropropagation** ohne hinreichende Kontrolle des Ausgangsmaterials sowie Veränderungen in der Kulturtechnik, wie zum Beispiel künstliche Bewässerungssysteme in Gewächshäusern mit Recycling der Nährlösung bzw. des Gießwassers, was einerseits eine Gefahr in sich selbst birgt, da über den

Tabelle 17.1. Verluste durch Viruserkrankungen an Kulturpflanzen

Kultur	Max. Verluste in % des Ertrags
Cassava	20–70
Cacao	92
Erdnuss	10–97
Gerste	30–50
Kartoffel	50–90
Mais	50
Melonen	100
Papaya	50
Paprika	90–100
Reis	30
Soja	10–100
Weizen	40–100

geschlossenen Wasserkreislauf Viren im System verbreitet werden und darüber hinaus Kulturen längere Standzeiten haben und es damit zu Überlappung von Vegetationszeiten kommt, was die „Ü berlebenschancen" der Viren in den Beständen fördert. Auch die zunehmende Forderung nach „integrierten Anbauverfahren" bis hin zu „alternativen Produktionsverfahren" fördert das Überdauern der Viruspopulationen. Entweder weil Unkrautbekämpfung an **Schadensschwellen** orientiert wird, wodurch Begleitflora erhalten bleibt, die als ein Refugium für Viruspopulationen dient oder durch Verbot einer hinreichenden Vektorbekämpfung in Kombination mit eigener Saatgutproduktion, was unter anderem zur Förderung samenbürtiger Virosen beiträgt. All dies mag erklären, warum wir trotz aller zunehmenden Kenntnis und Vorschriften Pflanzenviren bisher keinen Einhalt gebieten konnten. Es muss hier jedoch anerkennend gesagt werden, dass es durchaus gelungen ist, einige Pflanzenviren fast gänzlich aus unseren Kulturen zu eliminieren, dafür haben andere erfolgreich die entstandenen Nischen besetzt.

In diesem Kapitel sollen zunächst die **klassischen Konzepte** und Maßnahmen zur **Kontrolle** von pflanzlichen Virosen aufgeführt werden, die aus oben aufgeführten Gründen auch heute ihre volle Gültigkeit besitzen. Anschließend wird versucht, die Ansätze aufzuzeigen, die sich aus den ständig zunehmenden Kenntnissen über die Interaktion von Pflanzen mit ihren Viren ergeben, wobei primär auf die Funktion der Mechanismen und ihre Einsatzmöglichkeiten gegen Viren eingegangen werden und bewusst keine Risikobewertung der praktischen Umsetzung erfolgen soll.

17.1 Klassische Maßnahmen zur Viruskontrolle in Kulturpflanzen

Ziel der klassischen Maßnahmen gegen Pflanzenviren ist es, die Infektion eines Kulturpflanzenbestandes zu verhindern oder mindestens solange wie möglich zu verzögern. Als erfolgreich haben sich hierbei unter anderem herausgestellt:

- Sorgfältige Auswahl von **virusfreiem Saat- und Pflanzgut**. Dies kann unter anderem durch Testung des Ausgangsvermehrungsmaterials bei vegetativer Vermehrung erreicht werden. Eine **Saatgutbehandlung** mit viruziden Agenzien ist erfolgreich, wenn das Virus nicht im Embryo vorliegt (Gooding 1975). Auch die Verlagerung der Saat- und Pflanzgutproduktion in so genannte **Gesundlagen** stellt eine erfolgreiche Maßnahme dar. Als Gesundlagen werden z. B. Höhenlagen für die Saatkartoffelproduktion bezeichnet, bei denen der Blattlauszuflug erst spät in der Vegetationszeit erfolgt, oder Bereiche, die komplett für die Speisekartoffelproduktion gesperrt sind. Ferner kann durch Wahl des **Aussaattermins** das Auflaufen und die empfindliche Jugendphase der Kultur zeitlich so gesteuert werden, dass dieser kritische Zeitpunkt nicht oder nur geringfügigem Infektionsdruck ausgesetzt ist.
- Während der Vegetationszeit sind **Hygienemaßnahmen** oberstes Gebot bei kulturtechnischen Arbeiten wie zum Beispiel: Ausgeizen, mechanische Bodenbearbeitung, Stecklingsproduktion, um eine Infektion über dabei entstehende Wunden zu verhindern. Raucher, die in Gewächshäusern mit Wirtspflanzen für Tobamoviren arbeiten, sollten während der Arbeit nicht rauchen und sich vorher die Hände gründlich waschen. Unnötiger Kontakt von Pflanzen mit Gieß- und Arbeitsgeräten sowie Arbeitskleidung sollte vermieden werden.
- Zuflug von Vektoren kann durch Einnetzen der Pflanzen, Mulchwirtschaft oder Besprühen mit Mineralölen bzw. Molke reduziert werden, wobei letztere Maßnahmen eher als Repellent wirken (Hein 1972), wenn eine chemische Vektorbekämpfung vermieden werden soll. Auch die

frühzeitige Entfernung kranker Pflanzen aus dem Bestand kann hilfreich sein, da so die Ausbreitung im Bestand zumindest verlangsamt wird.

Die hier aufgeführten Maßnahmen sind zumeist unspektakulär, schonen die Umwelt und sind, wenn sie in größeren Produktionsarealen konsequent eingehalten werden, auch recht erfolgreich.

17.2 Virusfreimachung

Virusfreimachung, also die **Eliminierung** von Viren aus wertvollen Sorten, die systemisch oder latent infiziert sind, ist ein Verfahren, das es auf züchterischer Ebene oder einer sehr frühen Produktionsstufe erlaubt, die Forderung nach virusfreiem Saatgut und Pflanzmaterial zu realisieren.

Die Virusfreimachung basiert auf zwei Fakten: 1. sind meristematische Gewebe zumeist frei von Viren oder enthalten nur geringe Virustiter; 2. sind die meisten **Pflanzenviren thermosensitiv**, d. h., sie vermehren sich nicht mehr oder sehr viel langsamer, wenn die Umgebungstemperatur über 30 °C liegt. Beide Verfahren werden einzeln oder gemeinsam genutzt, um wertvolle Sorten und Neuzüchtungen von Viren zu befreien. Dabei wird zumeist meristematisches Gewebe – Wachstumspunkte – entnommen, auf künstlichem Medium propagiert und eventuell noch einer Thermotherapie unterzogen. Dies geschieht bei Obstvirosen, im Hopfen und bei vielen Zierpflanzen z. B. den Pelargonien. In ganz hartnäckigen Fällen werden diese Verfahren auch mit dem Einsatz von Nukleotidanaloga während der Mikropropagation kombiniert (Lerch 1987; Kudell u. Buchenauer 1989). Die Methoden sind insbesondere dort erfolgreich etabliert, wo eine Massenvermehrung auf vegetativem Wege, ausgehend von relativ wenigen Ausgangsklonen, erfolgen kann.

17.3 Crossprotection

Fulton (1986) gibt eine umfassende Übersicht über eine Methode zum Schutz von Pflanzen durch **gezielte Infektion** mit „milde" Symptome auslösenden Virusisolaten. Es ist lange bekannt, dass sich sehr nahe verwandte Viren in Pflanzen ausschließen und man hat solches Verhalten als ein Kriterium für die Differenzierung zweier Virusspezies benutzt (Best 1954). Für dieses Verfahren wurden entweder milde Virusstämme selektioniert oder durch mutagene Agenzien induziert (Abb. 17.1).

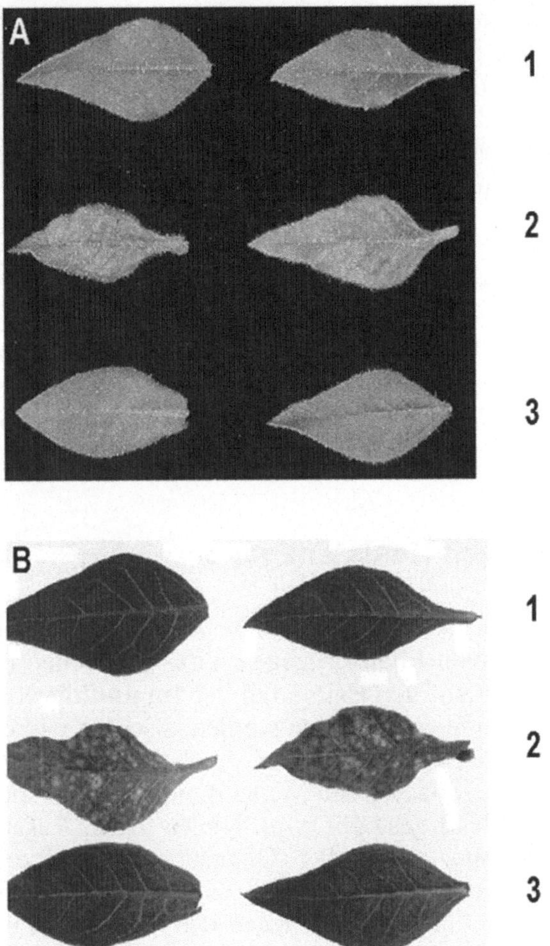

Abb. 17.1 a,b. Crossprotection am Beispiel *N. clevelandii* Pflanzen und Scharkavirus PPV.
Zustand 10 Tage nach der zweiten Inokulation. **a** Auflicht und **b** Durchlicht. 1: Kontrollen
nur mit Puffer behandelt. 2: Es wurde zuerst nur mit Puffer und danach mit dem virulenten
Isolat inokuliert. 3: Erste Inokulation mit dem milden Virusstamm PPV-NAT, zweite Inokulation mit einem virulenten PPV-Isolat. (Foto: Edgar Maiss, Hannover)

Die Methode wurde und wird bei einigen Viruserkrankungen und Kulturen
bis heute erfolgreich eingesetzt. Die wichtigsten Kulturen und Viren sind:
Citrus und Citrus-Tristeza-Virus (CTV); Tomaten und TMV bzw. ToMV;

Papaya und Papaya-Ringspot-Virus (PapRSV). Wichtig scheint zu sein, dass für den Erfolg der Methode lokale Virusisolate genutzt werden, da offensichtlich eine zu große genetische Heterogenität zwischen dem schützenden Isolat und den auszuschließenden virulenten Wildstämmen die Schutzwirkung aufhebt. Der Wirkungsmechanismus war bis vor kurzem unklar. Mit der Entdeckung und Aufklärung des Mechanismus beim *posttranscriptional gene silencing* (**PTGS**) scheint jetzt jedoch eine Erklärung für den Mechanismus der *crossprotection* gefunden worden zu sein (siehe auch 17.6).

Ein ähnlicher Effekt wie der Schutz durch sehr nah verwandte Virusisolate wird auch für **Satellitenviren** oder **Satelliten-RNAs** beschrieben. Es konnte in Feldversuchen gezeigt werden, dass ein effektiver Schutz bei Tomaten gegen CMV mit dem nekrotischen Satelliten-Carna 5 durch die Kombination des Helfervirus CMV mit einer nichtnekrotischen Variante des Satelliten, S-Carna 5, im Feldversuch möglich ist (Gallitelli et al. 1991).

17.4 Schutz durch Resistenzgene

In diesem Abschnitt sollen kurz mögliche Grundlagen zur genetisch vererbbaren **Resistenz** von Pflanzen gegen Virusinfektionen behandelt werden. Dabei soll nicht auf den Extremfall der **Immunität** von Pflanzen gegen eine Virusinfektion eingegangen werden, also den Fall einer absoluten Inkompatibilität. Vielmehr sollen hier die Fälle aufgeführt werden, bei denen das Pathogen zunächst den Wirt infiziert, danach die Infektion erkannt und anschließend gestoppt wird. Vielen dieser Resistenzmechanismen konnte aufgrund genetischer Untersuchungen eine Gen-für-Gen-Beziehung zugeordnet werden, das heißt, es gibt in vielen Fällen einen klaren Bezug zwischen einem Resistenzgen des Wirtes und einem Gen des Pathogens. Wenn diese zueinander passen, also interagieren können, ist der Wirt resistent, wenn nicht, so kommt es zur Infektion. Offensichtlich wirken hierbei virale Proteine als **Elicitoren**, die vom Resistenzgenprodukt erkannt werden. Dies löst eine Signalkaskade aus, die in vielen Fällen zu einer **hypersensitiven Reaktion** (HR) am Infektionsort führt, was schlussendlich, ähnlich wie bei tierischen Lebewesen, zum Absterben infizierter Zellen und damit zur Lokalisierung der Infektion am Infektionsort führt. Damit wäre eine Erklärung für die Ausbildung von **Lokalläsionen** bei Pflanzen gegeben, die jedoch stark vereinfacht ist.

Gut untersuchte Beispiele für solche Virus-Wirt-Interaktionen sind das mittlerweile isolierte **N-Gen** des Tabaks und TMV, die **TM-Gene** der Tomate (Tm-1, Tm-2, Tm-2^2) und ToMV und die **L-Gene** aus Capsicum Arten (L^1 – *C. annuum*, L^2 – *C. frutescens* und L^3 – *C. chinense*) vs. TMV.

Durch Sequenzuntersuchungen von resistenzbrechenden Virusisolaten konnten die in Tabelle 17.2 aufgeführten viralen Genprodukte ermittelt werden, die mit den Resistenzgenen interagieren und somit die HR auslösen. Im Falle der Kombination TMV – N-Gen konnte gezeigt werden, dass es tatsächlich des Genproduktes bedarf, um die HR auszulösen. Das N-Gen des Tabak wurde isoliert, sequenziert und molekularbiologisch charakterisiert. Eine Zusammenfassung der Arbeiten findet sich bei Dinesh-Kumar et al. (2000). Das Protein besitzt drei verschiedene Domänen, angefangen vom N-Terminus, eine **zytoplasmatische Toll-Domäne**, ähnlich dem **Interleukin-1-Rezeptor** aus Säugetieren, gefolgt von einer **Nukleotidbindungsdomäne** der eine **Leucin-reiche Region** folgt. Durch alternatives Splicing werden zwei verschiedene Genprodukte unterschiedlichen Molekulargewichts aus dem N-Gen translatiert, beide Genprodukte sind für die Resistenz notwendig, jedoch scheint das Verhältnis der beiden Genprodukte für die höchste Resistenzausprägung wichtig zu sein (Dinesh-Kumar u. Baker 2000). Das isolierte N-Gen wurde in Tomaten transfomiert, die dadurch gegen TMV resistent wurden (Whitham et al. 1996)

17.5 Pathogenvermittelte Resistenz

Aus der Verfügbarkeit klonierter viraler Genome und der Möglichkeit, Gene in pflanzliche Genome integrativ einzuschleusen, ergab sich zu einem recht frühen Zeitpunkt die Idee, damit Pflanzen gegen die Pathogene

Tabelle 17.2. Bekannte Resistenzgene und ihre viralen Reaktionspartner

Resistenzgen	Virus/virales Gen	Wirtspflanze
N	TMV/Replikase	*Nicotiana glutinosa*
N'	TMV/Hüllprotein	*N. tabacum cv Java*
Nx	PVX/Hüllprotein	*Solanum tuberosum*
Nb	PVX/Transportprotein	*Solanum tuberosum*
Sbm-1 bis -3	PSbMV/VPg	*Pisum sativum*
L^1, L^2 und L^3	TMV/Hüllprotein	*Capsicum spec.*
Tm-1	TMV, ToMV	*Lycopersicum esculentum*
Tm-2, Tm-2^2	TMV, ToMV/Transportprotein	*Lycopersicum esculentum*

zu schützen. Da damals das Prinzip der **PTGS** nicht bekannt war und man das Hüllprotein als möglichen Effektor für das Phänomen der *crossprotection* ansah, wurde als erstes Modell wiederum TMV verwendet. Tabakpflanzen wurden mit dem Hüllproteingen so transformiert, dass sie dieses virale Genprodukt vererbbar in ihr Genom integrierten und aufgrund eines vorgeschalteten **konstitutiven Promoters** permanent in allen Gewebetypen exprimierten (Beachy et al. 1986). Diese Pflanzen zeigten tatsächlich eine geringere Anfälligkeit gegen die Infektion mit TMV, indem sie weniger Lokalläsionen produzierten, und Virussymptome, wenn überhaupt, erst deutlich verzögert entwickelten. Allerdings war dies nur zu beobachten, wenn mit Viruspartikeln inokuliert wurde. Dagegen erfolgte die Infektion mit viraler RNA ohne Beeinträchtigung. Daraus und aus weiteren Experimenten wurde geschlossen, dass sehr frühe Schritte, möglicherweise das Entpacken der viralen RNA durch das Transgen behindert wird (Osbourn et al. 1989). Das Prinzip der **pathogenvermittelten Resistenz** (**P**athogene **D**erived **R**esistance) wurde mittlerweile für die meisten (+)sense- und einige (–)- bzw. ambisense-RNA-Pflanzenviren erfolgreich in Labor- und Feldexperimenten demonstriert (Wilson 1993), ist jedoch aufgrund der unerwarteten Rekombinationsmöglichkeit von RNA-Viren und anderer postulierter **Risikofaktoren**, die nicht komplett ausgeschlossen werden konnten, zurzeit wenig verbreitet.

Neben dem Versuch **virusresistente Pflanzen** durch Übertragung des Hüllproteins zu erzeugen, gab es eine Vielzahl weiterer Versuche, Pathogenbestandteile zur Resistenzerzeugung zu nutzen. Die wichtigsten Ansätze sind in Tabelle 17.3 zusammengefasst.

Die aufgeführten Beispiele sind keineswegs vollständig.

Tabelle 17.3. Virale Genprodukte, die zur Herstellung transgener resistenter Pflanzen benutzt wurden

Pathogen Gen	Viren
Hüllprotein	Tobamo-, Poty-, Tospoviren
Transportprotein	TMV, TSWV
Teile der Polymerase	TMV
Anti-sense-RNA	TMV, CMV, BYMV
Ribozyme	PPV
Satelliten-RNA	CMV, GRV
DI-RNA	Tombusviren

Die unzähligen Versuche, PDR für die verschiedensten Viren und Wirte zu etablieren und das dahinter steckende Funktionsprinzip aufzuklären, führte schließlich zu der Erkenntnis, dass keineswegs in allen Fällen ein funktionelles Produkt des Transgens in der transformierten Pflanze vorliegen muss, sondern dass es in vielen Fällen ausreicht, wenn das Transgen, oder auch nur Teile davon, als Transkript vorliegen. Das führte zum Begriff der **„RNA-mediated" Resistenz** (de Haan et al. 1992). Daraus entwickelte sich dann sehr schnell die Erkenntnis, dass solcher RNA-vermittelter Resistenz bei transgenen Pflanzen, die mit Teilen von RNA-Virusgenomen transformiert wurden, ein völlig neues und wahrscheinlich generelles Abwehrprinzip von Pflanzen gegen Pathogene zugrunde liegt, das mittlerweile als *post-transcriptional gene silencing* (**PTGS**) bezeichnet wird (Prins u. Goldbach 1996). Wie dieser Mechanismus wahrscheinlich funktioniert und was dem zugrunde liegt, soll im nächsten Abschnitt dieses Kapitels kurz behandelt werden.

17.6 Genstummschaltung (gene silencing)

Es war nach Verfügbarkeit der Transformation von Pflanzen mit Pflanzengenen sehr früh erkannt worden, dass sowohl das Transgen als auch homologe endogene Pflanzengene in transformierten Pflanzen unterdrückt werden konnten (Napoli et al. 1990). Man hat diesen Effekt als **Kosuppression** bezeichnet. Untersuchungen an solchen Pflanzen haben gezeigt, dass entweder die Transkription selbst gehemmt wird oder aber eine posttranskriptionelle Reduktion zu einer Absenkung des mRNA-Spiegels führt. Demzufolge wurden die Mechanismen als **transkriptionelles** oder **posttranskriptionelles Ausschalten** der Gene bezeichnet (TGS oder PTGS). Bei RNA-Pflanzenviren ist zu vermuten, dass PTGS auf RNA-Basis eine Rolle spielt.

Untersuchungen zum Mechanismus von pathogen induzierter Resistenz bei transgenen Pflanzen mit viralen Genen zeigte, dass eine **Expression** des Transgens in vielen Fällen nicht erforderlich war, allerdings ist die Resistenz dann hochspezifisch für das verwendete Transgen und sequenzhomologe Viren (Prins et al. 1996). Erst später stellte es sich heraus, dass ähnliche Mechanismen bei Pilzen (*Neurospora crassa*), Nematoden (*Caenorhabditis elegans*) und Pflanzen (*Arabidopsis thaliana*) vorkommen und möglicherweise mit der vorher beobachteten virusinduzierten PTGS sehr viel gemeinsam haben (Gura 2000; Marx 2000).

An diesen nichtviralen Systemen wurde dann entdeckt, dass für die **Genstummschaltung** immer eine **pflanzliche RdRp** notwendig ist. Durch

Untersuchungen an transgenen Pflanzen, denen Transgene mit unterschiedlichen Strukturen der Transkripte zu eigen waren, konnte gezeigt werden, dass für die Auslösung eines PTGS-Effekts dsRNA-Elemente zwingend erforderlich waren (Smith et al. 2000). Untersuchungen solcher Systeme ergaben, dass die fragliche mRNA in 21–32 nt lange Fragmente zerlegt wurde (Waterhouse et al. 2001). Des Weiteren wurde experimentell ermittelt, dass die Information bezüglich des PTGS innerhalb von Pflanzen transportiert wird. Das heißt, dass Pflanzenteile, die nie in Kontakt mit dem Pathogen gekommen sind, durch ein Signal aus PTGS-induzierten Pflanzenteilen präformiert und in einen **Abwehrstatus** transformiert werden können (Fagard u. Vaucheret 2000).

Wir haben es also bei dem PTGS mit einem **Effekt** zu tun, der induziert werden muss, dessen erfolgreiche Induktion systemisch in der Pflanzen **verbreitet wird** und dessen Status in irgendeiner Form **erhalten wird**.

Baulcombe (1999) konnte zeigen, dass neben einer Genabschaltung, basierend auf einem Transgen, auch die Infektion mit einem RNA-Virus ein *gene silencing* auslösen kann, entweder in Kombination mit einem viralen Transgen oder allein durch die Virusreplikation selbst, was als eine möglich funktionelle Erklärung für den vorher beschriebenen Effekt der *crossprotection* zweier nah verwandter Viren dienen könnte.

Wenn es einen Abwehrmechanismus in Pflanzen gibt, der allein durch eine Virusinfektion induziert werden kann und dann gegen dieses Virus gerichtet ist, so wäre dies eine Erklärung für viele Resistenzen, die nicht mit einer HR verbunden sind. Andererseits muss aber aus dieser Tatsache im Umkehrschluss gefolgert werden, dass Viren Möglichkeiten haben, diesen Abwehrmechanismus zu umgehen oder auszuschalten.

Dass dies möglich ist, wurde durch **Synergismen** zwischen verschiedenen Viren bei **Mischinfektion** deutlich (Pruss et al. 1997). Durch Untersuchungen mit **GFP-transgenen Pflanzen** und **infektiösen PVX-Vektoren** (Anandalakshmi et al. 1998), denen entweder GFP oder zu testende Gene integriert wurden, stand ein relativ einfaches **Dreikomponentensystem** zur Verfügung, das durch Ausschaltung der GFP-basierenden Fluoreszenz die Präsenz eines **PTGS-hemmenden Gens** durch Erhalt der GFP-Fluoreszenz bei Mischinfektion anzeigt.

Mittlerweile spielt die Methode für die Aufklärung von **Funktionen pflanzlicher Gene**, die in **Genomprojekten** identifiziert wurden, eine herausragende Rolle. Ein Beispiel ist in Abb. 17.2 dargestellt.

Abb. 17.2. Genabschaltung des Desaturasegens bei *Nicotiana benthamiana*. Beide Pflanzen wurden im 4-Blatt-Stadium mit zwei verschiedenen Konstrukten des *tobacco rattle virus* (TRV) infiziert. Bei der linken Pflanze enthielt das TRV-Konstrukt einen Teil des offenen Leserahmens des Phytoen-Desaturase-Gens. Das für die rechte Pflanze verwendete TRV-Konstrukt enthielt nur TRV-Sequenzen und diente als Kontrolle. Das replizierende Virus aktiviert den PTGS-Abwehrmechanismus der Pflanze. Dies führt in der linken Pflanze auch zu einem Abbau der pflanzeneigenen Phytoen-Desaturase-mRNA. Die dadurch bedingte Störung der Carotinoid-Biosynthese bewirkt das Ausbleichen der Pflanze durch Licht. (Freundlicherweise zur Verfügung gestellt von F. Schwach und D. Baulcombe)

17.7 Literatur

Anandalakshmi R, Pruss G, Ge X et al. (1998) A viral suppressor of gene silencing in plants. Proc Nat Acad Sci 95: 13079–13084

Baulcombe DC (1999) Viruses and gene silencing in plants. Arch Virol 15: 189-201

Beachy RN, Powel A, Nelson RS, Rogers SG, Fraley RT (1986) Transgenic plants that express the coat protein of TMV are resistant to infection by TMV. In: Arnzten CS, Ryan CA (eds) Molecular strategies for crop improvement. Liss, New York, pp 205–213

Best RJ (1954) Cross protection by strains of tomato spotted wilt virus and a new theory to explain it. Austral J Biol Sci 7: 415–424

Dinesh-Kumar SP, Baker BJ (2000) Alternatively spliced N resistance gene transcripts: Their possible role in tobacco mosaic virus resistance. Proc Nat Acad Sci 97: 1908–1913

Dinesh-Kumar SP, Tham W-H, Baker BJ (2000) Structure-function analysis of the tobacco mosaic virus resistance gene N. Proc Nat Acad Sci 97: 14789–14794

Fagard M, Vaucheret H (2000) Systemic silencing signal(s). Plant Mol Biol 43: 285–293

Fulton RW (1986) Practises and precautions in the use of cross protection for plant virus disease control. Ann Rev Phytopathol 24: 67–81

Gallitelli D, Vovlas C, Martelli GP, Montasser MS, Tousignant ME, Kaper JM (1991) Satellite-mediated protection of tomato against cucumber mosaic virus: II. Field tests under natural epidemic conditions in southern Italy. Plant Dis 75: 93–95

Gooding GV (1975) Inactivation of tobacco mosaic virus on tomato seed with trisodium orthophosphate and sodium hypochlorid. Plant Dis Rep 59: 770–772

Gura T (2000) A silence that speaks volumes. Nature 404: 804–808

de Haan P, Gielen JJL, Prins M et al. (1992) Characterization of RNA-mediated resistance to tomato spotted wilt virus in transgenic tobacco plants. Bio/technology 10: 1133–1137

Hein A (1972) Untersuchungen zur Wirkung von Ölen bei der Virusübertragung durch Blattläuse. II. Wirkung von Öl auf *Myzus persicae* Sulz. Phytopath 75: 241–249

Kudell AR, Buchenauer H (1989) Eliminierung von raspberry bushy dwarf virus aus Triebknospen-Kulturen der Himbeersorte „Lloyd George" durch Antiviralsubstanzen. J Phytopathol 124: 1–4

Lerch B (1987) On the inhibition of plant virus multiplication by ribavirin. Antiviral Res 7: 257–270

Marx J (2000) Interfering with gene expression. Science 288: 1370–1372

Napoli C, Lemieux C, Jorgensen RA (1990) Introduction of a chimeric chalcone synthase gene into *Petunia* results in reversible co-suppression of homologous genes in trans. Plant Cell 2: 279–289

Osbourn JK, Watts JW, Beachy RN, Wilson TMA (1989) Evidence that nucleocapsid disassembly and a later step in virus replication are inhibited in transgenic tobacco protoplasts expressing TMV coat protein. Virology 172: 370–373

Prins M, Goldbach RW (1996) RNA-mediated virus resistance in transgenic plants. Arch Virol 141: 2259–2276

Prins M, Resende R de O, Anker C, van Schepen A, de Haan P, Goldbach RW (1996) Engineered RNA-mediated resistance to tomato spotted wilt virus is sequence specific. Mol Plant-Microb Interact 9: 416–418

Pruss G, Ge X, Shi XM, Carrington JC, Vance VB (1997) Plant viral synergisms: the potyviral genome encodes a broad-range pathogenicity enhancer that transactivates replication of heterologous viruses. Plant Cell 9: 859–868

Smith NA, Singh SP, Wang M-B, Stoutjesdijk PA, Green AG, Waterhouse PM (2000) Total silencing by intron-spliced hairpin RNAs. Nature 407: 319–320

Waterhouse PM, Wang M-B, Finnegan EJ (2001) Role of short RNAs in gene silencing. Trends Plant Sci 6: 297–301

Whitham S, McCormick S, Baker B (1996) The N gene of tobacco confers resistance to tobacco mosaic virus in transgenic tomato. Proc Nat Acad Sci 93: 8776–8781

Wilson TMA (1993) Strategies to protect crop plants against viruses: pathogen-derived resistance blossoms. Proc Nat Acad Sci 90: 34–41

Anhang

Glossar

ambisense	genomische RNA mit (+) und (–) Polarität, die direkt oder über subgenomische RNA translatiert wird
Antigen	Substanz (Protein, Oligosaccharid u.a. Strukturen), die vom Immunsystem als körperfremd erkannt wird und zur Bildung von Antikörpern anregt
assembly	Zusammenbau, Montage; Bildung eines Virions aus seinen Bestandteilen
cap	Kappe; eine bei mRNA und vielen viralen RNAs vorkommende 5'-terminale Struktur aus 7-Methylguanosin Triphosphat, 5'-5' gebunden
Capsid	aus Proteinuntereinheiten mit helikaler oder ikosaedrischer Symmetrie aufgebaute Struktur, die das Virusgenom umgibt und schützt
Capsomer	Untereinheit des Capsids, meist aus Pentons oder Hexons der Proteinuntereinheiten aufgebaut
CDNA	komplementäre DNA
Elicitor	Stoff, der eine Überempfindlichkeitsreaktion des Wirtes gegen den Erreger auslöst
Enkapsidierungssignal	Struktur des viralen Genoms, die das Einpacken der viralen Nukleinsäure mit den Hüllprotein-Untereinheiten einleitet
envelope	Virushülle, die das Capsid umgibt und aus Wirtsmembranen unter Einlagerung viruskodierter Proteine (→ *spikes*) gebildet wird
gene farming	Produktion therapeutischer Proteine in transgenen Nutzpflanzen oder Tieren
hairpin	Haarnadel; Struktur aus partiell gepaarter und ungepaarter Einzelstrang Nukleinsäure

hammer head	Hammerhai Kopf, Bezeichnung angewandt für spezielle RNA-Struktur, die Ribozym (→ Ribozym)-Funktion haben kann
Helix	schraubenförmige, wendeltreppenartige Struktur, nicht zu verwechseln mit einer Spirale
Hexon	Capsomer auf der Fläche eines Ikosaeders, bestehend aus sechs Proteinuntereinheiten
hot spot	Region auf dem Genom mit besonders hoher Mutationsrate
Ikosaeder	Zwanzigflächner, kubische Symmetrie
intergenic region	Region zwischen zwei Genen, oft mit regulatorischer Funktion
interverted repeats	umgekehrte, invertierte Wiederholung einer Nukleotidsequenz
leaky scanning	„leckes Abtasten"; die 40S ribosomale Untereinheit (U.E.) startet das Abtasten vom 5'-Ende der mRNA, beginnt aber die Translation nicht am ersten AUG. Vielfach erfolgt der Start an einem stromabwärts gelegenen ORF oder die ribosomale U.E. fällt am Stopp-Kodon nicht von der RNA, sondern beginnt erneut mit einer Translation. Es gibt drei Arten des *leaky scanning*: 1. zwei Initiationsseiten auf einem ORF, 2. Überlappung von ORFs und 3. zwei hintereinander liegende ORFs.
leaky stop	*stop-codon*, das überlesen werden kann, oft in viralen Polymerasegenen vorhanden
frame shift	Leserasterverschiebung; die Verschiebung eines Triplettrasters um ein Nukleotid nach vorne (+1) oder nach hinten (-1)
loop	Schleife, Schlinge, Struktur, die am Ende einer partiell gepaarten einzelsträngigen Nukleinsäure entsteht
Markergene	Gene, die ein detektierbares Genprodukt translatieren und für Experimente eingesetzt werden, z. B. G7P
mismatch	unkorrekte Basenpaarung bei doppelsträngiger Nukleinsäure

Nicht-Strukturprotein	virales Protein, das nicht am Capsidaufbau beteiligt ist
northern blot	Elektrophoretisch getrennte RNA wird auf Membranen übertragen und mit markierter NS-Sonde detektiert (s. *southern blot*)
origin of assembly	Ursprung der Assemblierung von Viren an der Nukleinsäure (s. auch Enkapsidierungssignal)
origin of replication	Startpunkt der Replikation auf der Nukleinsäure
ORF	*open reading frame,* offener Leserahmen; der Bereich eines Gens, der in die Aminosäuren eines Proteins übersetzt wird
Palindrom	lineare Anordnung von Symbolen, die die gleiche Anordnung von jedem Ende her haben, z. B. 75311357 oder noon; palindromische Sequenz: Name für eine DNA-Sequenz mit zweifacher Rotationssymmetrie in einem Duplex 5'-GAATTC-3' 3'-CTTAAG-5'
Penton	Untereinheit eines ikosaedrischen Capsids aus fünf Proteinen an den Ecken des Ikosaeders lokalisiert
pin wheels	Windrad-ähnliche Struktur im Virioplasma
persistent	(lat. *persistere* verharren, stehen bleiben) meist verwendet für langanhaltende Infektion
Polyprotein	Protein, das nach der Translation in die funktionalen Untereinheiten gespalten wird
primer	Oligonukleotid, bindet an komplementäre Nukleinsäure und bildet den Startpunkt für einige Polymerasen (z. B. Taq-Polymerase)
read-through protein	Durchleseprotein, Translationsprodukt, das durch Überlesen eines → *leaky stop* gebildet wird
reverse Genetik	Untersuchung der Auswirkung von Mutationen, die mit Hilfe rekombinanter DNA-Techniken erzielt werden
pseudoknots	Pseudoknoten; besondere, dreidimensionale Strukturen von Nukleinsäuren mit regulatorischer Funktion
Pseudorekombination	*reassortment;* Austausch von Genomsegmenten bei Viren mit mehrteiligem Genom

Ribozym	Spezialstruktur einer RNA, die autokatalytisch RNA ohne Protein spalten kann (*hammerhead*)
rolling circle	ein Mechanismus der DNA-Einzelstrang-Replikation, bei dem ringförmige, zirkulär geschlossene DNA-Moleküle als Matrize für die Synthese des komplementären Stranges auftreten
self-assembly	Geordneter Zusammenbau der Viren aus Nukleinsäure und Capsidproteinen zu funktionell aktiven Einheiten am Ende des Infektionszyklus
Sonde	chemisch oder radioaktiv markierte Nukleinsäure zur Detektion mittels Hybridisierung (*northern blot, southern blot, dot blot* etc.)
southern blot	Übertragung von denaturierten DNA-Fragmenten von Elektrophorese-Gelen auf Nitrocellulose-Membranen und Nachweis der DNA mit markierten Sonden
splice	Spleißen, Herausschneiden von Nukleotiden aus der mRNA
Strukturprotein	Protein, das einen Bestandteil des Virions darstellt
subgenomische RNA (sg RNA)	die Translation erfolgt nicht direkt vom (+) RNA-Genom, sondern von Transkripten
template	Matrizen-Nukleinsäure, die zur Synthese des komplementären Stranges benutzt wird
triple gene block	charakteristische Anordnung von drei ORFs vieler pflanzlicher Viren, die für Proteine des Zell-zu-Zell-Transportes kodieren
UTR	*untranslated region*, nichttranslatierte Region
Virion	infektiöses Viruspartikel

Sachverzeichnis